# 饱和切换系统的分析与设计

张新权 著

河北科学技术出版社
·石家庄·

**图书在版编目（CIP）数据**

饱和切换系统的分析与设计 / 张新权著. -- 石家庄: 河北科学技术出版社, 2023.6

ISBN 978-7-5717-1641-7

Ⅰ.①饱… Ⅱ.①张… Ⅲ.①执行器－开关控制－控制系统 Ⅳ.①TH86

中国国家版本馆CIP数据核字(2023)第115058号

饱和切换系统的分析与设计
BAOHE QIEHUAN XITONG DE FENXI YU SHEJI

张新权　著

**责任编辑：** 张　健
**责任校对：** 胡占杰
**美术编辑：** 张　帆
**封面设计：** 皓　月
出　　版：河北科学技术出版社
地　　址：石家庄友谊北大街 330 号（邮政编码：050061）
印　　刷：三河市嵩川印刷有限公司
经　　销：新华书店
开　　本：710mm×1000mm 1/16
印　　张：16
字　　数：306千字
版　　次：2023 年 6 月第 1 版　2023 年 6 月第 1 次印刷
书　　号：978-7-5717-1641-7
定　　价：68.00 元

# 目　录

# 1　绪　　论

## 1.1　切换系统综述

### 1.1.1　混杂系统概述

随着科学技术的快速发展，在航天技术、生命科学、工业工程以至社会经济和生态环境等领域出现了大量的复杂系统的控制问题，其中的许多理论问题颇具挑战性。这些系统往往既包含连续（或离散）时间动态系统又包含离散事件动态系统以及它们之间的交互作用，因而被称为混合动态系统（Hybrid dynamical systems），简称混杂系统（Hybrid Systems）。如果只简单地将这类系统用单一的连续动态系统或单一的离散动态系统来描述，在许多情况下，理论模型与实际系统相差甚远且不能满足高精度控制目的的要求，不能较好地为系统的控制提供有效的设计和控制方法。于是，无论是从实际工程角度还是从理论研究角度，都迫切需求能将连续动态和离散动态这两种动态有机结合在一起的理论和方法，同时要求这些理论和方法能够应用于工程实际。

早在 1966 年，美国学者 Witsenhausen 对由触发器、计数器以及数字和模拟开关等数字电路单元和模拟单元构成的混合电路进行了研究，发表了第一篇研究混杂系统理论的文献，并对其结构、最优控制等做了探讨[1]。而此后的 20 年间混杂动态系统的研究没有多大进展，直到 20 世纪 80 年代末，有关混杂系统的理论分析才开始被系统地研究。1987 年 9 月由美国国家基金会和 IEEE 控制系统协会召集美国控制界知名学者，在美国加州 Santa Clara 大学举行了一次关于控制科学今后发展的专题讨论会，在会议报告《对于控制的挑战——集体的观点》[2]里，第一次正式提出了混杂系统的概念。随后引起了世界上控制界、计算机界以及应用数学界许多学者的浓厚兴趣。1991 年在法国召开了关于混杂系统的国际会议[3]，1992 年在丹麦召开了计算机科学问题中的混杂系统理论专题研讨会[4]，从 1989 年起至今所召开的国际控制会议均开辟混杂系统的专题，如 IFAC、IEEE/CDC、ACC 大会等，自 1998 年起，每年还召开有关混杂系统和计算和控制为主题的国际讨论会。控制领域里的几个主要国际刊物，如《IEEE Transaction on Automatic Control》《Automatica》《International Journal of Control》《System & Control Letters》等分别出版了混杂动态系统的专刊[5-8]。混杂系统理论已发展成为当今崭新且充满活力的研究领域[9-11]；并且在很多实际工程中得到应用，如飞行器控制、化学过程、交通管理、机器人行走控制和网络控制系统等。

一个混杂动态系统通常可由下面的模型来描述[9]：

$$\dot{x}(t) = f(x(t), m(t), u(t)),$$
$$m^{+}(t) = \varphi(x(t), m(t), u(t), \sigma(t)),$$
$$y(t) = g(x(t), m(t), u(t)),$$
$$o^{+}(t) = \phi(x(t), m(t), u(t), \sigma(t)).$$
（1.1）

其中，

$$f : D_f \subseteq R^n \times M \times R^p \to R^n, \qquad \varphi : D_\varphi \subseteq R^n \times M \times R^p \times \Sigma \to M,$$
$$g : D_g \subseteq R^n \times M \times R^p \to R^q, \qquad \varphi : D_\varphi \subseteq R^n \times M \times R^p \times \Sigma \to O.$$

$x(t) \in R^n$ 为连续状态变量，$m(t) \in M$ 为离散状态变量；$y(t) \in R^q$ 为连续输出变量，$o(t) \in O$ 为离散输出变量；$u(t) \in R^p$ 为连续输入变量，$\sigma(t) \in \Sigma$ 为离散输入变量。

混杂系统的框图如图 1.1 所示。

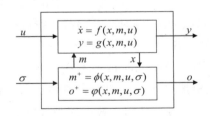

图 1.1　混杂系统的框图

其中 ↑ $m$ 和 $x$ ↓ 表示离散状态和连续状态及离散控制和连续控制之间的相互作用。

### 1.1.2　切换系统的概念

如果一个混杂系统的离散事件状态的某次转移只与所对应的离散事件是否发生有关，而与当前的离散事件状态无关，也就是离散事件状态是静止的，那么就称混杂系统为切换系统（Switched Systems）。典型的切换系统可以看作由一组连续（或离散）时间子系统和一条决定子系统之间如何切换的切换规则组成，它是混杂系统中极其重要的一种类型。在切换时刻，系统的状态可以是连续的，也可以有跳跃存在。连续（或离散）时间子系统通常由一组微分（或差分）方程来描述。整个切换系统的运行情况受控于这条切换规则，这条规则也称为切换律、切换信号或切换函数，通常它是依赖于状态或时间，或同时依赖于两者的分段常值函数。

一个由 $N$ 个子系统构成的连续切换系统由数学模型描述[11]

$$\dot{x}(t) = f_\sigma(x(t), u(t), w(t)), x(t_0) = x_0,$$
$$y(t) = g_\sigma(x(t), d(t)). \tag{1.2}$$

其中，$x(t)$ 是系统的状态，$u(t)$ 是控制输入，$y(t)$ 为系统的输出，$w(t)$ 和 $d(t)$ 表示外部信号（如干扰等），$\sigma$ 表示取值于集合 $I_N = \{1, 2, \cdots, N\}$ 的分段常值函数，即表示切换规则，对每个 $i \in I_N$，$f_i, g_i$ 为光滑的向量场。图1.2给出了一个简单的切换系统结构框图。

**图1.2 切换系统示意简图**

当 $f_i, g_i$ 均为线性函数时，我们得到线性切换系统

$$\dot{x}(t) = A_\sigma x(t) + B_\sigma u_\sigma(t) + E_\sigma w(t), x(t_0) = x_0,$$
$$y(t) = C_\sigma x(t) + D_\sigma d(t). \tag{1.3}$$

其中，$A_\sigma, B_\sigma, E_\sigma, C_\sigma, D_\sigma$ 是适当维数的常数矩阵。

相应的，由 $N$ 个离散子系统构成的切换系统由如下差分方程描述：

$$x(k+1) = f_\sigma(x(k), u(k), w(k)), x(k_0) = x_0,$$
$$y(k) = g_\sigma(x(k), d(k)). \tag{1.4}$$

当 $f_i$, $g_i$ 为线性函数时，我们得到线性离散切换系统

$$x(k+1) = A_\sigma x(k) + B_\sigma u_\sigma(k) + E_\sigma w(k), \quad x(k_0) = x_0,$$
$$y(k) = C_\sigma x(k) + D_\sigma d(k). \tag{1.5}$$

其中，$A_\sigma$，$B_\sigma$，$E_\sigma$，$C_\sigma$，$D_\sigma$ 是适当维数的常数矩阵。

与非切换系统相比，切换系统具有复杂性和特殊性，即切换系统的性质决不等价于各个子系统性质的简单叠加，它和所设计或给出的切换规则密切相关。切换方式的多样性，使得切换系统的性质千变万化。以切换系统的稳定性为例，如果切换系统选取不同的切换规则，则系统的稳定性可以得到完全相反的结果。即可能存在这样的情形：尽管切换系统的每个子系统都是不稳定的，但仍可通过构造一个适当的切换规则，保证整个切换系统是稳定的；相反的，即使切换系统的每个子系统都是稳定的，如果切换规则选择不恰当，也可导致整个系统是不稳定的，因此需对切换规则进行限制才能保证整个切换系统的稳定性[12]。

下面给出两个例子说明切换系统的这种特殊性。

**例 1.1** 考虑线性切换系统

$$\dot{x}(t) = A_\sigma x(t), \qquad \sigma \in \{1, 2\}. \tag{1.6}$$

其中，

$$A_1 = \begin{bmatrix} 1 & 10 \\ 0 & 0 \end{bmatrix}, \quad A_2 = \begin{bmatrix} 1.5 & 2 \\ -2 & -0.5 \end{bmatrix}, \quad x_0 = [5; \ -4].$$

易知切换系统的两个子系统都是不稳定的，其状态轨线如图 1.3（a）和图 1.3（b）所示。下面通过选取适当的切换规则来使切换系统渐近稳定，选取切换规则为：当 $(0.25x_1(t) + x_2(t))(-0.5x_1(t) + x_2(t)) > 0$ 时，切换系统的第一个子系统被激活；当 $(0.25x_1(t) + x_2(t))(-0.5x_1(t) + x_2(t)) \leq 0$ 时，切换系统的第二个子系统被激活，切换系统（1.6）的相平面如图 1.3（c）所示。可见，例中的两个不稳定的子系统构成的切换系统，在适当的切换规则作用下是稳定的。

**例 1.2** 考虑线性切换系统

$$\dot{x}(t) = A_\sigma x(t), \qquad \sigma \in \{1, 2\}. \tag{1.7}$$

其中，

$$A_1 = \begin{bmatrix} -1 & 2 \\ -20 & -1 \end{bmatrix}, \quad A_2 = \begin{bmatrix} -1 & 20 \\ -2 & -1 \end{bmatrix}, \quad x_0 = [0.1; \ 0.1].$$

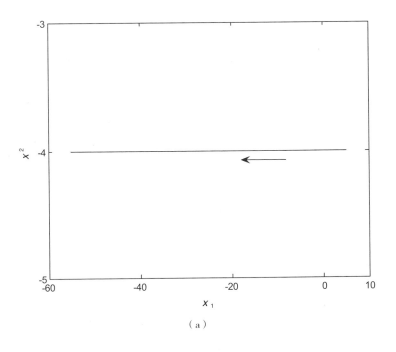

（a）

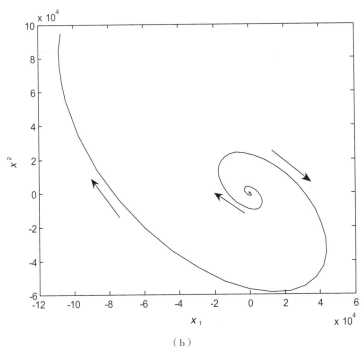

（b）

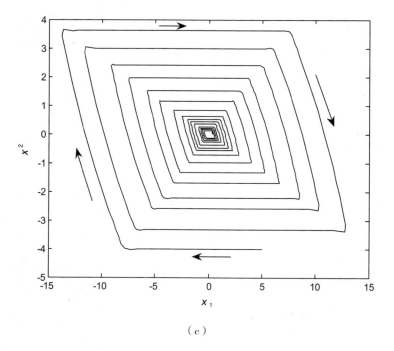

（c）

**图1.3　切换系统（1.6）的相平面轨线**

易知切换系统的两个子系统都是稳定的，其状态轨线如图1.4（a）和图1.4（b）所示。下面选取两种不同的切换规则使得切换系统得到两种截然不同的结果，即系统是稳定的和不稳定的。首先取切换规则（Ⅰ）为：当系统状态轨迹进入第一、三象限时，切换系统的第二个子系统被激活；当系统状态轨迹进入第二、四象限时，切换系统的第一个子系统被激活。其状态轨线的相平面如图1.4（c）所示，得到的切换系统是发散的。然后选取切换规则（Ⅱ）为：当系统状态轨迹进入第一、三象限时，切换系统的第一个子系统被激活；当系统状态轨迹进入第二、四象限时，切换系统的第二个子系统被激活。其状态轨线的相平面如图1.4（d）所示，得到的切换系统是渐近稳定的。

由上面的两个例子可以看到，与一般动态系统相比，切换系统的本质是切换。由于切换作用的存在，使得子系统的全部性质（如稳定性、可控性、可观性及状态的有界性）均不能保证得到继承，这给系统的分析和设计带来很大困难，很多具有挑战性的课题亟待解决。

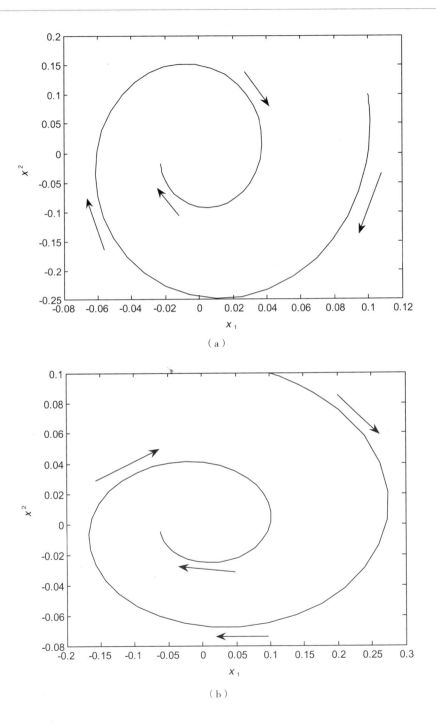

（a）

（b）

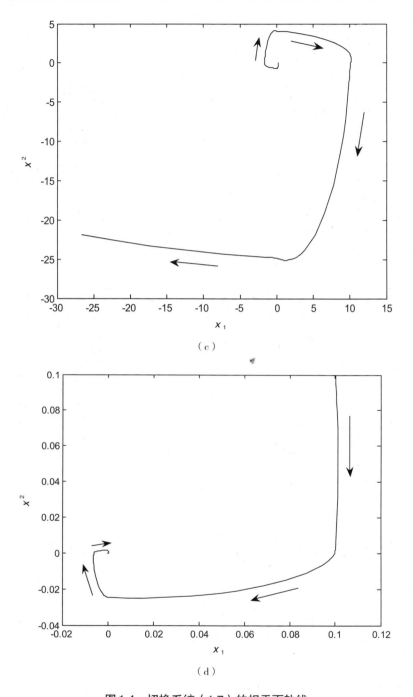

（c）

（d）

图1.4　切换系统（1.7）的相平面轨线

### 1.1.3 切换系统的研究背景

Antsaklis 和 Nerode 在 IEEE TAC 的混杂系统专刊[13]的引言中给出了混杂系统的三种类型，其中之一就是切换系统。切换控制的思想很早就在一些控制理论及工程实践中得到应用。在经典控制理论中，为了解决非线性系统出现的周期性振荡问题，特别是伺服系统的稳定性问题，提出了开关伺服系统，即包含有继电器的伺服系统，简称继电系统。这种开关系统的一个最大优点是用非常简单的"开"与"关"操作很大的功率，这可以看作切换思想在控制系统中的最早应用[14]。20 世纪 50 年代初期，在航空航天领域，为了节省燃料费用，提出了时间最优控制和时间 – 燃料最优控制问题。并由此产生了著名的 Bang-Bang 控制原理。其特点是控制量在可输入的上下边界值之间切换，或取上值，或取下值。Bang-Bang 控制的控制作用为开关函数，属于继电型，也是一种开关控制，但其中由于提出"切换面"的概念，所包含的"切换"控制思想更加明显[15]。此外，监督控制、变结构控制、专家控制等方法都是采用了"切换"作为其基本思想。但这时的"切换"只是作为一种控制手段，目的是使系统获得更好的性能，对切换系统进行系统性的研究尚未出现。随着系统结构和功能日益复杂化，切换系统理论逐渐引起许多学者的重视，并成为一种重要的系统分析手段，同时也促进了许多相关学科的发展，如计算机科学、控制理论、应用数学等。

下面给出切换系统的几个应用实例。

**例 1.3** 同相比例放大器[16]。

同相比例放大器电路（如图 1.5 左图所示）是一个常见的电流放大单元，同时也是一种典型的具有饱和特性的元件。在电路中引入了电压串联负反馈使得具有高输入电阻、低输出电阻的优点，可以起到阻抗匹配的作用。由于反馈电阻为零，可以将输出电压全部反馈到反相输入端，就构成了电压跟随器。理论上的这个电压跟随器的输入输出关系可以用 $V_o(t) = V_i(t)$ 来表示，可是因为供电电源的原因使得放大器的输出限定在一定范围内。它的输入输出特性曲线可以由图 1.5 中右侧图描述。图中 $K$ 为斜率，其值可以通过加入比例放大器实现（图 1.5 中省略）。输出饱和电压 $U_o$ 一般要比电源电压绝对值低一些，这里假设 $U_o=15V$。

如果按照传统的方法来处理这样的系统，恐怕很难找到用一个统一的数学方程式来描述它的饱和非线性特性。然而，经典的相平面分析方法就可跳过寻找单一的数学表达式的方法进行分析。尽管对高于二阶的系统，相平面方法无法分析，但是它为我们处理这类问题提供了很好的思路。

采用类似于相平面的方法，图 1.5 中的输入输出特性曲线可以分段来描述。

这样就可以把复杂的非线性（比如本例中的饱和特性）用多个线性模型来表示（为了方便，这里设图1.5中右侧图的斜率 $K=1$），如式（1.8）所示。

$$V_o(t) = \begin{cases} -15V, & V_i(t) < -15V, \\ V_i(t), & |V_i(t)| \le 15V, \\ +15V, & V_i(t) > 15V. \end{cases} \quad （1.8）$$

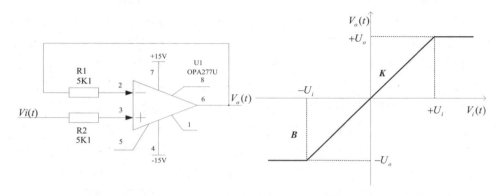

图1.5 电流放大器及输入输出曲线

这样，式（1.8）就成了这个具有饱和特性的电压跟随器的数学模型。在三个不同的区域中它的表达式是不相同的。这三个线性模型可以看成这个模型的子系统，每个子系统只在自己的有效区域起作用。在有效区域中，系统模型完全由该子系统表示。这样，系统模型随着区域不同而在不同的子系统之间切换。

**例1.4** 房间温度控制系统[17]。

该系统的自动调温器靠开、关加热器来调节房间的温度。当自动调温器关闭加热器时，房间的温度 $x$ 按照方程

$$\dot{x}(t) = -ax(t) + w(t) \quad （1.9）$$

降低，其中 $a > 0$，$w$ 是扰动，它在扰动集 $W = [w_{min}, w_{max}]$ 中取值。
当自动调温器启动加热器时，房间的温度 $x$ 按照方程

$$\dot{x}(t) = -a(x(t) - 30) + u(t) + w(t) \quad （1.10）$$

升高，其中 $u$ 是由温度计发出的连续控制信号，由它来控制温度的上升速度。假设控制信号在控制集 $U = [u_{min}, u_{max}]$ 中取值。控制的目的是调节房间的温度在20℃左右。

为了避免发生"抖颤"现象（即一直开、关加热器），我们要求在温度低于19℃时，自动调温器启动加热器，当温度高于21℃时，自动调温器才关闭加

热器。

在这个切换系统中，连续动态是物理加热过程，它由（1.9）和（1.10）描述。离散动态是两个过程之间的逻辑，在这里是指具有开、关两个离散状态的一个自动装置，整个切换系统如图 1.6 所示。

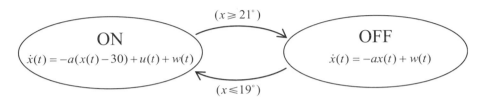

$(x \geq 21°)$

**ON**

$\dot{x}(t) = -a(x(t)-30)+u(t)+w(t)$

**OFF**

$\dot{x}(t) = -ax(t)+w(t)$

$(x \leq 19°)$

**图 1.6　切换控制：自动调温器**

例 1.5　计算机磁盘驱动器切换系统[18]。

在计算机磁盘驱动器中，驱动磁头沿盘面径向位置运动以寻找目标磁道位置的机构叫磁头定位驱动机构。精密、快速的磁头驱动定位切换系统是实现高密度存储、高速存取的最基本的技术保证。

为使磁头快速精确地定位，必须采用闭环控制方式。除了有电机驱动机构以外，还应有位置检测机构和速度控制机构反馈磁头当前所在位置及运动速度，根据磁头当前位置和目标位置的差值切换磁头运动的速度和方向，以逐步精确定位到目标磁道。图 1.7 描述了磁盘驱动器的结构。

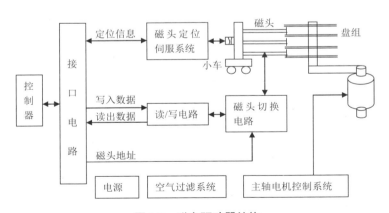

**图 1.7　磁盘驱动器结构**

近年来，对切换系统的研究之所以引起众多学者的浓厚兴趣和重视，主要原因或者说研究的动力在于以下几个方面：

①由于切换系统可以看作混杂系统的简化模型，其结构形式简单，便于理解，因此切换系统的设计方法和结果可为一般混杂系统的研究提供理论和方法上的借鉴和启示。

②切换系统可以准确地描述实际模型，在实际问题中具有广泛的代表性。如电路系统[19]、柔性制造系统[20]、汽车发动机系统[21]、熔炉的开关控制[22]等都可用切换系统的模型描述。

③切换系统不仅广泛地存在于系统与控制科学领域，在其他领域，如生物生态科学、社会科学、交通运输、能源环境等领域也大量存在，比如，生物细胞的生长与死亡，飞行器的起飞、穿越与降落，服务器在等候线网络缓冲区的切换等。

④切换技术的应用实现了系统的基本功能的同时，通过在不同的控制器之间切换能提高系统的控制性能[23]。在高科技系统的设计领域，整体设计需要多种学科通盘考虑及更紧密地合作。通常，在作某一设计的时候，一种选择只能满足某一方面的性能指标，而对于其他方面则不满足，好的决策在于要尽可能地评价这种选择的全面影响。具体地说，对于控制系统而言，某一单一的控制过程，一种控制器对某一性能（或某一时段）有保障，而另外的控制器对其他性能（或其他时段）有保障，为了达到某种要求，或实现整体的良好性能，我们可以选择控制器间的相互切换。另外，为了提高系统的可靠性，使得系统在某些故障条件下仍能够继续工作，我们也需要采用多控制器间的相互切换[24]。

⑤由很简单的子系统构成的切换系统就能表现出复杂的动力学行为，这说明整体不等于各部分之和，因此对切换系统的研究可以加深人们对世界的认识。

### 1.1.4 切换系统的研究进展

由于切换系统有着重要的理论研究意义和广泛的工程应用背景，目前已经成为混杂系统理论研究的一个国际前沿方向。国内外学者对此开展了一系列的研究，并取得了一大批研究成果。在广大科研工作者的共同努力下，切换系统的理论框架已经被初步建立起来。

（1）稳定性分析与镇定

稳定性或可镇定性是控制系统最基本的性质，是保障系统正常工作的先决条件。一个系统的稳定性如果无法保证，系统将无法正常工作，更谈不上其他的性能。因此，切换系统的研究主要集中在系统的稳定性分析和镇定控制器设计问题上[25-31]。由于"切换"的引入，切换系统的稳定性发生很大的变化。比如，即使切换系统的每个子系统都是线性的，可是其稳定性却远比传统意义下线性系统的稳定性要复杂。其主要原因是切换信号的存在使得原本是线性的特性变成了非线性的特性，使得整个切换系统稳定性分析复杂化。1999 年，Daniel Liberzon 和 A Stephen Morse 在 IEEE Control Systems Magazine 上发表了第一篇有关切换系统的稳定性及和切换律设计方面的综述文章[32]，比较全面地阐述了切换系统稳定性研究的基本问题，标志着切换系统的研究进入了实质性发展阶段。文中将切换系统的稳定性归结为如下三个基本问题：

**问题 A** 寻找切换系统在任意切换规律下均稳定的条件。

**问题 B** 切换系统在受限的切换规律下的稳定性问题。

**问题 C** 设计一个切换规律使切换系统稳定。

在这三个基本问题中，问题 A 和问题 B 研究的是关于切换系统的稳定性分析问题，而问题 C 则侧重于切换系统的设计问题。

对于问题 A，因为任意切换意味着系统可以一直保持在某个子系统上运行，所以我们很自然地假设切换系统的每一个子系统都是稳定的，但是这不足以保证系统在任意切换规律下都是稳定的。所有子系统均是稳定的仅是任意切换规律下系统稳定的一个必要条件。解决这个问题的一个可行的方法是找到各子系统共同的 Lyapunov 函数。Dayawansa 和 Martin[33]、Mancilla-Aguilar 和 Garcia[34] 给出的切换系统的逆 Lyapunov 定理表明切换系统的各子系统存在共同 Lyapunov 函数是保证该系统在任意切换规律下均渐近稳定的充分必要条件。所以寻求公共 Lyapunov 函数的存在条件以及构造公共 Lyapunov 函数在问题 A 的研究中占据了相当的地位[28, 35-38]。李代数方法是研究切换系统一致渐近稳定性和构造共同 Lyapunov 函数的有效方法之一。文献[35，36]指出，子系统向量场的可交换性或所生成的李代数可解性使得子系统能够同时三角化，进而构造出共同 Lyapunov 函数。但运用李代数讨论一致渐近稳定性这种方法的保守性在于它不具有任何鲁棒性，因为对于系统矩阵或向量场的任何小的摄动都有可能引起李代数可解性的改变。另一方面，由于离散时间切换系统的特殊性，构造切换 Lyapunov 函数保证系统在任意切换规律下渐近稳定，大大降低了寻找共同 Lyapunov 函数的困难[39]。但到目前，尚缺乏一般的系统性构造共同 Lyapunov 函数的方法。

存在共同 Lyapunov 函数这一条件往往过强，许多切换系统并不存在共同 Lyapunov 函数或很难找到。当共同 Lyapunov 函数不存在时，切换系统的稳定性依赖于切换信号。许多学者寻求系统在一定切换信号下的稳定性或者构造镇定切换系统的切换信号。这就是对问题 B 和问题 C 的研究。目前对这方面的研究，可利用的方法很多，比如单 Lyapunov 函数方法、多 Lyapunov 函数方法和平均驻留时间方法等。

　　单 Lyapunov 函数方法和多 Lyapunov 函数方法是传统 Lyapunov 函数方法在切换系统的推广。对于状态依赖型的切换规则，两种方法都需要对整个欧氏空间 $R^n$ 进行分割。一般而言，分割后的每个子区域与每个子系统相对应。单 Lyapunov 函数方法的基本思想就是，若切换系统的所有子系统都存在单一的 Lyapunov 函数，当某个子系统被激活时，它的 Lyapunov 函数值一直是降低的，则切换系统是渐近稳定的[40, 41]。其工作原理如图 1.8 所示。使用此方法经常可设计出一个状态依赖型的切换律。单 Lyapunov 函数方法往往靠使用凸组合技术[42-44] 和完备性条件[45] 来实现。但单 Lyapunov 函数方法也存在一些缺陷，这种方法要求对切换系统的所有子系统都找到同一个函数满足在整个状态空间递减，提高了 Lyapunov 函数选取的难度。

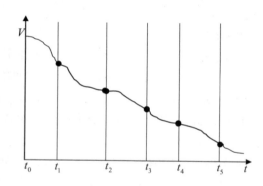

图1.8　单 Lyapunov 函数原理

　　然而，跟单 Lyapunov 函数方法相比，多 Lyapunov 函数方法可充分利用各子系统的特性，在 Lyapunov 函数的选取上降低了保守性，更适合实际的应用。Peleties 在文献［46］中，引入了 Lyapunov-like 函数的概念。在依赖于状态的切换下，多 Lyapunov 函数方法的原理可以解释为：如果能够为切换系统的每个子系统都找到一个 Lyapunov-like 函数，同时保证同一个子系统在下一次被激活时的 Lyapunov-like 函数的终点值（或起点值）小于上一次被激活时 Lyapunov-like 函数的终点值（或起点值），则整个系统的能量将呈现递减趋势，这样切换系统将渐近稳定。其工作原理如图 1.9 所示。或者更特殊的，如果同一个子系统下一次被激活时的 Lyapunov-like 函数值小于上次被激活时的 Lyapunov-like 函数值时，这时，整个系统的能量递减趋势更加明显，此时系统也将是渐近稳定的。

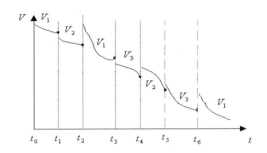

图1.9　多 Lyapunov 函数原理

1998 年 Branicky 提出了针对更一般的切换系统的多 Lyapunov 函数结果[47]。Petterson，Lennartson，Michel 等人在削弱能量函数的保守性上做了许多有意义的工作[48-50]。但到目前为止，基于多 Lyapunov 函数方法设计切换律的结果大多没有突破 Branicky 单调性限制，即要求在切换点处能量函数的非增条件。最近，文献［51］基于拓广的多 Lyapunov 函数方法研究了一类非线性切换系统的稳定性问题，此方法突破了这种非增限制，使多 Lyapunov 函数方法适用范围更为广泛。

根据多 Lyapunov 函数技术已演化出的驻留时间方法和平均驻留时间方法也是研究此类问题常用的方法。Morse 在文献［52］、Hespanha 和 Morse 在文献［53］中分别提出了驻留时间方法和平均驻留时间方法，得到了在稳定的线性子系统之间进行慢切换或平均意义下的慢切换保证线性切换系统的稳定性的条件和设计方法。Zhai 和 Colaneri 将平均驻留时间的方法推广到稳定的子系统和不稳定的子系统同时存在的情况[54, 55]。其基本思想是：在平均驻留时间的方案下，尽管有些子系统不稳定，只要这些不稳定的子系统被激活的时间相对短，仍能得到使系统稳定的切换律。

此外，设计反馈控制器使切换系统镇定也是系统控制的一个基本任务[56, 57]，扩展 LaSalle 不变原理[58, 59]、自适应镇定器[60-62]、基于观测器的镇定[63]、反步法（backstepping）[64, 65]、前步法（forwarding）[66] 等许多不同的工具被用来研究这一问题。

（2）能控性和能观性

和在经典的线性系统理论中的地位类似，系统的能控性、能观性在切换系统中同样占有重要地位。在切换系统可控、可达性研究中，切换规则是可变的，即不同起始点（或终止点）对应的切换规则可以不同。正是由于控制输入和切换规则均为变量，所以大大提高了研究的难度。Loparo，Aslanis 和 Hajek 于 1987 年提出了平面切换系统的可控性问题[67]。Ezzine 和 Haddad[68]考虑了周期切换系统状态可观性和可控性问题。首先给出了能观性的充分必要条件，接着根据对偶原理，给出周期性切换系统能控性的充分必要条件。随后，关于切换系统的能控性、能观性的研究开始活跃起来，其中大部分研究成果都是针对线性情形的[69-72]。Cheng[73]给出了双线性切换系统能控性的一些充分条件，而对于一般非线性切换系统，能控性依然是个难题。

（3）最优控制

最优控制是现代控制理论的一个重要组成部分，其目标是寻找最优的控制策略，保证控制系统的性能在某种指标下最优。而对于切换系统来说，其最优控制问题就是研究寻找合适的切换及控制策略使切换系统某种性能最优。因为有切换信号的存在，切换系统的最优控制问题比一般系统的最优控制问题更为复杂。近年来，由于其具有广泛的的应用背景，切换系统的最优控制问题受到广泛关注[74-75]。人们主要从两个角度对切换系统的最优控制问题进行了研究：第一是切换规则固定，当切换规则固定且为时间依赖型时，此时切换系统等同于一个分段连续时变系统，可直接使用经典的最大值原理、动态规划方法或其推广形式求解最优控制问题，当切换规则固定且为状态依赖时，可视为切换状态受约束的优化问题。第二是切换规则可变，由于切换规则也可为设计变量，此类最优控制问题变得更加复杂，不能单独考虑切换规则的最优问题，而是需要考虑控制输入与切换规则共同作用下的最优问题。当切换规则为状态依赖型时，最优控制问题转化为研究如何对状态空间进行划分并设计控制输入实现性能指标最优，切换规则为时间依赖时，则问题转化为寻找合适的切换序列并构造控制输入实现性能指标最优。目前为止，切换系统的最优控制理论还很不成熟，需要进一步完善。

（4）切换系统的$H_\infty$控制

在实际系统中，被控对象往往会受到各种各样不确定因素的影响，譬如：作用于被控过程的各种干扰信号、传感器噪声等等。并且由于一些限制的影响，使得在一些具体问题中对系统的不确定性难以实现干扰解耦或用匹配条件来消除干扰。根据$H_2$方法设计的控制器因其鲁棒性较差，闭环系统的稳定性就难以得到保证。此外，$H_2$方法无法处理干扰信号为未知特征的情况，这使得它在实际应用中受到很大的限制。20 世纪 80 年代，随着鲁棒控制的兴起，使系统具有较强鲁棒性的$H_\infty$优化控制理论蓬勃兴起。$H_\infty$控制在保证系统稳定性的同时能将干扰对系统性能的影响抑制在一定的水平之下。换句话说，就是控制对象关于干扰具有鲁棒性。经过多年发展，$H_\infty$控制理论已经成为目前解决鲁棒控制问题比较成功且比较完善的理论体系之一。

和一般系统 $H_\infty$ 控制研究成果相比，有关切换系统 $H_\infty$ 控制的研究成果相对有限。1998 年，Hespanha 首先考虑了切换系统的 $H_\infty$ 控制问题[76]。此后，此问题日益受到关注，已经取得了不少研究成果[77-88]。与切换系统的稳定性类似，切换系统 $H_\infty$ 控制问题可分为：

**问题 A**　任意切换规则下的$H_\infty$控制问题。

**问题 B**　某类切换规则下$H_\infty$控制问题

问题 A 指切换系统的内部稳定性与 $L_2-$ 增益不依赖于切换信号。处理切换系统$H_\infty$控制问题的手段主要还是借助于共同 Lyapunov 函数、单 Lyapunov 函数、多 Lyapunov 函数等工具以及由多 Lyapunov 函数技术演化出的平均驻留时间、线性矩阵不等式和 Riccati 不等式等方法。

基于切换 Lyapunov 函数方法，文献［77，78］研究了离散切换系统的问题 A。文献［79，80］针对一类含有对称子系统的切换系统分别在无时滞和有时滞情形研究了问题 A。文献［81］使用单 Lyapunov 函数方法，采用输出反馈策略研究了时滞线性切换系统的问题 B。利用多 Lyapunov 函数方法，文献［82-84］在子系统都不稳定情形下讨论了问题 B。Hespanha[76] 和 Zhai[85] 设计了满足驻留时间和平均驻留时间条件的切换规则，研究了当各子系统都稳定或部分子系统不稳定时切换系统的干扰抑制问题。上述这些成果大多针对线性切换系统。Zhao 在文献［86］中研究了级联最小相位的非线性切换系统的问题 A。文献［51］用多 Lyapunov 函数方法研究了仿射非线性切换系统的问题 B。Wang[87] 研究了执行器失效下的仿射非线性切换系统的 $\infty$控制问题。Long[88] 结合神经网络方法，研究了几类非线性切换系统的 $H_\infty$ 控制问题。

对于切换系统的滑模控制[89]、跟踪控制[90,91]、滤波器设计[92]、无源性[93,94]、输入对状态稳定性[62]、预测控制[95]、非脆弱控制[96]、容错控制[97]等问题的研究近年来也逐渐引起人们的关注。

另一方面，随着控制理论的发展，不同学科领域交叉、渗透、融合的趋势日益增强，许多经济、社会发展中的重大科学问题的提出与解决已经充分显示出一种融会贯通、综合交叉的发展趋势。在此背景下，切换系统的理论也在其他领域得到了应用。例如，应用切换系统理论可以建模一类网络控制系统[98]，研究人工神经网络[99]的稳定性以及复杂动态网络的同步化问题[100]。

# 1.2　饱和系统综述

### 1.2.1　饱和系统简介

20 世纪 50 年代以来，线性系统理论已在理论上逐步完善，不仅传统的稳定性、干扰抑制、跟踪等问题得以深入研究，并且同时提出许多新的思想（如 $H_\infty$ 控制）与方法，而且在各种实际工业控制系统之中也得到了成功的应用。但是，随着现代工业对控制系统性能要求的不断提高，这些建立在线性系统的理论框架之下的方法在实际应用中受到了很大的限制。这是因为在实际的控制系统中，真正的线性系统是不存在的，几乎所有系统都具有非线性特性。采用近似的线性模型很难刻画出系统的非线性本质，而且线性系统的动态特性也不足以解释许多常见的实际非线性现象。由于具有重要的理论和实际价值，具有非线性特性系统的控制问题受到了人们的广泛关注。

执行器饱和是一种典型的非线性特性。实际上，由于物理的限制和出于安全考虑，几乎所有的系统或多或少都受到了执行器饱和的限制。系统硬件实现的限制、控制器设计对小信号的要求、系统过大的输入、大信号的出现（比如参考输入大的变化）、大干扰信号的出现，等等都会导致系统出现饱和。例如：电动机的控制会受到输入电压的大小限制，比如 ±5V，±10V，±220V；化工中最常用的阀门开到一定程度后，就不能再开大；机动车马达只能在有限的速度范围内工作。执行器饱和的引入会使问题变得复杂，这使得我们在设计控制器时必须考虑执行器饱和非线性对闭环系统的影响。实际上，在控制理论发展的初期，也都考虑到了执行器饱和产生的约束。然而，由于执行器饱和非线性很难去处理，这给控制系统的分析与设计带来了很大的困难，以至于在后来的现代控制理论发展中没有将饱和考虑进去。因此，即使执行器饱和问题非常的重要，但是在大多数的早期文献中，饱和的影响都被忽略掉了。

典型饱和非线性环节的输入输出关系曲线如图 1.10 所示，饱和函数 $\mathrm{sat}(x)$ 的数学描述为：

$$y = \mathrm{sat}(x) = \begin{cases} +M, & x > x_0 \\ kx, & -x_0 \leqslant x \leqslant x_0 \\ -M, & x \leqslant -x_0 \end{cases}. \qquad (1.11)$$

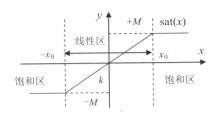

图1.10　饱和特性函数

由图 1.10 可以看出，在线性区中饱和环节等效为系数为 $k$ 的比例环节，输入输出关系为线性关系；在饱和区域内，尽管输入的绝对值进一步增大，但是输出的绝对值却始终恒定为 $M$。

我们将带有饱和环节的系统统称为饱和系统。一般的，执行器饱和系统的框图如图 1.11 所示。当输入值与输出值不一致时，执行器将工作于饱和区，也就是控制器的输出与被控对象的输入不一致。

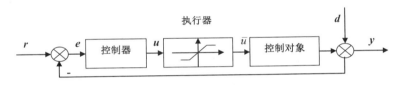

图1.11　输入饱和系统结构简图

众所周知，除了系统严格运行在平衡态附近可以忽略饱和外，一般情况不可随意忽略，否则要引发问题，饱和执行器能够严重地使闭环系统的性能恶化；并且在干扰比较大等极端的情况下，甚至可能导致系统不稳定，导致灾难性的后果。20 世纪 80 年代以来，控制系统执行器饱和引发了一系列重大事故[101, 102]，包括苏联切尔诺贝利核电站第四号核反应堆发生的爆炸以及美国一系列高性能战机的坠毁。此后，对具有执行器饱和的系统的研究才又一次成为控制领域的研究热点。

分析和设计带有执行器饱和的系统具有很重要的意义。除了具有广泛的工程背景，带有执行器饱和的系统的控制问题在理论上也是有挑战性的。①将带有输入饱和的执行器并入被控对象后将使被控对象由原来的线性系统转变成非线性系统，对于这类非线性，通常的线性化方法将不再适用。②由于执行器具有饱和特性，即使其核心部分是线性的，整个控制器也是非线性的，对此类非线性控制器的设计还有待深入研究。③饱和约束的引入使得通过设计反馈控制器解决的优化问题变得复杂。

### 1.2.2 饱和系统的研究进展

虽然执行器饱和是一种相对简单的非线性，但是它具有非光滑特性，这使得执行器饱和系统的控制问题的研究比一般非线性系统的研究更具有难度。由于执行器饱和系统的控制问题具有很强的应用背景，因此有必要对此类问题进行深入研究。可喜的是，在许多科研人员的共同努力下，已经得到了不少很有价值的成果。

（1）执行器饱和系统稳定性分析

从历史的观点来看，开创线性控制饱和系统研究局面的当属 Fuller 于 1969 年发表的一篇文章[103]，Fuller 在文中指出：若一个输入饱和系统的积分器长度 $n \geq 2$，则不存在使闭环系统全局稳定的饱和线性反馈控制。非常遗憾的是，这个具有重大意义的结论在接下来的 20 多年里都没有被广大学者重视。在这一时期，运用最优控制领域中的受限控制发展广义线性时变系统的全局渐近稳定的理论判据成为研究热点[104, 105]。

1990 年，Sontag 和 Sussman 发表的一篇文章可以说是有界控制线性系统的研究的里程碑[106]。这篇文章给出结论：对于线性可稳系统，只有当开环系统没有正实部极点时，线性系统才能够用一个有界反馈使系统全局渐近稳定。但是，对于开环不可稳的系统，要达到全局稳定需要采用非线性控制器。这个结论在一定意义上验证了 Fuller 早前的研究成果，并且指出了新的研究方向。文献 [107, 108] 拓宽了系统的类型，得到了稳定性方面的新成果。

对于镇定问题，针对一类有界输入渐近零可控的系统（ANCBC，指在开右半平面没有特征根的可镇定的线性系统）[105]，文献 [106] 给出了系统可全局镇定与 ANCBC 之间的关系。后来文献 [109] 进一步指出即使 ANCBC 系统也不可能采用线性状态反馈使系统得以全局镇定，要使系统达到全局镇定只能使用非线性控制。因此，利用饱和套技术，文献 [110, 111] 构造了非线性控制器；文献 [112, 113] 设计了增益可调控制器。

由于线性控制器不能保证 ANCBC 系统的全局镇定，研究的重点逐渐转向了半 - 全局镇定。所谓半 - 全局镇定是指：设计控制器使闭环系统的吸引域足够大，以至于可以包含任一给定的包含原点的有界紧集。文献 [114-119] 重点研究了这一问题：文献 [114, 115] 采用小增益法分别讨论了连续时间和离散时间系统的半 - 全局镇定；文献 [116] 采用高 - 低增益法得到了对一定的模型误差和干扰均具有鲁棒性的线性控制律；对于开环不稳定系统，文献 [117, 118] 指出：虽然其不能达到半 - 全局镇定，但其吸引域在状态空间的某些方向上可以达到任意大；文献［119］提出了分段线性控制方法。

对于开环不稳定的执行器饱和系统，无论采用何种反馈控制都不能使其达到全局或半–全局镇定[120]，闭环系统只能在一定区域内是渐近镇定的，即从这一区域内出发的任意点的状态轨线渐近收敛到平衡点，此区域就称为闭环系统在所选反馈控制下的吸引域。由于获得吸引域的精确值比较困难（文献［121］中仅针对单输入系统给出了吸引域的确切值），因此减少吸引域估计的保守性和在吸引域内得到尽可能大的不变集的估计就成了两个富有挑战性的课题。

利用不变集去估计系统的吸引域是比较常用的方法[122]。两种较为常用的不变集为椭球体和多面体。采用有限数目的椭球体集合可以很好地估计吸引域[123]，但是这种方法的计算量比较大。最近，多面体集合的方法也受到了较多的关注[122, 124]。一般来说，多面体集合方法本质上是不保守的，但是随着边数目的指数增长，计算量也会相应地指数增长。Lyapunov 稳定性理论是运用上述方法估计吸引域的基础。当引入一个 Lyapunov 函数同时，相对应的我们将会得到一个 Lyapunov 水平集。通过 Lyapunov 水平集，我们就能够构造一个包含在吸引域内的不变集，然后可以通过构造这样的不变集来估计系统的吸引域。

我们知道饱和是一种典型的非线性，在用 Lypaunov 稳定性理论分析饱和系统时，必须对饱和非线性环节进行处理。到目前为止，已经发展出了若干处理技术。基于 Popov 原理和圆判据的方法最先被应用于饱和系统的分析与设计[125-127]，这种方法首先把饱和非线性转化为一个死区，然后用一个扇区来处理死区。这种处理饱和非线性的方法已经得到了广泛应用[128, 129]。但是由于圆判据和 Popov 判据是用于广义无记忆的扇形有界非线性的分析工具，因而饱和非线性的具体特性没有被考虑，将此方法运用于处理饱和非线性去估计系统的吸引域不可避免地会带有保守性。为了降低处理饱和非线性的保守性，针对饱和线性反馈下的系统，文献［130］利用饱和非线性的具体特性，给出了一种新的处理饱和非线性的方法——线性微分包处理法。这种方法是通过引入一个辅助矩阵来实现的，而且稳定性条件可以表达为关于所有变参数的线性矩阵不等式，因此能很容易地用于控制器的设计。最近，对于一类特殊的饱和系统，文献［131］将这类饱和函数用凸函数和凹函数的组合来无限逼近。由于这种方法考虑到了饱和非线性环节的具体特性，所以减小了系统的保守性。

建立在 Lyapunov 函数方法的基础上的估计系统吸引域的方法中，最常用的 Lyapunov 函数是二次型，但是采用这样常规的方法会带来较强的保守性。基于二次型函数，文献［132］提出了一种分段线性二次 Lyapunov 函数，文献［133］

给出了复合二次型 Lyapunov 函数。其中，第一种函数不一定是连续可微的，且对应的水平集也可能不是凸的；而第二种函数为一组二次型函数的集合，它是连续可微的，相应的，它的水平集为一组椭球体的凸包，其基本思想为：对于某一个执行器饱和有界控制，如果每个椭球体是不变的，那么这些椭球体的凸包对于同一个有界控制也将是不变的。对于离散时间系统，分段线性和分段仿射 Lyapunov 函数是最常用的选择[122, 134]。Cao 等利用饱和程度信息提出了一种饱和依赖型的 Lyapunov 函数[135]，显然可以减少估计吸引域的保守性。基于二次凸包函数可以设计非线性控制器以得到较线性控制器更好的鲁棒稳定性和系统性能[136]。近年，Wang 等[137]提出了一种新的饱和依赖型 Lyapunov 函数。这些工作对于降低估计吸引域的保守性都做出了一定的贡献。

（2）干扰抑制

由于实际系统一般都会受到干扰影响，故研究饱和系统的干扰抑制问题是相当有必要的。一般来说，干扰抑制指的是包含原点的一个小（尽可能小）邻域使得所有从原点出发的系统轨迹仍旧在这个邻域中，也就是说当干扰存在时，系统仍旧是稳定的。但是当外部干扰足够大时，无论系统的初始点位于何处，系统采用何种控制策略，系统的状态轨迹将有可能是无界的。所以我们感兴趣的问题是在什么样的干扰情况下，系统依然是稳定的。

假设干扰的幅值是有界的，Nguyen 等采用状态反馈和输出反馈的方法做了大量的工作来分析和最小化系统的 $L_2-$ 增益[138, 139]。最近，Hu 等[140]基于轨迹的有界性，提出了干扰抑制的一个新的分析方法，即先判断是否存在一个有界不变集。这个有界不变集具有这样的性质：所有从集合中出发的轨迹仍旧会一直在此集合中。再在此类集合存在的基础上，去设计控制器进行干扰抑制。

（3）执行器饱和控制系统的设计方法

一般来讲，饱和控制系统的设计方法可以分为两类：直接设计法和抗饱和设计法。

直接设计方法：即在控制器设计的初期就将执行器/传感器饱和直接考虑进去，考虑控制输入的限制，设计使得闭环稳定的系统。利用圆盘定理和 Popov 稳定性判据，文献［126］研究了一类具有执行器饱和的单输入单输出（SISO）系统的稳定性问题，文献［141］针对具有执行器饱和扇形非线性的多变量线性系统进行了研究，得到了一个保证闭环系统内部稳定和输入/输出稳定的充分条件，文献［142］将这一结果进一步推广，并弥补了文献［141］存在的不足，文献［143］把上述结果推广到一类时滞线性系统，得到了状态反馈可镇定的充分条件。文献［144-146］和［147］分别利用小增益线性状态/输出反馈控制器和小增益变结构控制器的直接方法研究了饱和系统的稳定性问题。由于小增益法不能充分利用系统的控制容量，文献［148］提出了高–低增益控制器设计方法以充分利用控制器容量，从而提高系统的快速响应、干扰抑制等性能指标。最近，文献［149-153］利用 H 矩阵法（凸组合法）处理饱和非线性，由于充分考虑了饱和非线性的特性，在系统稳定性分析、控制器设计等方面取得了很多优秀的研究成果。

抗饱和设计方法：也就是补偿器设计方法，即所谓的抗积分饱和补偿器（Anti-windup compensator）。这种设计方法的设计原理是：首先忽略饱和非线性，采用线性系统的理论按照给定性能指标设计控制器；然后以执行机构的输入输出差作为输入，设计一个补偿器弱化饱和对系统的影响。常用的抗饱和补偿器主要分为两大类，静态抗饱和补偿器和动态抗饱和补偿器。文献［154］以 $L_2$ 增益和稳定性的形式给出了抗饱和补偿器设计方法，Popov 稳定判据也应用到抗饱和补偿器的设计中[155]，但通过解耦合 Ricatti 方程得到抗饱和补偿器，这对求其最优解是非常困难的。抗饱和补偿器的设计还在不断地发展，文献［156］指出：对于开环稳定的线性时不变系统，抗饱和补偿器的维数不大于被控对象维数时，系统的动态抗饱和补偿器可通过 LMIs 方法解出。目前仍有许多学者致力于抗饱和法的研究、改进与推广。运用改进的抗饱和技术，文献［157］和［158］研究了执行器饱和 LTI 系统和执行器幅值与速率均饱和的 LTI 系统的区域稳定性问题，Hu 运用动态抗饱和控制器给出了保证一般执行器饱和线性系统的区域稳定和 $L_2-$ 增益存在的充分条件[159, 160]。针对具有执行器饱和线性系统，文献［161，162］运用抗饱和设计方法研究了此类系统的吸引域的估计扩大和跟踪问题。近年来，Gomes 等学者在抗饱和控制领域做了比较大的贡献，在不要求开环系统稳定的前提下，提出了一种新型的扇形非线性条件，使得抗饱和补偿器及吸引域估计等问题都可通过求解一个凸优化问题获得[163-168]，大大降低了抗饱和补偿器设计的保守性。

## 1.3　非脆弱控制

所谓脆弱性，就是控制器参数摄动对闭环系统性能的影响。在实际工程控制系统中，设计的反馈控制器由于硬件（如 A/D，D/A 转换等）、软件（如计算截断误差）等原因，很难实现精确控制，即控制器也存在着一定的不确定性，而这往往使得闭环系统的性能下降，甚至破坏系统的稳定性，造成灾难性后果。这样的控制器就称为脆弱的。因此，近年来各类系统的非脆弱控制问题渐渐成为控制领域很多学者们的研究热点[169]。

文献[170]指出，控制器的脆弱性依赖于控制器特定的实现，即控制器实现方法不同，控制器的脆弱性不同。关于非脆弱控制器的设计问题（即在控制器的设计过程中，考虑控制器摄动的影响，使得当设计的控制器存在一定的不确定性时，其控制性能仍可满足系统的控制要求）已有大量的研究成果[171-180]。其中，文献[171]对非线性系统的非脆弱控制器的设计问题给出了一个综述，并且指出非脆弱性问题是确保反馈系统性能要求的基本问题。基于 LMI 和 Lyapunov 泛函方法，文献[172]研究了一类具有执行器故障的离散时间区间值模糊系统的可靠非脆弱$H_\infty$控制设计问题。文献[173]讨论了具有执行器故障的正开关系统的非脆弱可靠控制，提出了线性共正李亚普诺夫函数与线性规划方法。文献[174]采用了单 Lyapunov 的方法讨论了一类不确定变时滞切换系统在构造的切换律下的非脆弱$H_\infty$控制问题。对于带有加性范数有界控制器增益变量的非脆弱控制问题，文献[175]针对有界控制信号下的不确定系统，设计了一种非脆弱鲁棒模型预测控制方法。文献[176]给出了基于线性矩阵不等式的方法，研究了线性离散时间系统非脆弱$H_\infty$状态反馈控制问题，这里同时考虑了带有加性和乘性范数有界增益变量的情况。上述这些非脆弱控制器设计的成果所考虑的增益摄动都是范数有界型的，由于范数有界型增益变量只能粗糙地刻画控制器或滤波器增益的不确定信息。导致了设计结果具有一定的保守性。相比而言，区间有界型增益变量[177]能比范数有界型增益变量更精确地刻画不确定信息，但是区间有界型增益变量导致设计条件中包含的线性矩阵不等式个数大大增加，当系统维数较高的时候就会引起数值计算问题。对于这一难题，最近的文献[178]和[179]分别考虑了离散时间系统和连续时间系统的具有区间型增益摄动的非脆弱$H_\infty$滤波问题，提出了结构的顶点分离器的概念，并用其解决了区间型参数摄动所引起的数值计算问题。文献[180]也考虑了区间型的增益摄动，研究了具有稀疏结构控制器的设计问题，所设计的控制器既具有稀疏结构又具有非脆弱性。

综上所述，无论从广度上还是深度上看，很多学者在非切换饱和控制系统的分析和综合上都已经取得了许多非常有意义的研究成果。但是，由于连续系统动态、离散动态以及饱和非线性之间的相互作用，饱和切换系统的行为通常要比一般的切换系统或饱和系统的行为复杂得多。到目前为止，仅有为数不多的文献研究该类系统［181–188］。文献［181］利用多 Lyapunov 函数方法研究了执行器饱和线性切换系统的稳定性问题并且对系统的吸引域进行了估计。基于最小驻留时间方法，文献［182］研究了一类执行器饱和线性切换系统的镇定问题，并给出了控制器的设计方法。文献［183］针对一类执行器饱和线性系统，通过设计多个抗饱和补偿器扩大了吸引域的估计，即含有多个抗饱和补偿器的系统的吸引域要比单个抗饱和补偿器系统的吸引域要大。利用切换 Lyapunov 函数方法，文献［184］研究了一类具有执行器饱和的离散切换系统的镇定及吸引域估计问题。文献［185］和［186］将上述结果进一步推广，指出在原有条件不变的前提下系统的可稳区域就可以扩大。文献［187］和［188］分别研究了一类具有执行器饱和的线性切换系统和离散切换系统的干扰抑制问题。从现有研究结果来看，饱和切换系统的研究成果较少且大多相互孤立，有许多基本问题值得进一步研究，比如，具有执行器饱和的时滞切换系统稳定性分析及饱和切换系统的跟踪控制问题等。

## 1.4　主要研究内容

本书的主要工作是使用 Lyapunov 函数方法并借助两个饱和项的处理技术，研究了几类具有执行饱和的切换系统的稳定性分析、镇定、$L_2-$ 增益分析、保成本控制及非脆弱控制问题。本书针对几类执行器饱和切换系统模型中具有不确定性、带有干扰、子系统有不可稳、非线性项及时滞等情形，分别利用多 Lyapunov 函数、切换 Lyapunov 函数、最小驻留时间方法、凸优化等技术，研究状态反馈、抗饱和补偿器设计、吸引域估计和扩大、干扰抑制、保成本控制和非脆弱鲁棒镇定等控制问题。书中的主要结果除了给出严格的理论证明外，还给出了数值例子进行仿真，从直观角度验证所提出方法的正确性。

# 2 饱和切换系统的稳定性分析与设计

## 2.1 引言

近年来，由于理论发展和工程应用的实际需要，切换系统越来越多地受到广泛的关注[12, 51, 53, 60, 189]。正如文献[32]指出：稳定性是切换系统最重要和最基本的一个性质。人们提出了很多方法来研究切换系统的稳定性。其中，多 Lyapunov 函数方法作为一种具有较小保守性的寻找和设计切换规则的有效工具被广泛地研究和使用。

另一方面，执行器饱和几乎存在于所有实际控制系统中。执行器饱和会严重影响系统的各项性能，甚至导致系统不稳定。因此，执行器饱和系统的稳定性分析和综合问题引起了学者的极大兴趣，并已取得不少有价值的成果[130, 151, 164, 165]。通常有两种主要策略处理饱和非线性。第一种方法是在控制系统设计的初始阶段忽略执行器饱和并设计一个满足性能指标的线性反馈控制器，然后设计一个抗饱和补偿器以弱化执行器饱和对系统的影响；第二种方法是在控制系统的设计之初就将执行器饱和考虑在内，然后设计一个线性状态控制器镇定系统。这两种策略的主要目的都是在存在执行器饱和的前提下获得闭环系统的更大吸引域估计。但是，由于饱和切换系统的运动特征相比非切换饱和系统变得更加复杂，因此，目前对饱和切换系统的稳定性分析及综合的研究还不多见。

本章针对执行器存在饱和的情况，研究了连续时间饱和切换系统的镇定问题和抗饱和设计问题。本章共分为两个部分，第一部分利用多 Lyapunov 函数方法研究了一类具有执行器饱和的不确定线性切换系统的鲁棒镇定问题。目的是设计切换律和状态反馈控制律达到闭环系统的渐近稳定性，并且使得系统的吸引域估计最大化。给出了系统鲁棒镇定的充分条件。如果一些标量参数事先给定，状态反馈控制律和吸引域估计可通过解带有线性矩阵不等式（LMIs）约束的凸优化问题获得。数值算例说明了所提出方法的有效性。

本章的第二部分利用多 Lyapunov 函数方法研究了一类具有输入饱和的连续时间线性切换系统的稳定性分析和抗饱和设计问题。前提是线性动态输出反馈控制器参数已设计好，镇定不发生执行器饱和时的闭环系统。然后，设计抗饱和补偿器和切换律，以扩大闭环系统的吸引域估计。最后，通过求解一个带约束的优化问题，得到了抗饱和补偿器和切换律。数值算例说明了所提方法的有效性。

## 2.2  具有执行器饱和的切换系统的鲁棒镇定

### 2.2.1  问题描述与预备知识

考虑如下具有执行器饱和的线性切换系统

$$\dot{x} = (A_\sigma + \Delta A_\sigma)x + (B_\sigma + \Delta B_\sigma)\mathrm{sat}(u_\sigma).\tag{2.1}$$

其中，$x \in \mathrm{R}^n$ 为系统状态，$u_\sigma \in \mathrm{R}^m$ 为控制输入，$\sigma:[0,\infty) \to I_N = \{1,\cdots,N\}$ 为分段常值且右连续的待设计切换信号，$\sigma = i$ 意味着第 $i$ 个子系统被激活，$\mathrm{sat}:\mathrm{R}^m \to \mathrm{R}^m$ 为标准的向量值饱和函数，定义如下：

$$\begin{cases}\mathrm{sat}(u_i) = \left[\mathrm{sat}(u_i^1),\ \cdots,\ \mathrm{sat}(u_i^m)\right]^\mathrm{T}, \\ \mathrm{sat}(u_i^j) = \mathrm{sign}(u_i^j)\min\left\{1,\ \left|u_i^j\right|\right\}, \\ \forall j \in Q_m = \left\{1,\ \cdots,\ m\right\}.\end{cases}\tag{2.2}$$

显然，假设单位饱和限幅是不失一般性的，因为非标准饱和函数总可以通过采用适当的变换改变矩阵而得到，为简单起见，按文献中普遍采用的记号，我们采用符号 $\mathrm{sat}(\cdot)$ 同时表示标量与向量饱和函数。$A_i$ 和 $B_i$ 为适当维数的常数矩阵，$\Delta A_i$ 和 $\Delta B_i$ 为具有下面结构的时变不确定矩阵

$$[\Delta A_i, \Delta B_i] = E_i\Gamma(t)[F_{1i}, F_{2i}], i \in I_N.\tag{2.3}$$

其中，$E_i$，$F_{1i}$，$F_{2i}$ 为描述不确定性的已知的适当维数的常数矩阵，$\Gamma(t)$ 是一个未知，时变的满足 Lebesgue 可测条件的实矩阵，且满足

$$\Gamma^\mathrm{T}(t)\Gamma(t) \leqslant I.\tag{2.4}$$

对系统（2.1）采用状态反馈控制律

$$u_i = F_i x, i \in I_N.\tag{2.5}$$

其中，$F_i$ 既可以事先给定，也可以是待设计的变量。则相应的闭环系统为

$$\dot{x} = (A_\sigma + \Delta A_\sigma)x + (B_\sigma + \Delta B_\sigma)\text{sat}(F_\sigma x), \sigma \in I_N. \qquad (2.6)$$

在本章结论的推导过程中将用到下面的引理。

**引理 2.1**[190]　给定任意常数 $\lambda > 0$，任意具有相容维数的矩阵 $M, \Gamma, U$，则对所有的 $x \in \mathbf{R}^n$，有

$$2x^{\mathrm{T}}M\Gamma Ux \leqslant \lambda x^{\mathrm{T}}MM^{\mathrm{T}}x + \lambda^{-1}x^{\mathrm{T}}U^{\mathrm{T}}Ux. \qquad (2.7)$$

其中，$\Gamma$ 为满足 $\Gamma^{\mathrm{T}}\Gamma \leqslant I$ 的不确定矩阵。

令 $P \in \mathbf{R}^{n \times n}$ 表示正定矩阵，定义椭球体

$$\Omega(P, \rho) = \left\{ x \in \mathbf{R}^n : x^{\mathrm{T}}Px \leqslant \rho, \rho > 0 \right\}. \qquad (2.8)$$

为了符号的简单，有时我们也用 $\Omega(P)$ 表示 $\Omega(P, 1)$。

用 $F^j$ 表示矩阵 $F \in \mathbf{R}^{m \times n}$ 的第 $j$ 行，定义对称多面体

$$L(F) = \left\{ x \in \mathbf{R}^n : |F^j x| \leqslant 1, j \in Q_m \right\}. \qquad (2.9)$$

令 $D$ 表示 $m \times m$ 的对角矩阵集合，它的对角元素是 1 或者 0。例如：如果 $m = 2$，那么，

$$D = \left\{ \begin{bmatrix} 1 & 0 \\ 0 & 1 \end{bmatrix}, \begin{bmatrix} 1 & 0 \\ 0 & 0 \end{bmatrix}, \begin{bmatrix} 0 & 0 \\ 0 & 1 \end{bmatrix}, \begin{bmatrix} 0 & 0 \\ 0 & 0 \end{bmatrix} \right\}.$$

易知，这里有 $2^m$ 个元素在 $D$ 中。假定 $D$ 中的元素表示成 $D_s$，$s \in Q = \{1, 2, \cdots, 2^m\}$，显然 $D_s^- = I - D_s \in D$。

**引理 2.2**[130]　给定矩阵 $F, H \in \mathbf{R}^{m \times n}$。对于 $x \in \mathbf{R}^n$，如果 $x \in L(H)$，则

$$\text{sat}(Fx) \in \text{co}\left\{ D_s Fx + D_s^- Hx, s \in Q \right\}, \qquad (2.10)$$

其中 co{·} 表示一个集合的凸包。因此，相应的 sat($Fx$) 可表示为

$$\text{sat}(Fx) = \sum_{s=1}^{2^m} \eta_s (D_s F + D_s^- H)x. \qquad (2.11)$$

其中 $\eta_s$ 是状态 $x$ 的函数，并且 $\sum_{s=1}^{2^m} \eta_s = 1, 0 \leqslant \eta_s \leqslant 1$。

**引理 2.3**[191]　对于分块对称矩阵 $S = S^{\mathrm{T}} \in \mathbf{R}^{(n+q) \times (n+q)}$，

$$S = \begin{bmatrix} S_{11} & S_{12} \\ S_{21} & S_{22} \end{bmatrix}, \qquad (2.12)$$

其中，$S_{11} \in \mathbf{R}^{n \times n}, S_{12} = S_{21}^{\mathrm{T}} \in \mathbf{R}^{n \times q}, S_{22} \in \mathbf{R}^{q \times q}$。则以下三个条件等价：

(1) $S < 0$。

(2) $S_{11} < 0$，$S_{22} - S_{12}^{\mathrm{T}} S_{11}^{-1} S_{12} < 0$。

(3) $S_{22} < 0$，$S_{11} - S_{12} S_{22}^{-1} S_{12}^{\mathrm{T}} < 0$。

将 $S_{22} - S_{12}^{\mathrm{T}} S_{11}^{-1} S_{12}$ 称为 $S_{11}$ 在 $S$ 中的 Schur 补。

**引理 2.4**[192] 对任何 $z$，$y \in \mathrm{R}^n$ 及正定矩阵 $X \in \mathrm{R}^{n \times n}$，有
$$-2z^{\mathrm{T}} y \leqslant z^{\mathrm{T}} X^{-1} z + y^{\mathrm{T}} X y.$$

### 2.2.2 稳定性分析

在本节，假设状态反馈控制律 $u_i = F_i x$ 给定，然后利用多 Lyapunov 函数方法，给出闭环系统（2.6）渐近稳定的充分条件，是为了在接下来的两节中进一步研究控制器设计和吸引域估计问题。

**定理 2.1** 如果存在正定矩阵 $P_i$，矩阵 $H_i$ 以及标量 $\beta_{ir} \geqslant 0$，$\lambda_i > 0$，使得下列矩阵不等式成立：

$$
\begin{aligned}
&\left[ A_i + B_i (D_s F_i + D_s^- H_i) \right]^{\mathrm{T}} P_i \\
&+ P_i \left[ A_i + B_i (D_s F_i + D_s^- H_i) \right] + \lambda_i P_i E_i E_i^{\mathrm{T}} P_i \\
&+ \lambda_i^{-1} \left[ F_{1i} + F_{2i} (D_s F_i + D_s^- H_i) \right]^{\mathrm{T}} \\
&\times \left[ F_{1i} + F_{2i} (D_s F_i + D_s^- H_i) \right] \\
&+ \sum_{r=1, r \neq i}^{N} \beta_{ir} (P_i - P_r) < 0, i \in I_N, r \in I_N, s \in Q.
\end{aligned}
\tag{2.13}
$$

并且满足

$$\Omega(P_i) \bigcap \Phi_i \subset L(H_i). \tag{2.14}$$

其中，$\Phi_i = \left\{ x \in \mathrm{R}^n : x^{\mathrm{T}} \left( P_i - P_r \right) x \geqslant 0, \forall r \in I_N, r \neq i \right\}$，那么在状态依赖的切换律

$$\sigma = \arg \max \left\{ x^{\mathrm{T}} P_i x, i \in I_N \right\}. \tag{2.15}$$

作用下，闭环系统（2.6）的原点是鲁棒渐近稳定的，并且集合 $\bigcup_{i=1}^{N} (\Omega(P_i) \bigcap \Phi_i)$ 被包含在吸引域中。

**证明** 根据引理 2.2，对任意 $x \in \Omega(P_i) \bigcap \Phi_i \subset L(H_i)$，有

$$\text{sat}(F_i x) \in \text{co}\left\{ D_s F_i x + D_s^- H_i x, s \in Q \right\}.$$

进一步，

$$(A_i + \Delta A_i)x + (B_i + \Delta B_i)\text{sat}(F_i x) \in$$

$$\text{co}\left\{ (A_i + \Delta A_i)x + (B_i + \Delta B_i)(D_s F_i + D_s^- H_i)x, s \in Q \right\}.$$

根据切换律（2.15），易知对 $\forall x \in \Omega(P_i) \bigcap \Phi_i \subset L(H_i)$，第 $i$ 个子系统被激活。

为系统（2.6）的每个子系统选取 Lyapunov 函数

$$V_i(x) = x^{\mathrm{T}} P_i x, \ i \in I_N. \tag{2.16}$$

当第 $i$ 个子系统被激活时，对任意 $\forall x \in \Omega(P_i) \bigcap \Phi_i \subset L(H_i)$ 并且 $x \neq 0$，Lyapunov 函数 $V_i(x)$ 沿着系统（2.6）的轨迹的时间导数满足不等式

$$\dot{V}_i(x) = \dot{x}^{\mathrm{T}} P_i x + x^{\mathrm{T}} P_i \dot{x}$$

$$= 2x^{\mathrm{T}} \left\{ \sum_{s=1}^{2^m} \eta_{is} \left[ (A_i + \Delta A_i) + (B_i + \Delta B_i)(D_s F_i + D_s^- H_i) \right] \right\}^{\mathrm{T}} P_i x$$

$$\leqslant \max_{s \in Q} 2x^{\mathrm{T}} \left\{ \left[ A_i + B_i \left( D_s F_i + D_s^- H_i \right) \right]^{\mathrm{T}} P_i + P_i E_i \Gamma \left[ F_{1i} + F_{2i} \left( D_s F_i + D_s^- H_i \right) \right] \right\} x.$$

根据引理 2.1，有

$$2x^{\mathrm{T}} P_i E_i \Gamma \left[ F_{1i} + F_{2i} \left( D_s F_i + D_s^- H_i \right) \right] x$$

$$\leqslant \lambda_i x^{\mathrm{T}} P_i E_i E_i^{\mathrm{T}} P_i x + \lambda_i^{-1} x^{\mathrm{T}} \left[ F_{1i} + F_{2i} \left( D_s F_i \right. \right.$$

$$\left. \left. + D_s^- H_i \right) \right]^{\mathrm{T}} \left[ F_{1i} + F_{2i} \left( D_s F_i + D_s^- H_i \right) \right] x.$$

因而有

$$\dot{V}_i(x) \leqslant \max_{s \in Q} x^{\mathrm{T}} \left\{ \left[ A_i + B_i \left( D_s F_i + D_s^- H_i \right) \right]^{\mathrm{T}} P_i \right.$$

$$+ P_i \left[ A_i + B_i \left( D_s F_i + D_s^- H_i \right) \right]$$

$$+ \lambda_i P_i E_i E_i^{\mathrm{T}} P_i + \lambda_i^{-1} \left[ F_{1i} + F_{2i} \left( D_s F_i \right. \right.$$

$$\left. \left. + D_s^- H_i \right) \right]^{\mathrm{T}} \left[ F_{1i} + F_{2i} \left( D_s F_i + D_s^- H_i \right) \right] \right\} x$$

$$< 0.$$

又在切换时刻 $t_k$ 我们有

$$V_{\sigma_{(t_k)}}(x(t_k)) \leqslant \lim_{t \to t_k^-} V_{\sigma(t)}(x(t)). \qquad (2.17)$$

即 Lyapunov 函数在切换时刻是单调不增的，因此从集合 $\bigcup_{i=1}^{N}(\Omega(P_i) \bigcap \Phi_i)$ 内出发的系统状态轨迹一直在此集合内。依据多 Lyapunov 函数技术可知，对任意初始状态 $x_0 \in \bigcup_{i=1}^{N}(\Omega(P_i) \bigcap \Phi_i)$，闭环系统（2.6）在原点是渐近稳定的，证毕。

### 2.2.3 控制器设计

在本节，根据 2.2.2 节得出的结果，我们研究如何设计状态反馈控制器使得闭环系统（2.6）是鲁棒镇定的。进而，状态反馈控制器可通过求解一组线性矩阵不等式获得。

**定理 2.2** 如果存在正定矩阵 $X_i$，矩阵 $M_i$，$N_i$ 以及标量 $\beta_{ir} \geqslant 0$，$\delta_{ir} > 0$ 和 $\lambda_i > 0$ 使得矩阵不等式

$$\begin{bmatrix} \Pi_{is1} & \Pi_{is2} \\ * & -\lambda_i I \end{bmatrix} < 0 \qquad (2.18)$$

和

$$\begin{bmatrix} 1 & N_i^j \\ * & X_i - \sum_{r=1,r \neq i}^{N} \delta_{ir}(X_r - X_i) \end{bmatrix} \geqslant 0, \ i,r \in I_N, s \in Q, j \in Q_m \qquad (2.19)$$

成立。其中，$N_i^j$ 表示矩阵 $N_i$ 的第 $j$ 行，

$$\Pi_{is1} = A_i X_i + X_i A_i^T + B_i \left( D_s M_i + D_s^- N_i \right)$$
$$+ \left( D_s M_i + D_s^- N_i \right)^T B_i^T + \lambda_i E_i E_i^T$$
$$+ \sum_{r=1,r \neq i}^{N} \beta_{ir} (X_r - X_i),$$

$$\Pi_{is2} = X_i F_{1i}^T + \left( D_s M_i + D_s^- N_i \right)^T F_{2i}^T,$$

那么在状态依赖的切换律

$$\sigma = \arg\max\{x^{\mathrm{T}} X_i^{-1} x, i \in I_N\} \tag{2.20}$$

作用下，对 $\forall x_0 \in \bigcup\limits_{i=1}^{N}\left(\Omega\left(P_i\right)\bigcap\Phi_i\right)$，闭环系统（2.6）的原点是鲁棒渐近镇定的，

其中 $H_i = N_i X_i^{-1}$，$P_i = X_i^{-1}$，同时状态反馈增益阵由下式给出：

$$F_i = M_i X_i^{-1}, \quad i \in I_N. \tag{2.21}$$

**证明** 令 $M_i = F_i X_i$，$N_i = H_i X_i$。依据引理2.3，易知式（2.18）等价于

$$
\begin{aligned}
& A_i X_i + X_i A_i^{\mathrm{T}} + B_i\left(D_s F_i X_i + D_s^- H_i X_i\right) \\
& \quad + \left(D_s F_i X_i + D_s^- H_i X_i\right)^{\mathrm{T}} B_i^{\mathrm{T}} + \lambda_i E_i E_i^{\mathrm{T}} + \lambda_i^{-1}\big[F_{1i} X_i \\
& \quad + F_{2i}\left(D_s F_i X_i + D_s^- H_i X_i\right)\big]^{\mathrm{T}}\big[F_{1i} X_i + F_{2i}\left(D_s F_i X_i\right. \\
& \quad \left. + D_s^- H_i X_i\right)\big] + \sum_{r=1, r\neq i}^{N} \beta_{ir}\left(X_r - X_i\right) < 0.
\end{aligned} \tag{2.22}
$$

对式（2.22）两端分别左乘和右乘矩阵 $X_i^{-1}$，我们得到

$$
\begin{aligned}
& P_i A_i + A_i^{\mathrm{T}} P_i + P_i B_i\left(D_s F_i + D_s^- H_i\right) \\
& \quad + \left(D_s F_i + D_s^- H_i\right)^{\mathrm{T}} B_i^{\mathrm{T}} P_i + \lambda_i P_i E_i E_i^{\mathrm{T}} P_i \\
& \quad + \lambda_i^{-1}\big[F_{1i} + F_{2i}\left(D_s F_i + D_s^- H_i\right)\big]^{\mathrm{T}}\big[F_{1i} + F_{2i}\left(D_s F_i\right. \\
& \quad \left. + D_s^- H_i\right)\big] + \sum_{r=1, r\neq i}^{N} \beta_{ir}\left(P_i P_r^{-1} P_i - P_i\right) < 0.
\end{aligned} \tag{2.23}
$$

由于 $P_i$ 为正定矩阵，下面的两个不等式是等价的：

$$\left(P_i - P_r\right) P_r^{-1}\left(P_i - P_r\right) \geqslant 0, \tag{2.24}$$

$$P_i - P_r \leqslant P_i P_r^{-1} P_i - P_i. \tag{2.25}$$

然后由式（2.25）可知下式成立：

$$\sum_{r\in I_N, r\neq i} \beta_{ir}\left(P_i - P_r\right) \leqslant \sum_{r\in I_N, r\neq i} \beta_{ir}\left(P_i P_r^{-1} P_i - P_i\right). \tag{2.26}$$

结合式（2.23）和式（2.26），可得

$$
\begin{aligned}
& \left[ A_i + B_i \left( D_s F_i + D_s^- H_i \right) \right]^T P_i \\
& + P_i \left[ A_i + B_i \left( D_s F_i + D_s^- H_i \right) \right] + \lambda_i P_i E_i E_i^T P_i \\
& + \lambda_i^{-1} \left[ F_{1i} + F_{2i} \left( D_s F_i + D_s^- H_i \right) \right]^T \\
& \times \left[ F_{1i} + F_{2i} \left( D_s F_i + D_s^- H_i \right) \right] + \sum_{r=1, r \neq i}^{N} \beta_{ir} \left( P_i - P_r \right) < 0,
\end{aligned}
\tag{2.27}
$$

即定理2.1中式（2.13）成立。

对式（2.19）采用类似的处理方法，可得

$$
\begin{bmatrix}
1 & H_i^j \\
* & P_i - \sum_{r=1, r \neq i}^{N} \delta_{ir} \left( P_i - P_r \right)
\end{bmatrix} \geqslant 0.
\tag{2.28}
$$

其中，$H_i^j$ 表示矩阵 $H_i$ 的第 $j$ 行，$P_i - \sum_{r=1, r \neq i}^{N} \delta_{ir} \left( P_i - P_r \right) > 0$。

接着我们将说明约束条件 $\Omega(P_i) \bigcap \Phi_i \subset L(H_i)$ 可转化为矩阵不等式（2.28）。

令 $G_i = P_i - \sum_{r=1, r \neq i}^{N} \delta_{ir} \left( P_i - P_r \right)$。因为 $x^{\mathrm{T}} G_i x \leqslant 1$，$H_i^j G_i^{-1} H_i^{j\mathrm{T}} \leqslant 1$，所以根据引理2.4，下式成立

$$
2 x^{\mathrm{T}} H_i^{j\mathrm{T}} \leqslant x^{\mathrm{T}} G_i x + H_i^j G_i^{-1} H_i^{j\mathrm{T}} \leqslant 2.
\tag{2.29}
$$

因此，式（2.29）表明约束条件 $\Omega(P_i) \bigcap \Phi_i \subset L(H_i)$ 可由矩阵不等式（2.28）表达。

又因为 $P_i = X_i^{-1}$，易知切换律（2.20）和定理2.1中的切换律（2.15）相同。所以，对初始状态 $\forall x_0 \in \bigcup_{i=1}^{N} \left( \Omega(P_i) \bigcap \Phi_i \right)$，闭环系统（2.6）在原点是渐近镇定的，证毕。

## 2.2.4　吸引域的估计与扩大

局部稳定性分析的一个重要问题就是确定系统的吸引域。但是，一般来说，很难获得精确的吸引域——即使是很简单的系统，故需要对吸引域进行估计。在

估计系统吸引域时，一个最普遍的做法就是先用收缩性不变集去估计吸引域，然后在吸引域内扩大这个不变集。

在进行系统吸引域估计时，求出保守性较低的吸引域估计值更为重要，因此在满足收缩性不变集中希望找到最大的一个作为系统的吸引域估计值。为此，需要选择确定集合大小的合适度量方法，然后才能将估算问题精确且有意义地用公式表达出来，并且可以容易地处理。一个传统的集合大小的度量方法是采用它的容积。我们考虑集合的形状，引入了形状参考集。

我们用一个包含原点的凸集 $X_R \subset \mathbf{R}^n$ 来作为测量集合大小的参考集。对于一个包含原点的集合 $\Xi \subset \mathbf{R}^n$，定义[130]

$$\alpha_R(\Xi) := \sup\{\alpha > 0 : \alpha X_R \subset \Xi\}.$$

如果 $\alpha_R(\Xi) \geqslant 1$，则 $X_R \subset \Xi$。易知 $\alpha_R(\Xi)$ 能够反映集合 $\Xi$ 的大小。

两种典型的形状参考集类型为椭球体

$$X_R = \left\{ x \in \mathbf{R}^n : x^T R x \leqslant 1, R > 0 \right\}$$

以及多面体

$$X_R = \mathrm{co}\left\{ x_1, x_2, \cdots, x_l \right\}.$$

其中，$x_1, x_2, \cdots, x_l$ 为给定的 $n$ 维向量，$\mathrm{co}\{\cdot\}$ 表示这组向量凸包。

定理 2.1 和 2.2 给出了充分条件来保证集合 $\bigcup\limits_{i=1}^{N}(\Omega(P_i) \bigcap \Phi_i)$ 被包含在吸引域中。但是，我们的目的是通过设计状态反馈控制器和切换律使得闭环系统（2.6）的吸引域估计最大化，也就是使得集合 $\bigcup\limits_{i=1}^{N}(\Omega(P_i) \bigcap \Phi_i)$ 最大化。

因此，如何使得集合 $\bigcup\limits_{i=1}^{N}(\Omega(P_i) \bigcap \Phi_i)$ 最大化的问题可以转化为下面的约束优化问题：

$$
\begin{aligned}
&\sup_{X_i, M_i, N_i, \beta_{ir}, \delta_{ir}, \lambda_i} \alpha, \\
&\text{s.t.} (a)\, \alpha X_R \subset \Omega(X_i^{-1}), i \in I_N, \\
&\qquad (b)\, \text{inequality (2.18)}, i \in I_N, s \in Q, \\
&\qquad (c)\, \text{inequality (2.19)}, i \in I_N, j \in Q_m.
\end{aligned}
\tag{2.30}
$$

如果选择 $X_R$ 为椭球，那么（a）等价于

$$\begin{bmatrix} \dfrac{1}{\alpha^2}R & I \\ I & X_i \end{bmatrix} \geq 0. \tag{2.31}$$

如果选择 $X_R$ 为多面体，那么（a）等价于

$$\begin{bmatrix} \dfrac{1}{\alpha^2} & x_k^{\mathrm{T}} \\ x_k & X_i \end{bmatrix} \geq 0, k \in [1, l]. \tag{2.32}$$

令 $\dfrac{1}{\alpha^2} = \gamma$。如果选择 $X_R$ 为椭球，那么优化问题（2.30）可重新写成

$$\inf_{X_i, M_i, N_i, \beta_{ir}, \delta_{ir}, \lambda_i} \gamma,$$
$$\text{s.t.}(a)\begin{bmatrix} \gamma R & I \\ I & X_i \end{bmatrix} \geq 0, i \in I_N, \tag{2.33}$$
$$(b)\,\text{inequality}\,(2.18), i \in I_N, s \in Q,$$
$$(c)\,\text{inequality}\,(2.19), i \in I_N, j \in Q_m.$$

同理，如果选择 $X_R$ 为多面体，那么优化问题（2.30）又可重新写成

$$\inf_{X_i, M_i, N_i, \beta_{ir}, \delta_{ir}, \lambda_i} \gamma,$$
$$\text{s.t.}(a)\begin{bmatrix} \gamma & x_k^{\mathrm{T}} \\ x_k & X_i \end{bmatrix} \geq 0, k \in [1, l], i \in I_N, \tag{2.34}$$
$$(b)\,\text{inequality}\,(2.18), i \in I_N, s \in Q,$$
$$(c)\,\text{inequality}\,(2.19), i \in I_N, j \in Q_m.$$

**注 2.1**　如果标量参数 $\beta_{ir}$，$\delta_{ir}$ 事先给定，状态反馈控制律和吸引域估计可通过解带有线性矩阵不等式约束的凸优化问题获得，这有利于计算机求解与仿真，便于工程实现。

### 2.2.5　数值例子

在这一部分，我们给出数值例子来说明所得结果的有效性。

考虑含两个子系统的带有输入饱和的不确定线性切换系统

$$\dot{x} = (A_i + \Delta A_i)x + (B_i + \Delta B_i)\text{sat}(u_i), i = 1, 2, \tag{2.35}$$

其中，

$$A_1 = \begin{bmatrix} 1 & 0.5 & 0.1 \\ 0 & -1 & 0.2 \\ 0 & 0 & 1 \end{bmatrix}, A_2 = \begin{bmatrix} 1 & 0 & 0 \\ 0.5 & 1 & 0 \\ 0.1 & 0.5 & 1 \end{bmatrix},$$

$$B_1 = \begin{bmatrix} 2 & 1 \\ 0 & 7 \\ 0 & 0 \end{bmatrix}, B_2 = \begin{bmatrix} 0 & 0 \\ 0 & 10 \\ 8 & 0 \end{bmatrix}, x(0) = \begin{bmatrix} 0.5 \\ 0.2 \\ -0.3 \end{bmatrix},$$

$$E_1 = \begin{bmatrix} 0.1 & 0 & 0 \\ 0 & 0.2 & 0 \\ 0 & 0 & 0.3 \end{bmatrix}, E_2 = \begin{bmatrix} 0.1 & 0 & 0 \\ 0 & 0.3 & 0 \\ 0 & 0 & 0.3 \end{bmatrix},$$

$$\Gamma(t) = \begin{bmatrix} \sin(t) & 0 & 0 \\ 0 & \sin(t) & 0 \\ 0 & 0 & \cos(t) \end{bmatrix}, F_{11} = \begin{bmatrix} 0.2 & 0 & 0 \\ 0 & 0.3 & 0 \\ 0 & 0 & 0.5 \end{bmatrix},$$

$$F_{21} = \begin{bmatrix} 0.1 & 0 \\ 0 & 0.2 \\ 0 & 0 \end{bmatrix}, F_{12} = \begin{bmatrix} 0.2 & 0 & 0 \\ 0 & 0.1 & 0 \\ 0 & 0 & 0.1 \end{bmatrix}, F_{22} = \begin{bmatrix} 0 & 0 \\ 0.2 & 0 \\ 0 & 0.4 \end{bmatrix}.$$

很明显，两个子系统都是不稳定的，且没有一个子系统通过状态反馈能单独镇定。我们需要设计一个切换律和状态反馈控制律，使得系统（2.35）的原点是渐近稳定的并获得一个尽可能大的吸引域估计。

令 $R = \begin{bmatrix} 1 & 0 & 0 \\ 0 & 1 & 0 \\ 0 & 0 & 1 \end{bmatrix}$，$\beta_1 = \beta_2 = 30$，$\delta_1 = \delta_2 = 1$。解优化问题（2.33），于是有

$$\gamma = 0.1698, \lambda_1 = 15.3980, \lambda_2 = 13.6038,$$

$$X_1 = \begin{bmatrix} 1.7928 & -4.2841 & 0.2555 \\ -4.2841 & 25.5062 & -2.5048 \\ 0.2555 & -2.5048 & 4.9107 \end{bmatrix},$$

$$X_2 = \begin{bmatrix} 1.9562 & -4.6361 & 0.2535 \\ -4.6361 & 26.2017 & -2.4583 \\ 0.2535 & -2.4583 & 4.4397 \end{bmatrix},$$

$$M_1 = \begin{bmatrix} -4.7385 & 2.2454 & 0.1712 \\ -1.1725 & 0.7332 & -0.2415 \end{bmatrix},$$

$$M_2 = \begin{bmatrix} 0.1902 & -0.1239 & -2.3906 \\ -0.2153 & -2.2571 & -0.6058 \end{bmatrix},$$

$$N_1 = \begin{bmatrix} -0.8852 & 2.1819 & 0.0841 \\ -0.7829 & 0.9351 & -0.1148 \end{bmatrix},$$

$$N_2 = \begin{bmatrix} 0.1699 & -0.0270 & -1.4732 \\ -0.1357 & -1.9870 & -0.4944 \end{bmatrix},$$

$$P_1 = X_1^{-1} = \begin{bmatrix} 0.9369 & 0.1606 & 0.0332 \\ 0.1606 & 0.0688 & 0.0267 \\ 0.0332 & 0.0267 & 0.2156 \end{bmatrix},$$

$$P_2 = X_2^{-1} = \begin{bmatrix} 0.8865 & 0.1604 & 0.0382 \\ 0.1604 & 0.0693 & 0.0292 \\ 0.0382 & 0.0292 & 0.2392 \end{bmatrix},$$

$$H_1 = N_1 P_1 = \begin{bmatrix} -0.4761 & 0.0102 & 0.0471 \\ -0.5871 & -0.0645 & -0.0257 \end{bmatrix},$$

$$H_2 = N_2 P_2 = \begin{bmatrix} 0.0900 & -0.0176 & -0.3467 \\ -0.4580 & -0.1739 & -0.1815 \end{bmatrix},$$

$$F_1 = M_1 P_1 = \begin{bmatrix} -4.0732 & -0.6020 & -0.0603 \\ -0.9888 & -0.1443 & -0.0714 \end{bmatrix},$$

$$F_2 = M_2 P_2 = \begin{bmatrix} 0.0574 & -0.0479 & -0.5683 \\ -0.5761 & -0.2086 & -0.2191 \end{bmatrix}.$$

系统（2.35）的每个子系统的状态响应曲线如图 2.1 和 2.2 所示，可见每个子系统都是不稳定的。但是，可通过设计切换律和状态反馈控制律使得闭环系统（2.35）渐近稳定，如图 2.3 所示。

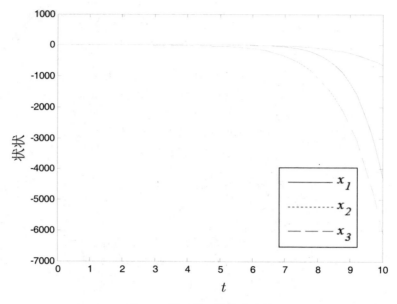

图2.1　子系统1的状态响应

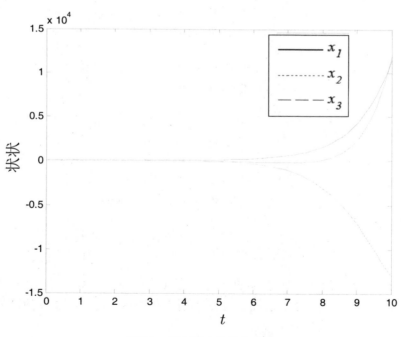

图2.2　子系统2的状态响应

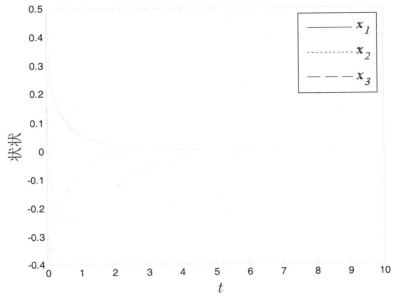

图2.3　闭环系统（2.35）的状态响应

# 2.3　具有执行器饱和的切换系统的稳定性分析与抗饱和设计

### 2.3.1　问题描述与预备知识

考虑具有执行器饱和的连续时间切换线性系统

$$\dot{x} = A_\sigma x + B_\sigma sat(u),\qquad(2.36)$$

$$y = C_\sigma x.\qquad(2.37)$$

其中 $x \in R^n$ 是状态向量，$u \in R^m$ 为控制输入向量和 $y \in R^p$ 是测量输出向量。函数 $sat : R^m \to R^m$ 是标准的向量值饱和函数，定义如下：

$$sat(u) = \left[ sat(u^1)\, sat(u^2) \cdots sat(u^m) \right]^T,$$

$$sat(u^j) = sign(u^j)min\left\{1, |u^j|\right\},$$

$$\forall j \in Q_m = \left\{1, \cdots, m\right\}.$$

众所周知，单位饱和度的假设是不失一般性的[130]。函数 $\sigma:[0,\infty)\to I_N=\{1,\cdots,N\}$ 是一个分段常数切换信号；$\sigma=i$ 表示第 $i$ 个子系统被激活。$A_i$，$B_i$ 和 $C_i$ 是具有适当维数的常数矩阵。

对于系统（2.36）和（2.37），考虑具有如下形式的一组 $n$ 阶动态输出反馈控制器：

$$
\begin{aligned}
\dot{x}_c &= A_{ci}x_c + B_{ci}u_c, \\
v_c &= C_{ci}x_c + D_{ci}u_c, \forall \in I_N,
\end{aligned}
\tag{2.38}
$$

其中，$x_c \in R^n$，$u_c = y$ 和 $v_c = u$ 分别是控制器的状态向量、输入向量和输出向量。由于我们着重抗饱和补偿器的分析和设计[164]，因此假设所设计的动态控制器已知，且能够镇定不考虑输入饱和的系统（2.36）和（2.37）。

为了弱化由于执行器饱和给系统带来的不利影响，经常采用的一种典型的方法是在动态控制器上增加一个额外的抗饱和校正项 $E_{ci}(sat(v_c)-v_c)$，然后，最终的控制器的形式如下：

$$
\begin{aligned}
\dot{x}_c &= A_{ci}x_c + B_{ci}u_c + E_{ci}(sat(v_c)-v_c), \\
v_c &= C_{ci} + D_{ci}u_c, \forall i \in I_N.
\end{aligned}
\tag{2.39}
$$

显然，通过使用这样的校正环节，动态输出反馈控制器（2.39）在不发生执行器饱和的情况下始终工作在线性区域，这不会影响线性系统的性能。当执行器发生饱和时，系统控制器的状态又可以通过抗饱和补偿器进行校正，从而尽可能地恢复系统的标称性能。

现在，在采用上述动态输出反馈控制器和抗饱和策略下，闭环系统可以重新写成

$$
\begin{aligned}
\dot{x} &= A_i x + B_i sat(v_c), \\
y &= C_i x, \\
\dot{x}_c &= A_{ci}x_c + B_{ci}u_c + E_{ci}(sat(v_c)-v_c) \\
v_c &= C_{ci} + D_{ci}u_c, \forall i \in I_N.
\end{aligned}
\tag{2.40}
$$

然后，定义新的状态向量

$$
\zeta = \begin{bmatrix} x \\ x_c \end{bmatrix} \in R^{n+n}
\tag{2.41}
$$

以及矩阵

$$\tilde{A}_i = \begin{bmatrix} A_i + B_i D_{ci} C_i & B_i C_{ci} \\ B_{ci} C_i & A_{ci} \end{bmatrix}, \tilde{B}_i = \begin{bmatrix} B_i \\ 0 \end{bmatrix},$$

$$G = \begin{bmatrix} 0 \\ I_{nc} \end{bmatrix}, K_i = \begin{bmatrix} D_{ci} C_i & C_{ci} \end{bmatrix}.$$

因此，根据（2.40）和（2.41），闭环系统可以重写为

$$\dot{\zeta} = \tilde{A}_i \zeta - \left( \tilde{B}_i + GE_{ci} \right) \psi \left( v_c \right), \forall i \in I_N. \tag{2.42}$$

其中 $v_c = K_i \zeta, \psi \left( v_c \right) = v_c - sat \left( v_c \right)$。

本节的目的是设计一个切换律和抗饱和补偿增益 $E_{ci}$，使得所得的闭环系统（2.42）在状态空间的原点处是局部渐近稳定的并且获得尽可能大的吸引域估计。

下面给出在证明主要结果的过程中需要的引理：

考虑矩阵 $K_i, H_i \in R^{m \times (n+n)}$，然后定义多面体集合

$$L\left( K_i, H_i \right) = \left\{ \zeta \in R^{n+n} : \left| \left( K_i^j - H_i^j \right) \zeta \right| \le 1, i \in I_N, j \in Q_m \right\},$$

其中 $K_i^j, H_i^j$ 分别是矩阵 $K_i, H_i$ 的第 $j$ 行。

**引理 2.5**[164, 165]　考虑以上定义的函数 $\psi \left( v_c \right)$，如果 $\zeta \in L \left( K_i, H_i \right)$，则对于任意对角正定矩阵 $J_i \in R^{m \times m}$，下列关系式成立：

$$\psi^T \left( K_i \zeta \right) J_i \left[ \psi \left( K_i \zeta \right) - H_i \zeta \right] \le 0, \forall i \in I_N. \tag{2.43}$$

### 2.3.2　稳定性分析

在这一部分中，假定抗饱和补偿增益 $E_{ci}$ 事先给定，然后，利用多 Lyapunov 函数法给出系统（2.42）渐近稳定的充分条件。

**定理 2.3**　如果存在对称正定矩阵 $P_i \in R^{(n+n) \times (n+n)}$，矩阵 $H_i \in R^{m \times (n+n)}$，$E_{ci} \in R^{n \times m}$，对角正定矩阵 $J_i \in R^{m \times m}$ 和一组标量 $\beta_{ir} \ge 0$，使得

$$\begin{bmatrix} \tilde{A}_i^T P_i + P_i \tilde{A}_i + \sum_{r=1, r \ne i}^{N} \beta_{ir} \left( P_r - P_i \right) & -P_i \left( \tilde{B}_i + GE_{Ci} \right) + H_i^T J_i \\ * & -2J_i \end{bmatrix} < 0 \tag{2.44}$$

以及

$$\Omega \left( P_i, 1 \right) \bigcap \Phi_i \subset L \left( k_i, H_i \right), \forall \in I_N \tag{2.45}$$

成立，那么在切换律

$$\sigma = \arg\min\left\{\zeta^T P_i \zeta, i \in I_N\right\} \tag{2.46}$$

作用下，闭环切换系统（2.42）在原点处是渐近稳定的，并且集合 $\bigcup_{i=1}^{N}\left(\Omega(P_i,1)\bigcap\Phi_i\right)$ 包含在吸引域内，其中 $\Phi_i = \left\{\zeta \in R^{(n+n)} : \zeta^T\left(P_r - P_i\right)\zeta \geqslant 0,\right.$ $\left.\forall r \in I_N, r \neq i\right\}$。

**证明**　根据条件（2.45），如果 $\forall \zeta \in \Omega(P_i,1)\bigcap\Phi_i$，那么 $\zeta \in L(K_i,H_i)$。因此，根据引理2.5，对于 $\forall \zeta \in \Omega(P_i,1)\bigcap\Phi_i$，可以得到 $\psi(K_i\zeta(k)) = K_i\zeta(k) - sat(K_i\zeta(k))$ 满足扇形条件（2.43）。

根据切换律（2.46），对于 $\forall \zeta \in \Omega(P_i,1)\bigcap\Phi_i \subset L(K_i,H_i)$，则第 $i$ 个子系统是激活状态。然后，为系统（2.42）选取如下所示的多 Lyapunov 备选函数

$$V_i(\zeta) = \zeta^T P_i \zeta . \tag{2.47}$$

那么，$V_i(\zeta)$ 沿闭环系统（2.42）的状态轨迹的时间导数为

$$
\begin{aligned}
\dot{V}_i(\zeta) &= \dot{\zeta}^T P_i \zeta + \zeta^T P_i \dot{\zeta}\\
&= \left[\tilde{A}_i\zeta - \left(\tilde{B}_i + GE_{ci}\right)\psi(K_i\zeta)\right]^T P_i \zeta\\
&\quad + \zeta^T P_i \left[\tilde{A}_i\zeta - \left(\tilde{B}_i + GE_{ci}\right)\psi(K_i\zeta)\right] .
\end{aligned}
$$

因而，然后根据引理2.5和条件（2.45），可得

$$
\begin{aligned}
\dot{V}_i(\zeta) &\leqslant \left[\tilde{A}_i\zeta - \left(\tilde{B}_i + GE_{ci}\right)\psi(K_i\zeta)\right]^T P_i \zeta\\
&\quad + \zeta^T P_i \left[\tilde{A}_i\zeta - \left(\tilde{B}_i + GE_{ci}\right)\psi(K_i\zeta)\right]\\
&\quad - 2\psi^T(K_i\zeta)J_i\left[\psi(K_i\zeta) - H_i\zeta\right]\\
&= \begin{bmatrix}\zeta\\\psi\end{bmatrix}^T \begin{bmatrix}\tilde{A}_i^T P_i + P_i\tilde{A}_i & -P_i\left(\tilde{B}_i + GE_{Ci}\right) + H_i^T J_i\\ * & -2J_i\end{bmatrix}\begin{bmatrix}\zeta\\\psi\end{bmatrix}
\end{aligned}
$$

将不等式（2.44）分别左乘 $\begin{bmatrix}\zeta\\\psi\end{bmatrix}^T$ 和右乘 $\begin{bmatrix}\zeta\\\psi\end{bmatrix}$，可知下式成立：

$$
\begin{aligned}
\dot{V}_i(\zeta) &\leqslant \left[\tilde{A}_i\zeta - \left(\tilde{B}_i + GE_{ci}\right)\psi(K_i\zeta)\right]^T P_i \zeta\\
&\quad + \zeta^T P_i \left[\tilde{A}_i\zeta - \left(\tilde{B}_i + GE_{ci}\right)\psi(K_i\zeta)\right] - 2\psi^T(K_i\zeta)J_i\left[\psi(K_i\zeta) - H_i\zeta\right]
\end{aligned}
$$

$$= \begin{bmatrix} \zeta \\ \psi \end{bmatrix}^T \begin{bmatrix} \tilde{A}_i^T P_i + P_i \tilde{A}_i & -P_i \left( \tilde{B}_i + G E_{Ci} \right) + H_i^T J_i \\ * & -2J_i \end{bmatrix} \begin{bmatrix} \zeta \\ \psi \end{bmatrix} < -\sum_{r=1,r\neq i}^{N} \beta_{ir} \zeta^T \left( P_r - P_i \right) \zeta .$$

进一步，根据切换律（2.46），得到

$$\sum_{r=1,r\neq i}^{N} \beta_{ir} \zeta^T \left( p_r - p_i \right) \zeta \geq 0.$$

进而，下式成立：

$$\dot{V}_i \left( \zeta \right) < 0.$$

此外，本节是根据所有 Lyapunov 函数的能量"最小切换"策略选取的切换律，从而使切换点处相邻的 Lyapunov 函数值相等，即在切换瞬间

$$V_i \left( \zeta \right) = V_j \left( \zeta \right),$$

这满足了在相应子系统的"切换"时间序列上满足任何李雅普诺夫函数值的非递增要求[47, 51]。

因此，可以得出如下结论：

根据多 Lyapunov 函数技术，切换系统（2.42）对于所有初始状态 $\zeta_0 \in \bigcup_{i=1}^{N} \left( \Omega(P_i,1) \bigcap \Phi_i \right)$ 是渐近稳定的。证明完毕。

### 2.3.3　抗饱和设计

在这一部分中，考虑如何设计抗饱和补偿器，使得具有执行器饱和的闭环切换系统（2.42）是渐近稳定的，并且具有最大估计吸引域。

定理 2.4：如果存在对称正定矩阵 $X_i \in R^{(n+n)\times(n+n)}$，矩阵 $M_i \in R^{m\times(n+n)}$，$N_i \in R^{n\times m}$，对角正定矩阵 $S_i \in R^{m\times m}$ 以及一组标量 $\beta_{ir} \geq 0$，$\delta_{ir} \geq 0$，使得下列条件成立：

$$\begin{bmatrix} \Omega_i & \nabla_i & X_i & X_i & X_i \\ * & -2S_i & 0 & 0 & 0 \\ * & * & -\beta_{i1}^{-1} X_i & 0 & 0 \\ * & * & * & \ddots & 0 \\ * & * & * & * & -\beta_{iN}^{-1} X_N \end{bmatrix} < 0, \forall i \in I_N \qquad （2.48）$$

和

$$\begin{bmatrix} Y_i & \Gamma_{ij} & X_i & X_i & X_i \\ * & 1 & 0 & 0 & 0 \\ * & * & \delta_{i1}^{-1}X_i & 0 & 0 \\ * & * & * & \ddots & 0 \\ * & * & * & * & \delta_{iN}^{-1}X_N \end{bmatrix} \geq 0, i \in I_N, j \in Q_M \qquad (2.49)$$

其中,

$$\Omega_i = X_i\tilde{A}_i^T + \tilde{A}_iX_i - \sum_{r=1,r\neq i}^{N}\beta_{ir}X_i, \nabla_i = -\tilde{B}_iS_i - GN_i + M_i^T,$$

$$Y_i = X_i + \sum_{r=1,r\neq i}^{N}\delta_{ir}X_i, \Gamma_{ij} = X_iK_i^{jT} - M_i^{jT},$$

$K_i^j$ 和 $M_i^j$ 分别表示矩阵 $K_i$ 和 $M_i$ 的第 $j$ 行,那么,在切换律

$$\sigma = \arg min\{\zeta^T X_i^{-1}\zeta, i \in I_N\} \qquad (2.50)$$

作用下,闭环切换饱和系统(2.42)在原点处是渐进稳定的,并且集合 $\bigcup_{i=1}^{N}(\Omega(P_i,1)\bigcap\Phi_i)$ 被包含在吸引域内,其中,抗饱和增益为 $E_{ci} = N_iS_i^{-1}$。

**证明** 对不等式(2.44)两端分别左乘右乘矩阵 $\begin{bmatrix} P_i^{-1} & 0 \\ 0 & J_i^{-1} \end{bmatrix}$,就可以得到

$$\begin{bmatrix} P_i^{-1}\tilde{A}_i^T + \tilde{A}_iP_i^{-1} & (\tilde{B}_i + GE_{ci})J_i^{-1} \\ + \sum_{r=1,r\neq i}^{N}\beta_{ir}(P_i^{-1}P_rP_i^{-1} - P_i^{-1}) & +P_i^{-1}H_i^T \\ * & -2J_i^{-1} \end{bmatrix} < 0.$$

接着令 $X_i = P_i^{-1}$,$S_i = J_i^{-1}$,$M_i = H_iX_i$,$N_i = E_{ci}S_i^{-1}$,那么根据引理2.3可以得到等价的下式:

$$\begin{bmatrix} \Omega_i & \nabla_i & X_i & X_i & X_i \\ * & -2S_i & 0 & 0 & 0 \\ * & * & -\beta_{i1}^{-1}X_i & 0 & 0 \\ * & * & * & \ddots & 0 \\ * & * & * & * & -\beta_{iN}^{-1}X_N \end{bmatrix} < 0.$$

这正是定理2.4中的（2.48）。

用类似的处理方法应用于不等式（2.49），也可以得到

$$\begin{bmatrix} 1 & K_i^i - H_i^j \\ * & P_i - \sum_{r=1,r\neq i}^{N} \delta_{ir}\left(P_r - P_i\right) \end{bmatrix} \geqslant 0. \tag{2.51}$$

其中，$K_i^j$ 和 $H_i^j$ 分别表示 $K_i$ 和 的第 $j$ 行。

然后，将要约束条件 $\Omega\left(P_i,1\right)\bigcap\Phi_i \subset L\left(K_i,H_i\right)$ 可转化为不等式（2.51）。事实上，如果令

$$G_i = P_i - \sum_{r=1,r\neq i}^{N} \delta_{ir}\left(P_r - P_i\right), \tag{2.52}$$

又由于 $\zeta^T G_i \zeta \leqslant 1$ 和 $\left(K_i^j - H_i^j\right)G_i^{-1}\left(K_i^j - H_i^j\right)^T \leqslant 1$，可知下式成立：

$$2\zeta^T \left(K_i^j - H_i^j\right)^T \leqslant \zeta^T G_i \zeta + \left(K_i^j - H_i^j\right)G_i^{-1}\left(K_i^j - H_i^j\right)^T \leqslant 2.$$

因此，上式就表明关系式 $\Omega\left(P_i,1\right)\bigcap\Phi_i \subset L\left(H_i\right)$ 可由矩阵不等式（2.51）表示。

又因为 $X_i = P_i^{-1}$，切换律（2.50）与定理2.3中（2.46）完全相同。所以，证明完毕。

利用多李雅普诺夫函数方法，在定理2.4中给出了通过设计抗饱和补偿增益 $E_{ci}$ 使闭环系统在 $\bigcup_{i=1}^{N}\left(\Omega\left(X_i^{-1},1\right)\bigcap\Phi_i\right)$ 内是原点渐近稳定的充分条件。但是，我们的目标是设计抗饱和补偿增益，使得闭环系统（2.42）的吸引域估计最大化，也就是意味着集合 $\bigcup_{i=1}^{N}\Omega\left(X_i^{-1},1\right)$ 最大化。如2.2节所述，通常有两种主要的方法来测量集合的大小，第一种策略是根据集合的体积来确定集合的大小。第二种策略是考虑集合的形状。与2.2节类似，本节采用后一种方法，集合的大小通过一个一个给定的形状参考集 $X_R$ 测量。

令 $X_R \subset R^{n+n}$ 为包含原点的有界凸集。对于包含原点的集合 $\Xi \subset R^{n+n}$，定义[130]：

$$\alpha_R\left(\Xi\right) := \sup\{\alpha > 0 : \alpha X_R \subset \Xi\}.$$

显然，如果 $\alpha_R\left(\Xi\right) > 1$，则 $X_R \subset \Xi$。因此，$\alpha_R\left(\Xi\right)$ 提供了一种估计吸引域的度量方式。$X_R$ 的典型形状之一是椭球

$$X_R = \left\{ \zeta \in R^{n+n} : \zeta^T R \zeta \leqslant 1, R > 0 \right\}.$$

所以，对于给定的形状参考集 $X_R$，使集合 $\bigcup_{i=1}^{N} \left( \Omega \left( X_i^{-1}, 1 \right) \bigcap \Phi_i \right)$ 最大化的问题可以表述为如下所示约束优化问题：

$$
\begin{aligned}
& \sup_{X_i, M_i, N_i, S_i, \lambda_{ir}} \quad \alpha, \\
& s.t.(a)\, \alpha X_R \subset \Omega \left( X_i^{-1}, 1 \right), \forall i \in I_N, \\
& (b)\ \text{inequality (2.48)}, \forall i \in I_N, \\
& (c)\text{inequality (2.49)}, \forall i \in I_N, j \in Q_m.
\end{aligned}
\tag{2.53}
$$

其中（a）等价于

$$
\begin{bmatrix} \dfrac{1}{\alpha^2} R & I \\ I & X_i \end{bmatrix} \geqslant 0, \forall i \in I_N.
\tag{2.54}
$$

然后，令 $\gamma = \dfrac{1}{\alpha^2}$，则优化问题（2.53）就可以重新写为

$$
\begin{aligned}
& \inf_{X_i, M_i, N_i, S_i, \lambda_{ir}} \quad \gamma, \\
& s.t.(a) \begin{bmatrix} \gamma R & I \\ I & X_i \end{bmatrix} \geqslant 0, \forall i \in I_N, \\
& (b)\text{inequality(2.48)}, \forall i \in I_N, \\
& (c)\text{inequality(2.49)}, \forall i \in I_N, j \in Q_m.
\end{aligned}
\tag{2.55}
$$

### 2.3.4 数值例子

在此部分，将考虑以下数值例子来说明 2.3.3 节中结果的有效性和正确性：

$$
\begin{cases} \dot{x} = A_i x + B_i sat \left( v_C \right), \\ y = C_i x. \end{cases}
\tag{2.56}
$$

给出具有抗饱和补偿环节的动态控制器，结构为

$$
\begin{cases} \dot{x}_c = A_{ci} x_c + B_{ci} u_c + E_{ci} \left( sat \left( v_c \right) - v_c \right), \\ v_c = C_{ci} + D_{ci} u_c, \forall i \in I_N. \end{cases}
\tag{2.57}
$$

其中，$\sigma(k) \in I_2 = \{1, 2\}$，

$$A_1 = \begin{bmatrix} 0.3 & 0 \\ 1.2 & -0.8 \end{bmatrix}, A_2 = \begin{bmatrix} -1.1 & -0.1 \\ 0 & 0.3 \end{bmatrix},$$

$$B_1 = \begin{bmatrix} 0.2 \\ -0.4 \end{bmatrix}, B_2 = \begin{bmatrix} -0.3 \\ 0.5 \end{bmatrix}, C_1 = \begin{bmatrix} -0.1 \\ 0.16 \end{bmatrix}^T, C_2 = \begin{bmatrix} 0.15 \\ -0.2 \end{bmatrix}^T,$$

$$A_{c1} = \begin{bmatrix} -0.8 & 0.1 \\ -0.2 & 0.2 \end{bmatrix}, A_{c2} = \begin{bmatrix} 0.1 & -0.1 \\ 0.1 & -0.9 \end{bmatrix},$$

$$B_{C1} = \begin{bmatrix} 0.4 \\ -0.5 \end{bmatrix}, B_{C2} = \begin{bmatrix} -0.5 \\ 1.2 \end{bmatrix},$$

$$C_{C1} = \begin{bmatrix} 0.8 \\ -0.3 \end{bmatrix}^T, C_{C2} = \begin{bmatrix} -0.6 \\ 0.2 \end{bmatrix}^T,$$

$$D_{C1} = 12, D_{C2} = 4.8,$$

$$x(0) = \begin{bmatrix} 0.7 \\ -0.6 \end{bmatrix}, x_c(0) = \begin{bmatrix} -0.7 \\ 0.6 \end{bmatrix}.$$

然后，根据本节所提方法设计抗饱和补偿增益 $E_{Ci}$，用以镇定具有执行器饱和的闭环切换系统（2.56）至（2.57），并且获得最大的吸引域估计。

令 $R = \begin{bmatrix} 1 & 0 \\ 0 & 1 \end{bmatrix}$，$\beta_1 = \beta_2 = \delta_1 = \delta_2 = 2$。然后通过解优化问题（2.55），得到最优解如下：

$$\gamma = 0.1532, S_1 = 183.3544, S_2 = 68.3582,$$

$$X_1 = \begin{bmatrix} 9.2000 & -1.9000 & -5.2000 & 4.5000 \\ * & 85.1000 & 20.8000 & -10.2000 \\ * & * & 126.8000 & 21.6000 \\ * & * & * & 659.6000 \end{bmatrix},$$

$$X_2 = \begin{bmatrix} 10.6000 & 1.6000 & -2.3000 & 2.7000 \\ * & 96.3000 & 31.1000 & -25.3000 \\ * & * & 125.7000 & -15.7000 \\ * & * & * & 583.9000 \end{bmatrix},$$

$$N_1 = \begin{bmatrix} -126.2958 \\ 376.6059 \end{bmatrix}, N_2 = \begin{bmatrix} -82.4535 \\ -43.4834 \end{bmatrix},$$

$$M_1 = [27.6373, 135.1088, 47.1829, -196.4460],$$
$$M_2 = [-7.7727, -15.3907, 93.1361.1829, 236.5617],$$
$$E_{c1} = \begin{bmatrix} -0.6125 \\ 1.6167 \end{bmatrix}, E_{c2} = \begin{bmatrix} -1.1288 \\ 2.0321 \end{bmatrix}.$$

闭环系统（2.56）至（2.57）在所设计的抗饱和补偿增益作用下的状态响应曲线如图 2.4 所示。图 2.5 是动态输出反馈控制器状态的响应曲线图。

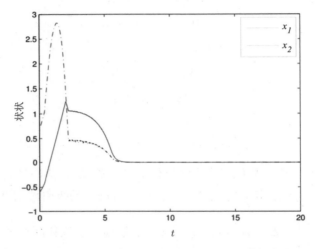

图2.4　闭环系统（2.56）至（2.57）的状态响应

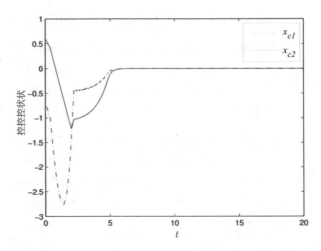

图2.5　闭环系统（2.56）至（2.57）的动态输出反馈控制器状态的响应

# 2.4　小结

本章利用多 Lyapunov 函数方法研究了带有执行器饱和的连续时间切换系统的稳定性分析与设计问题。首先研究了一类具有执行器饱和的不确定线性切换系统鲁棒镇定问题，得到了系统渐近稳定的充分条件，提出了使得闭环系统吸引域估计最大化的状态反馈控制器和切换律的设计方案。然后研究了一类具有执行器饱和的切换线性系统的稳定性分析与抗饱和设计问题，设计了抗饱和补偿增益和切换律，使得闭环系统的吸引域估计最大化。

# 3 饱和切换系统的 $L_2$-增益分析与设计

## 3.1 引言

在上一章中，我们基于多 Lyapunov 函数方法研究了两类在无外部扰动条件下连续时间饱和切换系统的鲁棒镇定和抗饱和补偿器设计问题。但是，控制系统常常往往受到各种各样的外部干扰的影响。因此，控制系统的 $L_2$-增益分析是一个重要的研究课题。对于不存在执行器饱和的切换系统，这方面的研究成果已比较丰富。文献［193］通过构造一个共同 Lyapunov 函数的方法，研究了一类具有常时滞的对称切换系统的稳定性和 $L_2$-增益问题。文献［194］利用平均驻留时间方法研究了对称切换系统的稳定性和 $L_2$-增益问题，并给出系统状态的指数界的估计，但其基本假设是各子系统都是渐近稳定的。文献［51］基于一种拓广的多 Lyapunov 函数方法，研究了一类非线性切换系统的稳定性问题，分析了系统的 $L_2$-增益性能。

对于具有执行器饱和的切换系统，由于"切换"和饱和非线性相互作用，饱和切换系统的性能分析与综合变得更加困难。因此，关于饱和切换系统的 $L_2$-增益分析和综合的研究结果非常少[187, 188]。文献［187］利用多 Lyapunov 函数方法，研究了一类执行器饱和线性切换系统 $L_2$-增益分析问题，但是没有考虑控制器设计问题且没有考虑不确定性。文献［188］利用切换 Lyapunov 函数方法，研究了一类执行器饱和线性离散切换系统的抗干扰问题。

本章针对执行器存在饱和的情况，研究了连续时间饱和切换系统的 $L_2$-增益分析、状态反馈控制器设计和抗饱和补偿器设计问题。本章共分为三个部分，第一部分研究了一类具有执行器饱和的不确定线性切换系统的 $L_2$-增益分析及综合问题。首先，在控制器事先给定的前提下，利用多 Lyapunov 函数方法给出了闭环系统在外部干扰作用下状态轨迹有界的充分条件。然后将估计容许干扰能力的问题可转化为一个约束优化问题。接下来在容许干扰集合内，给出了系统的受限 $L_2-$ 增益存在的充分条件。然后通过解一个约束优化问题估计了受限 $L_2-$ 增益的上界。进一步，当控制器增益矩阵为设计变量时，这些优化问题可方便地应用于控制器设计问题之中。所有结果都可通过解带有线性矩阵不等式约束的凸优化问题获得。

第二部分利用多 Lyapunov 函数方法研究了一类具有执行器饱和的线性切换系统的 $L_2-$ 增益分析和抗饱和补偿器设计问题。当抗饱和补偿增益给定时，获得了关于容许干扰的充分条件，在此条件下，从原点出发的状态轨迹始终保持在一个有界集合内。然后，在这个容许干扰的集合内，推导出了受限 $L_2-$ 增益存在的充分条件。进一步，旨在确定最大干扰容许能力和最小受限 $L_2-$ 增益上界的抗饱和补偿增益和切换律，可以通过解具有线性矩阵不等式约束的凸优化问题获得。最后，给出了一个数值例子来验证所提出方法的有效性。

第三部分利用单 Lyapunov 函数法研究了饱和切换线性系统的 $L_2-$ 增益分析和抗饱和补偿器设计问题。首先，给出了容许干扰的充分条件，在此条件下，从原点出发的状态轨迹将始终保持在有界集和中；然后在这组容许干扰的集合上，推导出了受限 $L_2-$ 增益的上界。此外，通过求解约束优化问题，提出了以确定最大容许能力和最小受限 $L_2-$ 增益的上界为目标的抗饱和补偿增益和切换律的设计方法。最后通过算例验证了该方法的有效性。

## 3.2　具有执行器饱和的切换系统的 $L_2-$ 增益分析与控制综合

### 3.2.1　问题描述与预备知识

本章考虑具有执行器饱和的不确定线性切换系统

$$\begin{cases} \dot{x} = (A_\sigma + \Delta A_\sigma)x + (B_\sigma + \Delta B_\sigma)\mathrm{sat}(u_\sigma) + E_\sigma w, \\ z = C_\sigma x. \end{cases} \tag{3.1}$$

其中，$x \in \mathrm{R}^n$ 为系统状态，$u_\sigma \in \mathrm{R}^m$ 为控制输入，$w \in \mathrm{R}^q$ 为外部干扰输入，$z \in \mathrm{R}^p$ 表示被控输出。对系统（3.1）来说，它的干扰抑制能力可用 $L_2-$ 增益来度量，当外部干扰足够大的时候，无论系统初始点在那里，无论采用何种控制策略，系统的状态可能是无界的[153, 187]。因此，规定

$$W_{\beta}^2 := \left\{ w : R_+ \to R^q : \int_0^{\infty} w^{\mathrm{T}}(t)w(t)\mathrm{d}t \leq \beta \right\}. \tag{3.2}$$

其中，$\beta$ 为一个正数，它表示系统的容许干扰能力。$\sigma : [0, \infty) \to I_N = \{1, \cdots, N\}$ 为分段常值且右连续的待设计切换信号，$\sigma = i$ 意味着第 $i$ 个子系统被激活，采用文献［32］的标准记号，切换信号用下面的切换序列来表出：

$$\sum = \left\{ x_0; (i_0, t_0), (i_1, t_1), \cdots (i_k, t_k), \cdots, \left| i_k \in I_N, k \in Z^+ \right. \right\}.$$

其中，$t_0$ 是初始时间，$x_0$ 是初始状态，$Z^+$ 是非负整数集。当 $t \in [t_k, t_{k+1})$ 时，$\sigma(t) = i_k$。即第 $i_k$ 个子系统被激活。因此，切换系统（3.1）的轨线 $x(t)$ 在 $t_k \leq t < t_{k+1}$ 中就是第 $i_k$ 个子系统的轨线 $x_{i_k}(t)$。$A_i$，$B_i$，$E_i$ 和 $C_i$ 为适当维数的常数矩阵，$\Delta A_i$ 和 $\Delta B_i$ 为具有下面结构的时变不确定矩阵：

$$[\Delta A_i, \Delta B_i] = T_i \Gamma(t)[F_{1i}, F_{2i}], \; i \in I_N, \tag{3.3}$$

其中，$T_i$，$F_{1i}$，$F_{2i}$ 为描述不确定性的已知的适当维数的常数矩阵，$\Gamma(t)$ 是一个未知，时变的满足 Lebesgue 可测条件的实矩阵，且满足

$$\Gamma^{\mathrm{T}}(t)\Gamma(t) \leq I. \tag{3.4}$$

对系统（3.1），假定已知的或者待设计的状态反馈控制律形式为

$$u_i = F_i x, \; i \in I_N, \tag{3.5}$$

则相应的闭环系统为

$$\begin{cases} \dot{x} = (A_{\sigma} + \Delta A_{\sigma})x + (B_{\sigma} + \Delta B_{\sigma})\mathrm{sat}(F_{\sigma}x) + E_{\sigma}w, \\ z = C_{\sigma}x, \sigma \in I_N. \end{cases} \tag{3.6}$$

如前所述 $L_2$– 增益经常被用来度量系统的干扰抑制能力。对于带有执行器饱和的系统，我们不能得到一般意义上的全局 $L_2$– 增益，但是可以得到受限（或局部）的 $L_2$– 增益。因此给出如下定义

**定义 3.1**[187] 给定 $\gamma > 0$，如果存在切换律 $\sigma$，对满足所有非零 $w \in W_{\beta}^2$ 和初始状态 $x(0) = 0$，使得不等式

$$\int_0^{\infty} z^{\mathrm{T}}(t)z(t)\mathrm{d}t < \gamma^2 \int_0^{\infty} w^{\mathrm{T}}(t)w(t)\mathrm{d}t \tag{3.7}$$

成立，则系统（3.6）称为具有从干扰输入 $w$ 到控制输出 $z$ 小于 $\gamma$ 的受限 $L_2$– 增益。

### 3.2.2 容许干扰

在本节，在给定状态反馈控制器的前提下，利用多 Lyapunov 函数方法给出

了使闭环系统（3.6）从原点出发的状态轨迹始终保持在一个有界集合内成立的充分条件，然后给出如何使得闭环系统（3.6）获得最大容许干扰能力的算法。其结果将用于下两节的 $L_2-$ 增益分析以及控制器设计与优化问题的研究。

**定理 3.1** 如果存在正定矩阵 $P_i$，矩阵 $H_i$ 以及非负实数 $\beta_{ir}$，正实数 $\lambda_i$，使得下列矩阵不等式成立：

$$
\begin{aligned}
& \left[A_i + B_i(D_s F_i + D_s^- H_i)\right]^{\mathrm{T}} P_i + P_i\left[A_i + B_i(D_s F_i\right. \\
& \left.+ D_s^- H_i)\right] + \lambda_i P_i T_i T_i^{\mathrm{T}} P_i + \lambda_i^{-1}\left[F_{1i} + F_{2i}(D_s F_i\right. \\
& \left.+ D_s^- H_i)\right]^{\mathrm{T}}\left[F_{1i} + F_{2i}(D_s F_i + D_s^- H_i)\right] + P_i E_i E_i^{\mathrm{T}} P_i \\
& + \sum_{r=1,\,r\neq i}^{N} \beta_{ir}(P_r - P_i) < 0,\ i \in I_N,\ s \in Q,
\end{aligned}
\tag{3.8}
$$

并且满足

$$
\Omega(P_i,\ \beta) \bigcap \Phi_i \subset L(H_i). \tag{3.9}
$$

其中，$\Phi_i = \{x \in \mathbf{R}^n : x^{\mathrm{T}}(P_r - P_i)x \geq 0, \forall r \in I_N, r \neq i\}$，那么对于 $\forall w \in W_\beta^2$，闭环系统（3.6）从原点出发的状态轨迹始终保持在集合 $\bigcup_{i=1}^{N}(\Omega(P_i,\beta) \bigcap \Phi_i)$ 内，相应的状态依赖的切换律设计为

$$
\sigma = \arg\min\left\{x^{\mathrm{T}} P_i x, i \in I_N\right\}. \tag{3.10}
$$

**证明** 根据引理 2.2，对任意 $x \in \Omega(P_i,\beta) \bigcap \Phi_i \subset L(H_i)$，可得

$$
\mathrm{sat}(F_i x) \in \mathrm{co}\{D_s F_i x + D_s^- H_i x, s \in Q\}.
$$

那么，

$$
\begin{aligned}
& (A_i + \Delta A_i)x + (B_i + \Delta B_i)\mathrm{sat}(F_i x) \in \\
& \quad \mathrm{co}\left\{(A_i + \Delta A_i)x + (B_i + \Delta B_i)(D_s F_i + D_s^- H_i)x, s \in Q\right\}.
\end{aligned}
$$

根据切换律（3.10），可知对 $\forall x \in \Omega(P_i,\beta) \bigcap \Phi_i \subset L(H_i)$，第 $i$ 个子系统被激活。对系统（3.6）选取备选的 Lyapunov 函数为

$$
V(x) = V_\sigma(x) = x^{\mathrm{T}} P_\sigma x,
$$

那么当 $\sigma = i$ 时，对 $\forall x \in \Omega(P_i,\beta) \bigcap \Phi_i \subset L(H_i)$，知 $V_i(x)$ 沿闭环系统（3.7）的轨迹关于时间的导数为

$$
\begin{aligned}
\dot{V}_i(x) &= \dot{x}^{\mathrm{T}} P_i x + x^{\mathrm{T}} P_i \dot{x} \\
&= \sum_{s=1}^{2^m} \eta_{is} 2\left\{x^{\mathrm{T}}\left[(A_i + \Delta A_i) + (B_i + \Delta B_i)(D_s F_i + D_s^- H_i)\right]^{\mathrm{T}} + w^{\mathrm{T}} E_i^{\mathrm{T}}\right\} P_i x
\end{aligned}
$$

$$\leqslant \max_{s \in Q} 2x^{\mathrm{T}} \left\{ \left[ A_i + B_i(D_s F_i + D_s^- H_i) \right]^{\mathrm{T}} P_i x + P_i T_i \Gamma \left[ F_{1i} + F_{2i}(D_s F_i \right. \right.$$

$$\left. \left. + D_s^- H_i) \right] x + P_i E_i w \right\}.$$

根据引理2.1，我们可得

$$2x^{\mathrm{T}} P_i T_i \Gamma [F_{1i} + F_{2i}(D_s F_i + D_s^- H_i)]x$$

$$\leqslant \lambda_i x^{\mathrm{T}} P_i T_i T_i^{\mathrm{T}} P_i x + \lambda_i^{-1} x^{\mathrm{T}} [F_{1i} + F_{2i}(D_s F_i$$

$$+ D_s^- H_i)]^{\mathrm{T}} [F_{1i} + F_{2i}(D_s F_i + D_s^- H_i)]x$$

和

$$2x^{\mathrm{T}} P_i E_i w \leqslant x^{\mathrm{T}} P_i E_i E_i^{\mathrm{T}} P_i x + w^{\mathrm{T}} w.$$

因此有，

$$\dot{V}_i(x) \leqslant \max_{s \in Q} x^{\mathrm{T}} \left\{ \left[ A_i + B_i(D_s F_i + D_s^- H_i) \right]^{\mathrm{T}} P_i \right.$$

$$+ P_i \left[ A_i + B_i(D_s F_i + D_s^- H_i) \right] + \lambda_i P_i T_i T_i^{\mathrm{T}} P_i$$

$$+ \lambda_i^{-1} \left[ F_{1i} + F_{2i}(D_s F_i + D_s^- H_i) \right]^{\mathrm{T}} \left[ F_{1i} \right.$$

$$\left. + F_{2i}(D_s F_i + D_s^- H_i) \right] + P_i E_i E_i^{\mathrm{T}} P_i \right\} x + w^{\mathrm{T}} w$$

$$< w^{\mathrm{T}} w. \tag{3.11}$$

然后，考虑$V(x)$作为闭环系统（3.6）的Lyapunov函数，因此有

$$\dot{V} < w^{\mathrm{T}} w, \forall x \in \bigcup_{i=1}^{N} (\Omega(P_i, \beta) \bigcap \Phi_i). \tag{3.12}$$

对不等式（3.12）两边从$t_0 = 0$至$t$同时进行积分，可得

$$\sum_{k \in Z^+} \int_{t_k}^{t_{k+1}} \dot{V}_{i_k} d\tau < \sum_{k \in Z^+} \int_{t_k}^{t_{k+1}} w^{\mathrm{T}} w d\tau. \tag{3.13}$$

又根据切换律（3.10），在切换时刻$t_k(k \in Z^+)$有$V_i(x(t_k)) = V_j(x(t_k))$, $i, j \in I_N$, $i \neq j$，所以通过式（3.13）很容易推出

$$V(x(t)) \leqslant V(x(0)) + \int_0^t w^{\mathrm{T}} w d\tau.$$

又由于$x(0) = 0$，$\int_0^\infty w^{\mathrm{T}} w dt \leqslant \beta$，所以可得

$$V(x(t)) \leq \beta \qquad (3.14)$$

不等式（3.14）表明从原点出发的状态轨迹始终保持在集合 $\bigcup_{i=1}^{N}(\Omega(P_i, \beta) \bigcap \Phi_i)$ 内，证毕。

接下来我们分析系统的容许干扰能力。很明显，标量 $\beta$ 的大小能够反映容许干扰的能力，也就是 $\beta$ 越大越好。因此，根据定理 3.1，可通过解如下优化问题获得闭环系统（3.6）最大容许干扰水平 $\beta^*$：

$$\begin{aligned}
&\sup_{P_i, H_i, \beta_{ir}, \lambda_i} \quad \beta, \\
&\text{s.t.}(a) \text{ inequality (3.8)}, i \in I_N, s \in Q, \\
&\qquad (b) \Omega(P_i, \beta) \bigcap \Phi_i \subset L(H_i), i \in I_N.
\end{aligned} \qquad (3.15)$$

令 $P_i^{-1} = X_i$，$H_i X_i = N_i$。然后对式（3.8）两端分别左乘和右乘矩阵 $P_i^{-1}$ 并且利用引理2.3，可得

$$\begin{bmatrix}
\begin{array}{l} A_i X_i + X_i A_i^T + B_i(D_s F_i X_i + D_s^- N_i) \\ +(D_s F_i X_i + D_s^- N_i)^T B_i^T + \lambda_i T_i T_i^T \\ +E_i E_i^T - \sum\limits_{r=1, r\neq i}^N \beta_{ir} X_i \end{array} & * & * & * & * \\
F_{1i} X_i + F_{2i}(D_s F_i X_i + D_s^- N_i) & -\lambda_i I & * & * & * \\
X_i & 0 & -\beta_{i1}^{-1} X_1 & * & * \\
X_i & 0 & 0 & \ddots & * \\
X_i & 0 & 0 & 0 & -\beta_{iN}^{-1} X_N
\end{bmatrix} < 0. \quad (3.16)$$

令 $\beta^{-1} = \varepsilon$，接着我们将说明约束条件 $\Omega(P_i, \beta) \bigcap \Phi_i \subset L(H_i)$ 可转化为矩阵不等式

$$\begin{bmatrix}
\varepsilon & H_i^j \\
* & P_i - \sum\limits_{r=1, r\neq i}^N \delta_{ir}(P_r - P_i)
\end{bmatrix} \geqslant 0. \qquad (3.17)$$

其中，$H_i^j$ 表示矩阵 $H_i$ 的第 $j$ 行，$\delta_{ir} > 0$，$P_i - \sum\limits_{r=1, r\neq i}^N \delta_{ir}(P_r - P_i) > 0$。

令 $G_i = P_i - \sum\limits_{r=1, r\neq i}^N \delta_{ir}(P_r - P_i)$，因而有

$$x^T G_i x \leqslant \varepsilon^{-1}.$$

和

$$H_i^j G_i^{-1} H_i^{j\mathrm{T}} \leqslant \varepsilon,$$

所以根据引理2.4，我们可得

$$2x^{\mathrm{T}} H_i^{j\mathrm{T}} \leqslant \varepsilon x^{\mathrm{T}} G_i x + \varepsilon^{-1} H_i^j G_i^{-1} H_i^{j\mathrm{T}} \leqslant 2. \tag{3.18}$$

因此，式（3.18）表明约束条件 $\Omega(P_i, \beta) \bigcap \Phi_i \subset L(H_i)$ 可由矩阵不等式（3.17）表达。

然后对矩阵不等式（3.17）应用类似的处理方法，有

$$\begin{bmatrix} X_i + \sum_{r=1,r\neq i}^{N} \delta_{ir} X_i & * & * & * & * \\ N_i^j & \varepsilon & * & * & * \\ X_i & 0 & \delta_{i1}^{-1} X_1 & * & * \\ X_i & 0 & 0 & \ddots & * \\ X_i & 0 & 0 & 0 & \delta_{iN}^{-1} X_N \end{bmatrix} \geqslant 0. \tag{3.19}$$

其中，$N_i^j$ 表示矩阵 $N_i$ 的第 $j$ 行。

结果，最大容许干扰能力的确定可以归结为下面的优化问题：

$$\begin{aligned} \inf_{X_i, N_i, \beta_{ir}, \lambda_i, \delta_{ir}} & \varepsilon, \\ \text{s.t.} \, (a) \, & \text{inequality (3.16)}, i \in I_N, s \in Q, \\ (b) \, & \text{inequality (3.19)}, i \in I_N, j \in Q_m. \end{aligned} \tag{3.20}$$

**注 3.1** 如果外部干扰 $w = 0$，则闭环系统（3.6）的原点是渐近稳定的，并且集合 $\bigcup_{i=1}^{N} (\Omega(P_i, \beta) \bigcap \Phi_i)$ 被包含在吸引域之中。

### 3.2.3 $L_2$-增益分析

在这一部分，基于多 Lyapunov 函数方法，将给出闭环系统（3.6）的受限 $L_2$-增益存在的充分条件。前提是假设状态反馈控制律 $u_i = F_i x$ 给定且计算出了与之对应的容许干扰最大值 $\beta^*$。然后给出如何确定受限 $L_2$-增益的最小上界的算法。

**定理 3.2** 对给定常数 $\beta \in (0, \beta^*]$ 和 $\gamma > 0$，如果存在非负实数 $\beta_{ir}$，正定矩阵 $P_i$，矩阵 $H_i$ 以及正实数 $\lambda_i$，使得矩阵不等式

$$
\begin{aligned}
&\left[A_i + B_i(D_s F_i + D_s^- H_i)\right]^{\mathrm{T}} P_i \\
&+ P_i\left[A_i + B_i(D_s F_i + D_s^- H_i)\right] + \lambda_i P_i T_i T_i^{\mathrm{T}} P_i \\
&+ \lambda_i^{-1}\left[F_{1i} + F_{2i}(D_s F_i + D_s^- H_i)\right]^{\mathrm{T}} \\
&\times\left[F_{1i} + F_{2i}(D_s F_i + D_s^- H_i)\right] + P_i E_i E_i^{\mathrm{T}} P_i \\
&+ \gamma^{-2} C_i^{\mathrm{T}} C_i + \sum_{r=1, r\neq i}^{N} \beta_{ir}(P_r - P_i) < 0, i \in I_N, s \in Q
\end{aligned} \tag{3.21}
$$

成立，且满足

$$
\Omega(P_i, \beta) \bigcap \Phi_i \subset L(H_i). \tag{3.22}
$$

其中，$\Phi_i = \left\{x \in \mathbf{R}^n : x^{\mathrm{T}}(P_r - P_i)x \geqslant 0, \forall r \in I_N, r \neq i\right\}$。那么在状态依赖切换律

$$
\sigma = \arg\min\left\{x^{\mathrm{T}} P_i x, i \in I_N\right\} \tag{3.23}
$$

作用下，对所有的 $w \in W_\beta^2$，闭环系统（3.6）从 $w$ 到 $z$ 的受限 $L_2-$增益小于 $\gamma$。

**证明** 与定理 3.1 类似，选取下面函数作为闭环系统（3.6）的 Lyapunov 函数：

$$
V(x) = V_\sigma(x) = x^{\mathrm{T}} P_\sigma x.
$$

因此，当 $\sigma = i$ 时，对 $\forall x \in \Omega(P_i, \beta) \bigcap \Phi_i \subset L(H_i)$，$V_i(x)$ 沿着系统（3.6）的轨迹关于时间的导数满足不等式

$$
\begin{aligned}
\dot{V}_i(x) &= \dot{x}^{\mathrm{T}} P_i x + x^{\mathrm{T}} P_i \dot{x} \\
&= \sum_{s=1}^{2^m} \eta_{is} 2\left\{x^{\mathrm{T}}\left[(A_i + \Delta A_i) + (B_i + \Delta B_i)(D_s F_i + D_s^- H_i)\right]^{\mathrm{T}} + w^{\mathrm{T}} E_i^{\mathrm{T}}\right\} P_i x \\
&\leqslant \max_{s \in Q} 2x^{\mathrm{T}}\left\{\left[A_i + B_i(D_s F_i + D_s^- H_i)\right]^{\mathrm{T}} P_i x + P_i T_i \Gamma[F_{1i} + F_{2i}(D_s F_i \right. \\
&\quad \left. + D_s^- H_i)]x + P_i E_i w\right\}.
\end{aligned}
$$

由引理 2.1，有

$$
\begin{aligned}
&2x^{\mathrm{T}} P_i T_i \Gamma[F_{1i} + F_{2i}(D_s F_i + D_s^- H_i)]x \\
&\leqslant \lambda_i x^{\mathrm{T}} P_i T_i T_i^{\mathrm{T}} P_i x + \lambda_i^{-1} x^{\mathrm{T}}[F_{1i} + F_{2i}(D_s F_i \\
&\quad + D_s^- H_i)]^{\mathrm{T}}[F_{1i} + F_{2i}(D_s F_i + D_s^- H_i)]x
\end{aligned}
$$

和

$$
2x^{\mathrm{T}} P_i E_i w \leqslant x^{\mathrm{T}} P_i E_i E_i^{\mathrm{T}} P_i x + w^{\mathrm{T}} w.
$$

所以我们可得

$$\begin{aligned}
\dot{V}_i(x) \le \max_{s \in Q} x^T \{ &[A_i + B_i(D_s F_i + D_s^- H_i)]^T P_i \\
&+ P_i[A_i + B_i(D_s F_i + D_s^- H_i)] + \lambda_i P_i T_i T_i^T P_i \\
&+ \lambda_i^{-1}[F_{1i} + F_{2i}(D_s F_i + D_s^- H_i)]^T[F_{1i} \\
&+ F_{2i}(D_s F_i + D_s^- H_i)] + P_i E_i E_i^T P_i \} x + w^T w \\
< &-\gamma^{-2} x^T C_i^T C_i x + w^T w.
\end{aligned} \quad (3.24)$$

然后，我们将 $V(x)$ 作为闭环系统（3.6）的 Lyapunov 函数，可得

$$\dot{V} < -\gamma^{-2} z^T z + w^T w, \forall x \in \bigcup_{i=1}^N (\Omega(P_i, \beta) \bigcap \Phi_i). \quad (3.25)$$

（3.25）两侧同时从 $t_0 = 0$ 至 $\infty$ 进行积分，于是有

$$\sum_{k \in Z^+} \int_{t_k}^{t_{k+1}} \dot{V}_{i_k} \mathrm{dt} < \sum_{k \in Z^+} \int_{t_k}^{t_{k+1}} (-\gamma^{-2} z^T z + w^T w) \mathrm{dt}. \quad (3.26)$$

由切换律（3.10），易知在切换时刻 $t_k (k \in Z^+)$ 有 $V_i(x(t_k)) = V_j(x(t_k))$, $i, j \in I_N$, $i \ne j$，因此可得

$$V(x(\infty)) < V(x(0)) + \int_0^\infty (-\gamma^{-2} z^T z + w^T w) dt.$$

又由于 $x(0) = 0$，$V(x(\infty)) \ge 0$，所以有

$$\int_0^\infty z^T z dt < \gamma^2 \int_0^\infty w^T w dt. \quad (3.27)$$

不等式（3.27）意味着，对所有的 $w \in W_\beta^2$，闭环系统（3.6）从 $w$ 到 $z$ 的受限 $L_2-$ 增益小于 $\gamma$。证毕。

然后，根据定理 3.2，对每个给定 $\beta \in (0, \beta^*]$，闭环系统（3.6）受限 $L_2-$ 增益的最小上界可通过解下面的优化问题获得：

$$\begin{aligned}
&\inf_{P_i, H_i, \beta_{ir}, \lambda_i} \gamma^2, \\
&\text{s.t.} (a) \text{ inequality } (3.21), i \in I_N, s \in Q, \\
&\quad\quad (b) \Omega(P_i, \beta) \bigcap \Phi_i \subset L(H_i), i \in I_N.
\end{aligned} \quad (3.28)$$

为了将优化问题（3.28）转化为带有线性矩阵不等式约束的优化问题，我们采用类似将优化问题（3.15）处理为优化问题（3.20）的方法。因此，矩阵不等式（3.21）等价于

$$
\begin{bmatrix}
\begin{aligned}
&A_iX_i + X_iA_i^T + B_i(D_sF_iX_i \\
&+D_s^-N_i)+(D_sF_iX_i \\
&+D_s^-N_i)^TB_i^T + \lambda_iT_iT_i^T \\
&+E_iE_i^T - \sum_{r=1,r\neq i}^{N}\beta_{ir}X_i
\end{aligned} & * & * & * & * & * \\
F_{1i}X_i + F_{2i}(D_sF_iX_i+D_s^-N_i) & -\lambda_iI & * & * & * & * \\
X_i & 0 & -\beta_{i1}^{-1}X_1 & * & * & * \\
X_i & 0 & 0 & \ddots & * & * \\
X_i & 0 & 0 & 0 & -\beta_{iN}^{-1}X_N & * \\
C_iX_i & 0 & 0 & 0 & 0 & -\zeta I
\end{bmatrix} < 0 . \quad （3.29）
$$

其中 $\zeta = \gamma^2$。

约束条件 $\Omega(P_i,\beta)\bigcap\Phi_i \subset L(H_i)$ 可由下式保证：

$$
\begin{bmatrix}
X_i + \sum_{r=1,r\neq i}^{N}\delta_{ir}X_i & * & * & * & * \\
N_i^j & \beta^{-1} & * & * & * \\
X_i & 0 & \delta_{i1}^{-1}X_1 & * & * \\
X_i & 0 & 0 & \ddots & * \\
X_i & 0 & 0 & 0 & \delta_{iN}^{-1}X_N
\end{bmatrix} \geqslant 0. \quad （3.30）
$$

那么，优化问题（3.28）可转化为如下优化问题：

$$
\begin{aligned}
&\inf_{X_i,N_i,\beta_{ir},\lambda_i,\delta_{ir}} \zeta, \\
&\text{s.t.}(a)\ \text{inequality}\ (3.29), i\in I_N, s\in Q, \\
&\quad\ \ (b)\ \text{inequality}\ (3.30), i\in I_N, j\in Q_m.
\end{aligned} \quad （3.31）
$$

### 3.2.4　控制器设计与优化

在本节，将控制器增益矩阵 $F_i$ 视为可设计的变量，那么优化问题（3.20）和（3.31）就可以很方便地应用于控制器的设计问题之中。

首先，确定闭环系统（3.6）的最大容许干扰水平 $\beta^*$ 可通过如下优化问题解决：

$$\inf_{X_i, M_i, N_i, \beta_{ir}, \lambda_i, \delta_{ir}} \varepsilon,$$

$$\text{s.t. } (a)\ \begin{bmatrix} \amalg_{is1} & * & * & * & * \\ \amalg_{is2} & -\lambda_i I & * & * & * \\ X_i & 0 & -\beta_{i1}^{-1}X_1 & * & * \\ X_i & 0 & 0 & \ddots & * \\ X_i & 0 & 0 & 0 & -\beta_{iN}^{-1}X_N \end{bmatrix} < 0, \qquad (3.32)$$

$$i \in I_N, s \in Q,$$

$$(b)\ \text{inequality } (3.19), i \in I_N, j \in Q_m.$$

其中

$$\amalg_{is1} = A_i X_i + X_i A_i^{\mathrm{T}} + B_i(D_s M_i + D_s^- N_i) + (D_s M_i$$
$$+ D_s^- N_i)^{\mathrm{T}} B_i^{\mathrm{T}} + \lambda_i T_i T_i^{\mathrm{T}} + E_i E_i^{\mathrm{T}} - \sum_{r=1, r \neq i}^{N} \beta_{ir} X_i,$$

$$\amalg_{is2} = F_{1i} X_i + F_{2i}(D_s M_i + D_s^- N_i),\ M_i = F_i X_i.$$

然后，在已经获得最大容许干扰水平 $\beta^*$ 的前提下，对每个给定 $\beta \in (0, \beta^*]$，估计闭环系统（3.6）的受限 $L_2$-增益的最小上界可通过如下优化问题获得：

$$\inf_{X_i, M_i, N_i, \beta_{ir}, \lambda_i, \delta_{ir}} \zeta,$$

$$\text{s.t. } (a)\ \begin{bmatrix} \prod_{is1} & * & * & * & * & * \\ \prod_{is2} & -\lambda_i I & * & * & * & * \\ X_i & 0 & -\beta_{i1}^{-1}X_1 & * & * & * \\ X_i & 0 & 0 & \ddots & * & * \\ X_i & 0 & 0 & 0 & -\beta_{iN}^{-1}X_N & * \\ C_i X_i & 0 & 0 & 0 & 0 & -\zeta I \end{bmatrix} < 0, \qquad (3.33)$$

$$i \in I_N, s \in Q,$$

$$(b)\ \text{inequality } (3.30), i \in I_N, j \in Q_m.$$

其中

$$\prod_{is1} = A_i X_i + X_i A_i^{\mathrm{T}} + B_i(D_s M_i + D_s^- N_i) + (D_s M_i$$
$$+ D_s^- N_i)^{\mathrm{T}} B_i^{\mathrm{T}} + \lambda_i T_i T_i^{\mathrm{T}} + E_i E_i^{\mathrm{T}} - \sum_{r=1, r \neq i}^{N} \beta_{ir} X_i,$$

$$\prod_{is2} = F_{1i} X_i + F_{2i}(D_s M_i + D_s^- N_i),\ M_i = F_i X_i.$$

通过解新的优化问题（3.32）和（3.33），一方面使系统拥有了更好的性能指标，同时我们也获得了状态反馈增益矩阵 $F_i = M_i X_i^{-1}$。

### 3.2.5　数值例子

在本节，给出一个数值例子以证明本章所提方法的有效性。考虑具有执行器饱和以及外部扰动的不确定线性切换系统

$$\begin{cases} \dot{x} = (A_\sigma + \Delta A_\sigma)x + (B_\sigma + \Delta B_\sigma)\mathrm{sat}(u_\sigma) + E_\sigma w, \\ z = C_\sigma x. \end{cases} \tag{3.34}$$

其中，$\sigma \in I_2 = \{1, 2\}$，$x_0 = [0 \ \ 0]^{\mathrm{T}}$，

$$A_1 = \begin{bmatrix} 1 & -5 \\ 0 & 0 \end{bmatrix}, A_2 = \begin{bmatrix} 1 & 0 \\ 0 & 1 \end{bmatrix}, B_1 = \begin{bmatrix} 0 \\ 1 \end{bmatrix}, B_2 = \begin{bmatrix} 0 \\ 1 \end{bmatrix},$$

$$E_1 = \begin{bmatrix} 0.1 \\ 0.1 \end{bmatrix}, E_2 = \begin{bmatrix} 0.1 \\ 0.1 \end{bmatrix}, C_1 = \begin{bmatrix} 1 \\ 1 \end{bmatrix}^{\mathrm{T}}, C_2 = \begin{bmatrix} 1 \\ 1 \end{bmatrix}^{\mathrm{T}},$$

$$T_1 = \begin{bmatrix} 0.2 & 0 \\ 0 & 0.1 \end{bmatrix}, T_2 = \begin{bmatrix} 0.1 & 0.2 \\ 0 & 0.2 \end{bmatrix}, F_{11} = \begin{bmatrix} 0.1 & 0 \\ 0 & 0.1 \end{bmatrix},$$

$$F_{12} = \begin{bmatrix} 0.1 & 0 \\ 0 & 0.1 \end{bmatrix}, F_{21} = \begin{bmatrix} 0 \\ 0.1 \end{bmatrix}, F_{22} = \begin{bmatrix} 0.1 \\ 0 \end{bmatrix}, \Gamma(t) = \sin(t).$$

首先，设计切换律和状态反馈控制律使得闭环系统（3.34）的容许干扰水平最大化。

令 $\beta_1 = \beta_2 = 10$，$\delta_1 = \delta_2 = 1$。解优化问题（3.32），获得优化解

$$\varepsilon^* = 0.0255, \beta^* = 39.1420, \lambda_1 = 128.1841, \lambda_2 = 113.2333,$$

$$X_1 = \begin{bmatrix} 32.6761 & 21.7267 \\ 21.7267 & 31.7120 \end{bmatrix}, X_2 = \begin{bmatrix} 23.8467 & 15.0472 \\ 15.0472 & 29.0154 \end{bmatrix},$$

$$P_1 = \begin{bmatrix} 0.0562 & -0.0385 \\ -0.0385 & 0.0579 \end{bmatrix}, P_2 = \begin{bmatrix} 0.0623 & -0.0323 \\ -0.0323 & 0.0512 \end{bmatrix},$$

$$H_1 = \begin{bmatrix} 3.0918 \\ -3.5330 \end{bmatrix}^{\mathrm{T}}, H_2 = \begin{bmatrix} 2.0291 \\ -2.6185 \end{bmatrix}^{\mathrm{T}},$$

$$F_1 = \begin{bmatrix} 6.3767 \\ -7.3221 \end{bmatrix}^{\mathrm{T}}, F_2 = \begin{bmatrix} 4.0253 \\ -5.3953 \end{bmatrix}^{\mathrm{T}}.$$

选取 $w(t) = \sqrt{2\beta^*} e^{-t}$ 作为外部干扰输入进行仿真。图 3.1 是切换系统（3.34）的状态响应曲线。切换系统（3.34）的控制输入信号如图 3.2 所示。图 3.3 是切换系统（3.34）的 Lyapunov 函数值的变化曲线。通过图 3.3 可以看出，切换系统（3.34）的 Lyapunov 函数值一直小于 $\beta^* = 39.142$，这说明切换系统（3.34）从原点出发的状态轨迹始终保持在这个有界集合内。

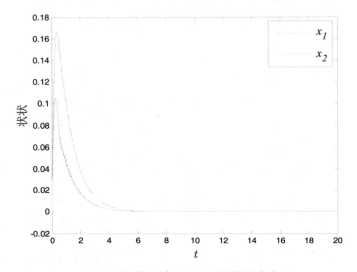

图3.1　切换系统（3.34）的状态响应

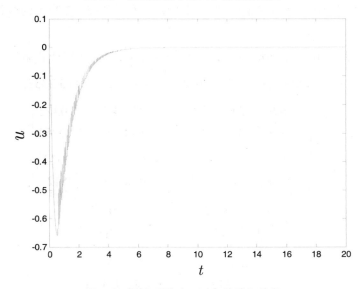

图3.2　切换系统（3.34）的输入信号

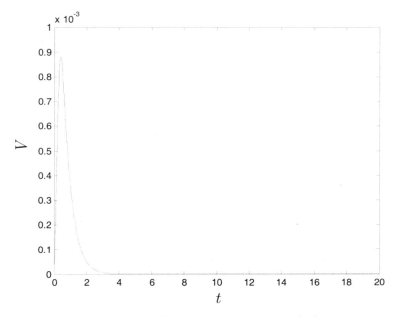

**图 3.3　切换系统（3.34）的 Lyapunov 函数值**

然后，对每个给定 $\beta \in (0, \beta^*]$，我们估计闭环系统（3.34）的受限 $L_2-$ 增益的上界。因此，解优化问题（3.33），本章考虑如下几种情形：

1. 如果 $\beta = 1$，可得

$$\gamma = 0.1755, F_1 = \begin{bmatrix} 32.4016 \\ -59.5776 \end{bmatrix}^{\mathrm{T}}, F_2 = \begin{bmatrix} 29.0081 \\ -51.9928 \end{bmatrix}^{\mathrm{T}}.$$

2. 如果 $\beta = 10$，可得

$$\gamma = 0.2611, F_1 = \begin{bmatrix} 420.2496 \\ -805.0634 \end{bmatrix}^{\mathrm{T}}, F_2 = \begin{bmatrix} 353.0048 \\ -655.7713 \end{bmatrix}^{\mathrm{T}}.$$

3. 如果 $\beta = 35$，可得

$$\gamma = 0.9158, F_1 = \begin{bmatrix} 397.8967 \\ -694.5380 \end{bmatrix}^{\mathrm{T}}, F_2 = \begin{bmatrix} 223.1089 \\ -373.3428 \end{bmatrix}^{\mathrm{T}}.$$

4. 如果 $\beta = 39$，可得

$$\gamma = 3.8614, F_1 = \begin{bmatrix} 187.1394 \\ -316.4798 \end{bmatrix}^{\mathrm{T}}, F_2 = \begin{bmatrix} 117.7073 \\ -190.3969 \end{bmatrix}^{\mathrm{T}}.$$

　　这里我们选取 $w(t)=\sqrt{2\times 39}e^{-t}$ 作为外部干扰输入进行仿真。图3.4 为系统一段时间内的截断 $L_2-$ 增益变化曲线。从图3.4 可以看出，切换系统（3.34）的截断 $L_2-$ 增益始终小于 $\gamma=3.8614$。图3.4 为不同的 $\beta\in(0,\beta^*]$ 和受限 $L_2-$ 增益 $\gamma$ 的对应关系曲线。

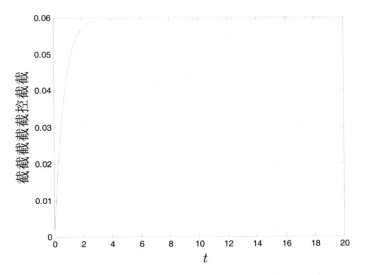

图3.4　切换系统（3.34）的截断 $L_2-$ 增益

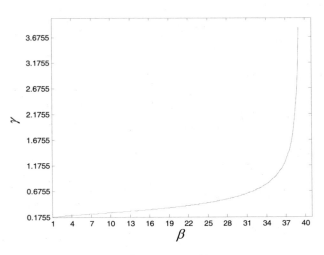

图3.5　对任意 $\beta\in(0,\beta^*]$ 切换系统（3.34）的受限 $L_2-$ 增益

# 3.3 具有执行器饱和的切换系统的 $L_2-$ 增益分析与抗饱和设计

### 3.3.1 问题描述与预备知识

本节考虑如下的具有执行器饱和的切换系统：

$$\begin{cases} \dot{x} = A_\sigma x + B_\sigma sat(u) + E_\sigma w, \\ y = C_{\sigma 1} x, \\ z = C_{\sigma 2} x. \end{cases} \qquad (3.35)$$

其中 $x \in R^n$ 是系统的状态向量，$u \in R^m$ 为控制输入向量，$y \in R^p$ 为测量输出向量，$z \in R^l$ 表示被控输出，$w \in R^q$ 为外部干扰输入。函数 $\sigma:[0, \infty) \to I_N = \{1, \cdots, N\}$ 表示分段常值切换信号；$\sigma = i$ 意味着第 $i$ 个子系统被激活。$A_i$，$B_i$，$E_i$，$C_{i1}$ 和 $C_{i2}$ 为适当维数的常数矩阵。然后，假定

$$W_\beta^2 := \left\{ w: R_+ \to R^q : \int_0^\infty w^T(t) w(t) \mathrm{d}t \leqslant \beta \right\}. \qquad (3.36)$$

式中，$\beta$ 为正标量数，它可表示系统的容许干扰能力[149, 175]。$sat: R^m \to R^m$ 为标准的向量值饱和函数，定义为

$$\begin{cases} sat(u) = \left[ sat(u^1), \cdots, sat(u^m) \right]^T, \\ sat(u^j) = sign(u^j) \min\left\{1, \left| u^j \right|\right\}, \\ \forall j \in Q_m = \{1, \cdots, m\}. \end{cases} \qquad (3.37)$$

在这里，单位饱和水平的假设是不失一般性的[149]。

对于系统（3.35），设一组 $n_c$ 阶动态输出反馈控制器为

$$\begin{cases} \dot{x}_c = A_{ci} x_c + B_{ci} u_c, \\ v_c = C_{ci} x_c + D_{ci} u_c, \forall i \in I_N. \end{cases} \qquad (3.38)$$

其中，$x_c \in R^{n_c}$，$u_c = y$ 和 $v_c = u$ 分别为动态控制器的状态向量，输入向量以及输出向量。在这里，假定此动态输出反馈控制器各参数阵已知，并且设计此控制器时不考虑执行器饱和[165]。

为了尽可能地消除由于产生执行器饱和给系统带来的不良影响，通常在动态

输出反馈控制器上添加反馈补偿项，其具体形式为 $E_{ci}(\mathrm{sat}(v_c(k)) - v_c(k))$。所以，经过修正后的动态输出反馈控制器为

$$\begin{cases} \dot{x}_c = A_{ci}x_c + B_{ci}u_c + E_{ci}(\mathrm{sat}(v_c) - v_c), \\ v_c = C_{ci}x_c + D_{ci}u_c, \ \forall i \in I_N. \end{cases} \tag{3.39}$$

显然，由于引入了修正项，使得动态控制器（3.39）在系统发生执行器饱和时能够尽可能地修正系统的状态以及饱和系统的标称性能，而不发生饱和时将不影响系统原来的性能。

然后，当采用上述动态输出反馈控制器和抗饱和补偿器，闭环系统可改写为

$$\begin{cases} \dot{x} = A_i x + B_i \mathrm{sat}(v_c) + E_i w, \\ y = C_{i1}x, \\ z = C_{i2}x, \\ \dot{x}_c = A_{ci}x_c + B_{ci}C_{i1}x + E_{ci}(\mathrm{sat}(v_c) - v_c), \\ v_c = C_{ci}x_c + D_{ci}C_{i1}x, \forall i \in I_N. \end{cases} \tag{3.40}$$

然后为方便研究，定义新的状态向量

$$\zeta = \begin{bmatrix} x \\ x_c \end{bmatrix} \in \mathrm{R}^{n+n_c} \tag{3.41}$$

和矩阵

$$\tilde{A}_i = \begin{bmatrix} A_i + B_i D_{ci} C_{i1} & B_i C_{ci} \\ B_{ci} C_{i1} & A_{ci} \end{bmatrix}, \tilde{B}_i = \begin{bmatrix} B_i \\ 0 \end{bmatrix}, G = \begin{bmatrix} 0 \\ I_{n_c} \end{bmatrix}, K_i = \begin{bmatrix} D_{ci} C_{i1} & C_{ci} \end{bmatrix},$$

$$\tilde{E}_i = \begin{bmatrix} E_i \\ 0 \end{bmatrix}, \tilde{C}_{i2} = \begin{bmatrix} C_{i2} & 0 \end{bmatrix}.$$

然后，结合（3.40）和（3.41），闭环系统可重新改写为

$$\begin{cases} \dot{\zeta} = \tilde{A}_i \zeta - (\tilde{B}_i + GE_{ci})\psi(v_c) + \tilde{E}_i w, \\ z = \tilde{C}_{i2}\zeta, \forall i \in I_N. \end{cases} \tag{3.42}$$

其中，$v_c = K_i \zeta$，$\psi(v_c) = v_c - \mathrm{sat}(v_c)$。

在本节中，首先，我们通过利用多 Lyapunov 函数方法设计切换律和抗饱和补偿器，使得获得的系统（3.42）的容许干扰水平最大化，然后，得到受限 $L_2$-增益上界的最小上界。

### 3.3.2 容许干扰

在本节中，对于满足（3.36）的任何扰动，在抗饱和增益矩阵 $E_{ci}$ 给定的情况下，利用多 Lyapunov 函数方法，推导出了闭环系统（3.42）从原点出发的状态轨迹始终保持在一个有界集合内的充分条件。3.3.4 节将说明通过设计切换律和抗饱和补偿器使得容许干扰能力最大化的方法。

**定理 3.3**　若存在正定矩阵 $P_i$，矩阵 $H_i$ 以及正定对角矩阵 $J_i$ 和一组正标量 $\beta_{ir} > 0$ 使得

$$\begin{bmatrix} \tilde{A}_i^T P_i + P_i \tilde{E}_i \tilde{E}_i^T P_i + \sum_{r=1, r \neq i}^{N} \beta_{ir}(P_r - P_i) & P_i(\tilde{B}_i + GE_{ci}) + H_i^T J_i \\ * & -2J_i \end{bmatrix} < 0 \quad （3.45）$$

和

$$\Omega(P_i, \beta) \bigcap \Phi_i \subset L(K_i, H_i), \forall i \in I_N \quad （3.46）$$

成立。那么在切换律

$$\sigma = \arg\min \left\{ \zeta^T P_i \zeta, i \in I_N \right\} \quad （3.47）$$

的作用下，对于每个 $w \in W_\beta^2$，闭环系统（3.42）从原点出发的状态轨迹始终保持在集合 $\bigcup_{i=1}^{N}(\Omega(P_i, \beta) \bigcap \Phi_i \subset L(K_i, H_i)$ 中，其中，$\Phi_i = \Big\{ \zeta \in R^{n+n_c} : \zeta^T(P_r - P_i)\zeta \geqslant 0,$ $\forall r \in I_N, r \neq i \Big\}$。

**证明**　根据条件（3.46），如果 $\forall \zeta \in \Omega(P_i, \beta) \bigcap \Phi_i$，那么 $\zeta \in L(K_i, H_i)$。因此，由引理 2.5，对于 $\forall \zeta \in \Omega(P_i, \beta) \bigcap \Phi_i$，$\psi(K_i \zeta) = K_i \zeta - \mathrm{sat}(K_i \zeta)$ 满足扇形条件（2.43）。

根据切换律（3.47），对于 $\forall \zeta \in \Omega(P_i, \beta) \bigcap \Phi_i \subset L(K_i, H_i)$，则第 $i$ 个子系统被激活。

然后，为闭环系统（3.42）选取如下的二次 Lyapunov 函数备选：

$$V(\zeta) = V_{\sigma(\zeta)}(\zeta) = \zeta^T P_{\sigma(\zeta)} \zeta. \quad （3.48）$$

那么，当 $\sigma(\zeta) = i$ 时，对于 $\forall \zeta \in \Omega(P_i, \beta) \bigcap \Phi_i \subset L(K_i, H_i)$，$V_i(\zeta)$ 沿着系统（3.42）的轨迹的导数满足

$$\dot{V}_i(\zeta) = \dot{\zeta} P_i \zeta + \zeta^T P_i \zeta$$
$$= \left[ \tilde{A}_i \zeta - (\tilde{B}_i + GE_{ci})\psi(v_c) + \tilde{E}_i w \right]^T P_i \zeta + \zeta^T P_i \left[ \tilde{A}_i \zeta - (\tilde{B}_i + GE_{ci})\psi(v_c) + \tilde{E}_i w \right]$$

$$= \zeta^T (\tilde{A}_i^T P_i + P_i \tilde{A}_i) \zeta - \zeta^T P_i (\tilde{B}_i + GE_{ci}) \psi(v_c) - \psi(v_c)^T (\tilde{B}_i + GE_{ci})^T P_i \zeta + 2\zeta^T P_i \tilde{E}_i w$$

$$\leq \zeta^T (\tilde{A}_i^T P_i + P_i \tilde{A}_i) \zeta - \zeta^T P_i (\tilde{B}_i + GE_{ci}) \psi(v_c) - \psi(v_c)^T (\tilde{B}_i + GE_{ci})^T P_i \zeta$$

$$+ \zeta^T P_i \tilde{E}_i \tilde{E}_i^T P_i \zeta + w^T w .$$

因而，通过利用引理2.5和条件（3.46），可以得到

$$\dot{V}_i(\zeta) \leq \begin{bmatrix} \zeta \\ \psi \end{bmatrix}^T \begin{bmatrix} \tilde{A}_i^T P_i + P_i \tilde{A}_i + P_i \tilde{E}_i \tilde{E}_i^T P_i & P_i (\tilde{B}_i + GE_{ci}) + H_i^T J_i \\ * & -2J_i \end{bmatrix} \begin{bmatrix} \zeta \\ \psi \end{bmatrix} + w^T w .$$

对不等式（3.45）两端分别左乘 $\begin{bmatrix} \zeta^T & \psi^T \end{bmatrix}$ 和右乘 $\begin{bmatrix} \zeta^T & \psi^T \end{bmatrix}^T$，可知下式成立：

$$\dot{V}_i(\zeta) < w^T w - \sum_{r=1, r \neq i}^{N} \beta_{ir} \zeta^T (P_r - P_i) \zeta . \tag{3.49}$$

由切换律（3.47），可得

$$\dot{V}_i(\zeta) < w^T w . \tag{3.50}$$

然后，考虑 $V(\zeta)$ 作为闭环切换系统（3.42）的整体的Lyapunov函数，这意味着

$$\dot{V} < w^T w, \forall \zeta \in \bigcup_{i=1}^{N} (\Omega(P_i, \beta) \bigcap \Phi_i). \tag{3.51}$$

对（3.51）式的两边从 $t_0 = 0$ 到 $\infty$ 积分，可得

$$\sum_{k \in Z^+} \int_{t_k}^{t_{k+1}} \dot{V}_{i_k} \mathrm{d}t \leq \sum_{k \in Z^+} \int_{t_k}^{t_{k+1}} w^T w dt . \tag{3.52}$$

再一次根据所设计的切换律，易知在切换的瞬间 $t_k (k \in Z^+)$ 有 $V_i(\zeta(t_k)) = V_j(\zeta(t_k)), i, j \in I_N, i \neq j$。由（3.52）式不难看出下式成立：

$$V(\zeta(\infty)) \leq V(\zeta(0)) + \int_0^{\infty} w^T w dt .$$

又由于 $\zeta(0) = 0$ 且 $\int_0^{\infty} w^T w dt \leq \beta$，可得下式成立：

$$V(\zeta(\infty)) \leq \beta , \tag{3.53}$$

上式表明从原点出发的状态轨迹始终保持在集合 $\bigcup_{i=1}^{N} (\Omega(P_i, \beta) \bigcap \Phi_i)$ 中，定理得证。

由上述给出的结论，易知在分析受限 $L_2$- 增益之前应该首先估计闭环系统（3.42）的容许干扰能力。最大容许干扰水平 $\beta^*$ 可通过解如下优化问题获得：

$$\sup_{P_i, H_i, J_i, \beta_{ir}} \beta,$$

$$\text{s.t.} (a) \text{ inequality } (3.45), \forall i \in I_N,$$

$$(b) \Omega(P_i, \beta) \bigcap \Phi_i \subset L(K_i, H_i), \forall i \in I_N. \tag{3.54}$$

然后，对不等式（3.54）两端分别左乘和右乘对角矩阵 $\{P_i^{-1}, J_i^{-1}\}$ 并且令 $P_i^{-1} = X_i$，$H_i P_i^{-1} = M_i$，$J_i^{-1} = S_i$，利用引理2.3可得

$$\begin{bmatrix} X_i \tilde{A}_i^T + \tilde{A}_i X_i + \tilde{E}_i \tilde{E}_i^T \\ - \sum_{r=1, r \neq j}^{N} \beta_{ir} X_i & \tilde{B}_i S_i + G E_{ci} S_i + M_i^T & X_i & X_i & X_i \\ * & -2S_i & 0 & 0 & 0 \\ * & * & -\beta_{i1}^{-1} X_1 & 0 & 0 \\ * & * & * & \ddots & 0 \\ * & * & * & * & -\beta_{iN}^{-1} X_N \end{bmatrix} < 0. \tag{3.55}$$

通过使用与前述章节中类似的方法，条件（b）可由下式描述：

$$P_i - \sum_{r=1, r \neq i}^{N} \delta_{ir} \zeta^T (P_r - P_i) - \beta (K_i^j - H_i^j)^T (K_i^j - H_i^j) \geqslant 0, \tag{3.56}$$

其中 $K_i^j$，$H_i^j$ 分别表示矩阵 $K_i$ 和 $H_i$ 的第 $j$ 行且 $\delta_{ir} > 0$。

然后再次利用引理2.3，不等式（3.56）等价于

$$\begin{bmatrix} P_i - \sum_{r=1, r \neq i}^{N} \delta_{ir} (P_r - P_i) & (K_i^j - H_i^j)^T \\ * & \mu \end{bmatrix} \geqslant 0. \tag{3.57}$$

其中 $\mu = \beta^{-1}$。

因而对不等式（3.57）两端分别左乘和右乘对角矩阵 $\{P_i^{-1}, I\}$，可得

$$\begin{bmatrix} X_i + \sum_{r=1, r \neq j}^{N} \beta_{ir} X_i & X_i K_i^{jT} - M_i^{jT} & X_i & X_i & X_i \\ * & \mu & 0 & 0 & 0 \\ * & * & \delta_{i1}^{-1} X_1 & 0 & 0 \\ * & * & * & \ddots & 0 \\ * & * & * & * & \delta_{iN}^{-1} X_N \end{bmatrix} \geqslant 0. \tag{3.58}$$

其中 $M_i^j$ 表示矩阵 $M_i$ 的第 $j$ 行。

结果优化问题（3.54）可描述为

$$\inf_{X_i, M_i, S_i, \beta_{ir}, \delta_{ir}} \mu$$

$$\text{s.t.}(a)\, \text{inequality (3.55)}, \forall i \in I_N,$$
$$(b)\, \text{inequality (3.58)}, \forall i \in I_N, \forall j \in Q_m. \tag{3.59}$$

### 3.3.3　$L_2$-增益分析

如前所述，$L_2$-增益是衡量控制系统干扰抑制能力的重要指标之一。然而，由于执行器饱和的存在，带有执行器饱和的系统的干扰抑制能力可以通过容许干扰下的受限 $L_2$-增益衡量。因此，本节利用多 Lyapunov 函数方法研究闭环系统（3.42）的受限 $L_2$-增益问题。在这里，我们采用类似的假定，即抗饱和补偿增益 $E_{ci}$ 已事先给定。

**定理 3.4**　考虑闭环切换系统（3.42），对给定正标量 $\beta \in (0, \beta^*]$ 和常数 $\gamma > 0$，假设存在正定矩阵 $P_i$，矩阵 $H_i$，以及正定对角矩阵 $J_i$ 以及一组标量 $\beta_{ir} > 0$，使得

$$\begin{bmatrix} \tilde{A}_i^T P_i + P_i \tilde{A}_i + P_i \tilde{E}_i \tilde{E}_i^T P_i + \gamma^{-2} C_i^T C_i \\ + \sum_{r=1, r\neq i}^{N} \beta_{ir}(P_r - P_i) & P_i(\tilde{B}_i + GE_{ci}) + H_i^T J_i \\ * & -2J_i \end{bmatrix} < 0 \tag{3.60}$$

和

$$\Omega(P_i, \beta) \bigcap \Phi_i \subset L(K_i, H_i), \forall i \in I_N \tag{3.61}$$

成立。那么，在切换律

$$\sigma = \arg\min\left\{\zeta^T P_i \zeta, i \in I_N\right\} \tag{3.62}$$

作用下，对所有扰动满足 $W_\beta^2$，从 $w$ 到 $z$ 的受限 $L_2$-增益小于 $\gamma$。

**证明**　使用与证明定理 3.3 类似的方法，为系统（3.42）选择相同的多 Lyapunov 候选函数：

$$V(\zeta) = V_\sigma(\zeta) = \zeta^T P_\sigma \zeta. \tag{3.63}$$

那么，当 $\sigma(\zeta) = i$，对于 $\forall x \in \Omega(P_i, \beta) \bigcap \Phi_i \subset L(K_i, H_i)$，$V_i(\zeta)$ 沿着系统（3.42）轨迹的导数为

$$
\begin{aligned}
\dot{V}_i(\zeta) &= \dot{\zeta} P_i \zeta + \zeta^T P_i \zeta \\
&= \left[ \tilde{A}_i \zeta - (\tilde{B}_i + GE_{ci}) \psi(v_c) + \tilde{E}_i w \right]^T P_i \zeta + \zeta^T P_i \left[ \tilde{A}_i \zeta - (\tilde{B}_i + GE_{ci}) \psi(v_c) + \tilde{E}_i w \right] \\
&= \zeta^T (\tilde{A}_i^T P_i + P_i \tilde{A}_i) \zeta - \zeta^T P_i (\tilde{B}_i + GE_{ci}) \psi(v_c) - \psi(v_c)^T (\tilde{B}_i + GE_{ci})^T P_i \zeta + 2 \zeta^T P_i \tilde{E}_i w \\
&\leqslant \zeta^T (\tilde{A}_i^T P_i + P_i \tilde{A}_i) \zeta - \zeta^T P_i (\tilde{B}_i + GE_{ci}) \psi(v_c) - \psi(v_c)^T (\tilde{B}_i + GE_{ci})^T P_i \zeta \\
&\quad + \zeta^T P_i \tilde{E}_i \tilde{E}_i^T P_i \zeta + w^T w.
\end{aligned}
$$

那么，通过使用引理 2.5 和条件（3.61），可得

$$
\dot{V}_i(\zeta) \leqslant \begin{bmatrix} \zeta \\ \psi \end{bmatrix}^T \begin{bmatrix} \tilde{A}_i^T P_i + P_i \tilde{A}_i + P_i \tilde{E}_i \tilde{E}_i^T P_i & P_i(\tilde{B}_i + GE_{ci}) + H_i^T J_i \\ * & -2J_i \end{bmatrix} \begin{bmatrix} \zeta \\ \psi \end{bmatrix} + w^T w .
$$

然后，对式不等式（3.60）两端分别左乘 $\begin{bmatrix} \zeta^T & \psi^T \end{bmatrix}$ 和右乘 $\begin{bmatrix} \zeta^T & \psi^T \end{bmatrix}^T$，易知下式成立：

$$
\dot{V}_i(\zeta) < -\gamma^{-2} \zeta^T C_i^T C_i \zeta + w^T w - \sum_{r=1, r \neq i}^N \beta_{ir} \zeta^T (P_r - P_i) \zeta . \tag{3.64}
$$

根据切换律（3.62），可

$$
\dot{V}_i(\zeta) < -\gamma^{-2} \zeta^T C_i^T C_i x + w^T w . \tag{3.65}
$$

那么，考虑将 $V(\zeta)$ 视作切换系统（3.42）的整体的 Lyapunov 函数，有

$$
\dot{V} < -\gamma^{-2} z^T z + w^T w, \forall x \in U_{i=1}^N (\Omega(P_i, \beta) \bigcap \Phi_i) . \tag{3.66}
$$

对（3.66）式的两边从 $t_0 = 0$ 到 $\infty$ 进行积分，可得

$$
\sum_{k \in Z^+} \int_{t_k}^{t_{k+1}} \dot{V}_{i_k} \, dt < \sum_{k \in Z^+} \int_{t_k}^{t_{k+1}} (-\gamma^{-2} z^T z + w^T w) dt . \tag{3.67}
$$

根据本节所设计的切换规则，在切换的瞬间 $t_k (k \in Z^+)$，易知 $V_i(\zeta(t_k)) = V_j(\zeta(t_k)), i, j \in I_N, i \neq j$，因此，（3.67）可化为

$$
V(\zeta(\infty)) < V(\zeta(0)) + \int_0^\infty (-\gamma^{-2} z^T z + w^T w) \, dt .
$$

由于 $\zeta(0) = 0$ 且 $V(\zeta(\infty)) \geqslant 0$，不难得出以下结论：

$$
\int_0^\infty z^T z \, dt < \gamma^2 \int_0^\infty w^T w \, dt . \tag{3.68}
$$

上式说明切换系统（3.52），对满足 $W_\beta^2$ 内所有扰动，具有从 $w$ 到 $z$ 的小于或等于 $\gamma$ 受限 $L_2-$ 增益。定理得证。

接下来，针对给定的正标量 $\beta \in (0, \beta^*]$，通过求解下面的优化问题来估计系统（3.42）的受限 $L_2$- 增益的最小上界。

$$\inf_{P_i, H_i, J_i, \beta_{ir}} \gamma^2,$$
$$\text{s.t.} (a) \text{ inequality } (3.60), \forall i \in I_N,$$
$$(b) \Omega(P_i, \beta) \bigcap \Phi_i \subset L(K_i, H_i), \forall i \in I_N. \tag{3.69}$$

通过利用在优化问题（3.59）中使用到的类似方法，并令 $\theta = \gamma^2$，则（3.69）中的（a）式可等价地转化为

$$\begin{bmatrix} X_i \tilde{A}_i^T + \tilde{A}_i X_i + \tilde{E}_i \tilde{E}_i^T - \sum_{r=1,r \neq j}^{N} \beta_{ir} X_i & \tilde{B}_i S_i + G E_{ci} S_i + M_i^T & X_i & X_i & X_i & X_i C_i^T \\ * & -2S_i & 0 & 0 & 0 & 0 \\ * & * & -\beta_{i1}^{-1} X_1 & 0 & 0 & 0 \\ * & * & * & \ddots & 0 & 0 \\ * & * & * & * & -\beta_{iN}^{-1} X_N & 0 \\ * & * & * & * & * & -\theta I \end{bmatrix} < 0. \tag{3.70}$$

（3.69）中的关系式（b）可由下式保证：

$$\begin{bmatrix} X_i + \sum_{r=1,r \neq j}^{N} \delta_{ir} X_i & X_i K_i^{jT} - M_i^{jT} & X_i & X_i & X_i \\ * & \beta^{-1} & 0 & 0 & 0 \\ * & * & \delta_{i1}^{-1} X_1 & 0 & 0 \\ * & * & * & \ddots & 0 \\ * & * & * & * & \delta_{iN}^{-1} X_N \end{bmatrix} \geq 0. \tag{3.71}$$

那么，就可以通过求解以下的优化问题代替求解优化问题（3.69）：

$$\inf_{X_i, M_i, S_i, \beta_{ir}, \delta_{ir}} \theta,$$
$$\text{s.t.} (a) \text{ inequality } (3.70), \forall i \in I_N,$$
$$(b) \text{ inequality } (3.71), \forall i \in I_N, \forall j \in Q_m. \tag{3.72}$$

### 3.3.4  抗饱和设计

事实上，是可以通过设计抗饱和补偿器，进一步改善闭环系统（3.42）的性能的。为此，3.3.2 和 3.3.3 节中的最优解完全可以通过抗饱和补偿器的设计获得。

令 $N_i = E_{ci}S_i$。那么，矩阵不等式（3.55）和（3.70）分别等价于

$$\begin{bmatrix} X_i\tilde{A}_i^T + \tilde{A}_iX_i + \tilde{E}_i\tilde{E}_i^T & & & & \\ -\sum_{r=1,r\neq j}^{N}\beta_{ir}X_i & \tilde{B}_iS_i + GN_i + M_i^T & X_i & X_i & X_i \\ * & -2S_i & 0 & 0 & 0 \\ * & * & -\beta_{i1}^{-1}X_1 & 0 & 0 \\ * & * & * & \ddots & 0 \\ * & * & * & * & -\beta_{iN}^{-1}X_N \end{bmatrix} < 0 \quad （3.73）$$

和

$$\begin{bmatrix} X_i\tilde{A}_i^T + \tilde{A}_iX_i + \tilde{E}_i\tilde{E}_i^T & & & & & \\ -\sum_{r=1,r\neq j}^{N}\beta_{ir}X_i & \tilde{B}_iS_i + GN_i + M_i^T & X_i & X_i & X_i & X_iC_i^T \\ * & -2S_i & 0 & 0 & 0 & 0 \\ * & * & -\beta_{i1}^{-1}X_1 & 0 & 0 & 0 \\ * & * & * & \ddots & 0 & 0 \\ * & * & * & * & -\beta_{iN}^{-1}X_N & 0 \\ * & * & * & * & * & -\theta I \end{bmatrix} < 0. \quad （3.74）$$

因此，旨在获得最大容许干扰水平 $\beta^*$ 的优化问题可由如下形式表达：

$$\inf_{X_i,M_i,N_i,S_i,\beta_{ir},\delta_{ir}} \mu,$$
$$\text{s.t.}(a)\ \text{inequality (3.73)},\forall i \in I_N, \quad （3.75）$$
$$(b)\ \text{inequality (3.58)},\forall i \in I_N,\forall j \in Q_m.$$

然后，当给定任意 $\beta \in (0,\beta^*]$，则受限 $L_2$–增益的最小上界可通过求解如下优化问题获得：

$$\inf_{X_i,M_i,N_i,S_i,\beta_{ir},\delta_{ir}} \theta,$$
$$\text{s.t.}(a)\ \text{inequality (3.74)},\forall i \in I_N, \quad （3.76）$$
$$(b)\ \text{inequality (3.71)},\forall i \in I_N,\forall j \in Q_m.$$

当优化问题（3.75）和（3.76）有解时，则可以相应的计算出抗饱和补偿增益 $E_{ci}=N_iS_i^{-1}$。

### 3.3.5　数值例子

为了说明所提出方法的有效性和正确性，我们在本节给出算例

$$\begin{cases} \dot{x} = A_\sigma x + B_\sigma \mathrm{sat}(u) + E_\sigma w, \\ y = C_{\sigma 1} x, \\ z = C_{\sigma 2} x, \end{cases} \tag{3.77}$$

并给出具有抗饱和补偿项的动态输出反馈控制器

$$\begin{cases} \dot{x}_c = A_{ci} x_c + B_{ci} C_{i1} x + E_{ci}(\mathrm{sat}(v_c) - v_c), \\ v_c = C_{ci} x_c + D_{ci} C_i x. \end{cases} \tag{3.78}$$

其中 $\sigma(k) \in I_2 = \{1, 2\}$，

$$A_1 = \begin{bmatrix} 1.5 & 0.6 \\ 0.1 & 0.7 \end{bmatrix}, \ A_2 = \begin{bmatrix} -0.8 & -0.5 \\ 0.2 & 1.2 \end{bmatrix}, \ B_1 = \begin{bmatrix} 0.5 \\ -1.7 \end{bmatrix}, \ B_2 = \begin{bmatrix} -0.6 \\ -1.8 \end{bmatrix},$$

$$E_1 = \begin{bmatrix} 0.4 & 0.2 \\ -0.3 & 0.3 \end{bmatrix}, \ E_2 = \begin{bmatrix} -1.7 & 0.2 \\ -0.8 & 0.1 \end{bmatrix}, \ C_{11} = \begin{bmatrix} 0.3 \\ -0.7 \end{bmatrix}^T, \ C_{21} = \begin{bmatrix} 0.2 \\ -0.1 \end{bmatrix}^T,$$

$$C_{12} = \begin{bmatrix} 0.07 \\ -0.08 \end{bmatrix}^T, \ C_{22} = \begin{bmatrix} 0.03 \\ -0.09 \end{bmatrix}^T, \ A_{c1} = \begin{bmatrix} 0.17 & 0.05 \\ -0.05 & -0.16 \end{bmatrix},$$

$$A_{c2} = \begin{bmatrix} -0.08 & 0.03 \\ -0.01 & -0.05 \end{bmatrix}, \ B_{c1} = \begin{bmatrix} -0.06 \\ -0.08 \end{bmatrix}, \ B_{c2} = \begin{bmatrix} -0.04 \\ 0.07 \end{bmatrix},$$

$$C_{c1} = \begin{bmatrix} 3.2 \\ -0.7 \end{bmatrix}^T, \ C_{c2} = \begin{bmatrix} -2.3 \\ 1.8 \end{bmatrix}^T, \ D_{c1} = 1.1, \ D_{c2} = -2.3.$$

首先，通过使用 3.3.4 节中提出的方法为每个子系统设计一个抗饱和补偿增益，使得使系统（3.77）和（3.78）容许干扰最大化。为此，通过求解优化问题（3.75），获得如下最优解：

$$\mu^* = 0.0296, \ \beta^* = \mu^{*-1} = 33.7838, \ E_{c1} = \begin{bmatrix} 0.5995 \\ -0.1741 \end{bmatrix}, \ E_{c2} = \begin{bmatrix} 0.2136 \\ -0.1767 \end{bmatrix}.$$

那么，当 $w(t) = \sqrt{2\beta^*} e^{-t}$ 时，闭环系统（3.77）和（3.78）的 Lyapunov 函数值仿真结果如图 3.6 所示。不难发现，在任何时间，Lyapunov 函数值总是小于最大边界 $\beta^*$。

图 3.7 显示了切换系统的控制输入信号。不难看出，执行器在开始时达到饱和，但是在抗饱和补偿器的作用下，执行器最终退出饱和。

此外，如果令 $E_{c1} = E_{c2} = 0$，得到的最优解为 $\beta^* = 7.6248$，这意味着在抗饱和补偿器的作用下，系统的容许干扰能力得到了增强。

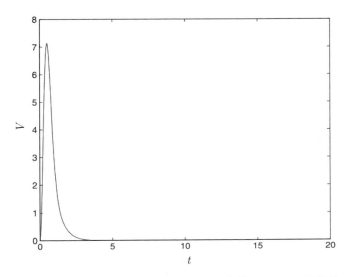

图3.6　闭环切换系统（3.77）和（3.78）的Lyapunov函数值

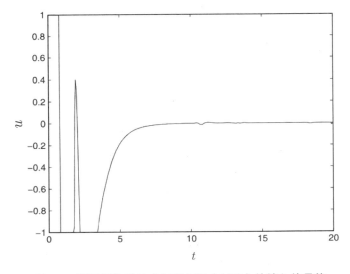

图3.7　闭环切换系统（3.77）和（3.78）的输入信号值

另外，对于任何给定的 $\beta \in (0, \beta^*]$，可以通过求解优化问题（3.76）来估计系统（3.77）和（3.78）在 $W_\beta^2$ 内的受限 $L_2-$ 增益的上界。我们考虑如下几种不同情形，得到了如下数值结果：

**情形 1**　若 $\beta=1$，我们可得 $\gamma=0.1816$。

**情形2** 若 $\beta=10$，我们可得 $\gamma=0.2865$。

**情形3** 若 $\beta=20$，我们可得 $\gamma=0.4450$。

**情形4** 若 $\beta=33$，我们可得 $\gamma=3.6480$。

最后，我们获得了图3.8，此图揭示了闭环系统中 $\beta \in (0, \beta^*]$ 数不同值时和受限 $L_2-$ 增益 $\gamma$ 的关系。

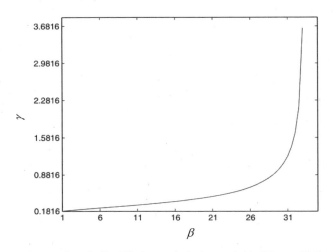

图3.8　闭环切换系统（3.77）和（3.78）的受限 $L_2-$ 增益

## 3.4　基于单Lyapunov函数的饱和切换系统的 $L_2-$ 增益分析与综合

### 3.4.1　问题描述和预备知识

考虑如下带有执行器饱和的线性切换系统：

$$\begin{cases} \dot{x} = A_\sigma x + B_\sigma \mathrm{sat}(u) + E_\sigma w, \\ y = C_{\sigma 1} x, \\ z = C_{\sigma 2} x. \end{cases} \tag{3.79}$$

其中，$x \in R^n$ 是状态向量，$u \in R^m$ 是控制输入向量，$y \in R^p$ 是测量输出向量，$z \in R^l$ 是被控输出向量，$w \in R^q$ 是外部扰动输入。函数 $\sigma : [0, \infty) \to I_N = \{1, \cdots, N\}$ 是分段常值切换信号；$\sigma = i$ 时意味着第 $i$ 个子系统被激活。$A_i, B_i, E_i, C_{i1}, C_{i2}$ 是具

有适当维数的实常数矩阵。

这里假设

$$W_\beta^2 := \left\{ w : R_+ \rightarrow R^q : \int_0^\infty w^T(t)w(t)\mathrm{d}t \leqslant \beta \right\}. \tag{3.80}$$

其中，$\beta$ 为正数，表示系统（3.79）的抗干扰能力。$sat : R^m \rightarrow R^m$ 是向量值标准饱和函数，定义为

$$\begin{cases} sat(u) = [sat(u^1), \cdots, sat(u^m)]^T, \\ sat(u^j) = sign(u^j)\min\left\{1, |u^j|\right\}, \\ \forall j \in Q_m = \{1, \cdots, m\}. \end{cases} \tag{3.81}$$

如前所述，此处假设单位饱和水平并不会丧失一般性。

对于系统（3.3.79），设计如下一组 $n_c$ 阶动态输出反馈控制器：

$$\begin{cases} \dot{x}_c = A_{ci}x_c + B_{ci}u_c, \\ v_c = C_{ci}x_c + D_{ci}u_c, \forall i \in I_N. \end{cases} \tag{3.82}$$

其中，$x_c \in R$ ，$u_c = y, v_c = u$ 分别是动态输出反馈控制器的状态向量、输入向量和输出向量。在此处我们同样假设动态控制器各参数矩阵已知，且暂时不考虑执行器饱和情形［165］。

为了减弱由执行器饱和引起的不良影响，在控制器动态中加入了具有 $E_{ci}(sat(v_c) - v_c)$ 形式的修正项作为抗饱和补偿环节。那么修订后的控制器结构有如下形式：

$$\begin{cases} \dot{x}_c = A_{ci}x_c + B_{ci}u_c + E_{ci}(sat(v_c) - v_c), \\ v_c = C_{ci}x_c + D_{ci}u_c, \forall i \in I_N. \end{cases} \tag{3.83}$$

显然，通过加入修正项，动态控制器（3.83）可以在不发生执行器饱和时的线性域内运行。当执行器饱和发生时，由于在饱和系统的控制器中引入了抗饱和补偿器这个修正项环节，又可以尽可能地恢复系统的标称性能。

那么，当采用上述控制器和抗饱和策略时，闭环系统将被改写成

$$\begin{cases} \dot{x} = A_i x + B_i sat(v_c) + E_i w, \\ y = C_{i1}x, \\ z = C_{i2}x, \\ \dot{x}_c = A_{ci}x_c + B_{ci}u_c + E_{ci}(sat(v_c) - v_c), \\ v_c = C_{ci}x_c + D_{ci}u_c, \forall i \in I_N. \end{cases} \tag{3.84}$$

然后，定义新的状态向量

$$\zeta = \begin{bmatrix} x \\ x_c \end{bmatrix} \in R^{n+n_c}. \tag{3.85}$$

以及矩阵

$$\tilde{A}_i = \begin{bmatrix} A_i + B_i D_{ci} C_{i1} & B_i C_{ci} \\ B_{ci} C_{i1} & A_{ci} \end{bmatrix}, \tilde{B}_i = \begin{bmatrix} B_i \\ 0 \end{bmatrix}, G = \begin{bmatrix} 0 \\ I_{n_c} \end{bmatrix},$$

$$K_i = \begin{bmatrix} D_{ci} C_{i1} & C_{ci} \end{bmatrix}, \tilde{E}_i = \begin{bmatrix} E_i \\ 0 \end{bmatrix}, \tilde{C}_{i2} = \begin{bmatrix} C_{i2} & 0 \end{bmatrix}.$$

因此，结合式（3.84）和式（3.85），闭环系统可以重新写为

$$\begin{cases} \dot{\zeta} = \tilde{A}_i \zeta - (\tilde{B}_i + G E_{ci}) \psi(v_c) + \tilde{E}_i w \\ z = \tilde{C}_{i2} \zeta, \forall i \in I_N. \end{cases} \tag{3.86}$$

其中，$v_c = K_i \zeta$，$\psi(v_c) = v_c - sat(v_c)$。

本节利用单 Lyapunov 函数法首先设计切换律和抗饱和补偿增益，以获得闭环系统（3.42）的最大的容许干扰水平，然后得到受限 $L_2$– 增益的最小上界。

### 3.4.2 容许干扰

在这一部分，我们利用单 Lyapunov 函数方法，在给定的抗饱和增益矩阵 $E_{ci}$ 的情况下，对于任意满足（3.80）式的干扰输入，得到了保证系统（3.86）从原点出发的状态轨迹始终保持在有界集合内的充分条件。通过设计切换律和抗饱和补偿增益来获得最大容许干扰水平的方法将在第 3.4.4 节中说明。

**定理 3.5** 假设存在正定矩阵 $P$，矩阵 $H_i$，正定对角矩阵 $J_i$ 和一组标量 $\xi_i \geq 0$，使得

$$\sum_{i=1}^{N} \xi_i \begin{bmatrix} \tilde{A}_i^T P + P \tilde{A}_i + P \tilde{E}_i \tilde{E}_i^T P & P(\tilde{B}_i + G E_{ci}) + H_i^T J_i \\ * & -2J_i \end{bmatrix} < 0, \tag{3.87}$$

$$\Omega(P, \beta) \subset L(K_i, H_i), \forall i \in I_N. \tag{3.88}$$

成立，那么在切换律

$$\sigma = \arg\min\left\{\begin{bmatrix}\zeta\\\psi\end{bmatrix}^T\begin{bmatrix}\tilde{A}_i^T P + P\tilde{A}_i + P\tilde{E}_i\tilde{E}_i^T P & P(\tilde{B}_i + GE_{ci}) + H_i^T J_i\\ * & -2J_i\end{bmatrix}\begin{bmatrix}\zeta\\\psi\end{bmatrix}\right\} \quad (3.89)$$

作用下，对于所有的 $w \in W_\beta^2$，系统（3.86）从原点出发的状态轨迹将始终保持在区域 $\Omega(P, \beta) \subset L(K_i, H_i)$ 内。

**证明**    由条件（3.88）可知，如果 $\forall \zeta \in \Omega(P, \beta)$，那么 $\zeta \in L(K_i, H_i)$。因此，根据引理 2.5，对于 $\forall \zeta \in \Omega(P, \beta)$，有满足扇形域条件的 $\psi(K_i\zeta) = K_i\zeta - sat(K_i\zeta)$ 成立。

对于系统（3.86），选择如下二次型 Lyapunov 函数：

$$V(\zeta) = \zeta^T P \zeta. \quad (3.90)$$

那么，$V(\zeta)$ 沿系统（3.86）轨迹的导数为

$$\begin{aligned}
\dot{V}(\zeta) &= \dot{\zeta}^T P\zeta + \zeta^T P\dot{\zeta}\\
&= \left[\tilde{A}_i\zeta - (\tilde{B}_i + GE_{ci})\psi(v_c) + \tilde{E}_i w\right]^T P\zeta + \zeta^T P\left[\tilde{A}_i\zeta - (\tilde{B}_i + GE_{ci})\psi(v_c) + \tilde{E}_i w\right]\\
&= \zeta^T(\tilde{A}_i^T P + P\tilde{A}_i)\zeta - \zeta^T P(\tilde{B}_i + GE_{ci})\psi(v_c) - \psi(v_c)^T(\tilde{B}_i + GE_{ci})^T P\zeta + 2\zeta^T P\tilde{E}_i w\\
&\leq \zeta^T(\tilde{A}_i^T P + P\tilde{A}_i)\zeta - \zeta^T P(\tilde{B}_i + GE_{ci})\psi(v_c) - \psi(v_c)^T(\tilde{B}_i + GE_{ci})^T P\zeta\\
&\quad + \zeta^T P\tilde{E}_i\tilde{E}_i^T P\zeta + w^T w.
\end{aligned}$$

因此，根据引理 2.5 和条件（3.88），可得

$$\dot{V}(\zeta) \leq \begin{bmatrix}\zeta\\\psi\end{bmatrix}^T\begin{bmatrix}\tilde{A}_i^T P + P\tilde{A}_i + P\tilde{E}_i\tilde{E}_i^T P & P(\tilde{B}_i + GE_{ci}) + H_i^T J_i\\ * & -2J_i\end{bmatrix}\begin{bmatrix}\zeta\\\psi\end{bmatrix} + w^T w.$$

将式（3.87）分别左乘 $\begin{bmatrix}\zeta^T & \psi^T\end{bmatrix}$，右乘 $\begin{bmatrix}\zeta^T & \psi^T\end{bmatrix}^T$，可得，

$$\sum_{i=1}^N \xi_i \begin{bmatrix}\zeta\\\psi\end{bmatrix}^T\begin{bmatrix}\tilde{A}_i^T P + P\tilde{A}_i + P\tilde{E}_i\tilde{E}_i^T P & P(\tilde{B}_i + GE_{ci}) + H_i^T J_i\\ * & -2J_i\end{bmatrix}\begin{bmatrix}\zeta\\\psi\end{bmatrix} < 0.$$

因此，根据切换律（3.89），有下式成立：

$$\dot{V}(\zeta) \leq w^T w. \quad (3.91)$$

那么，考虑 $V(\zeta)$ 作为切换系统（3.86）的整体 Lyapunov 函数，意味着有下式成立：

$$\dot{V} \leq w^T w, \forall \zeta \in \Omega(P, \beta). \quad (3.92)$$

接着，将式（3.92）两边从 $t_0 = 0$ 到 $\infty$ 进行积分，得到

$$\sum_{k \in Z^+} \int_{t_k}^{t_{k+1}} \dot{V}_{ik} dt \leqslant \sum_{k \in Z^+} \int_{t_k}^{t_{k+1}} w^T w dt. \tag{3.93}$$

再一次根据切换律的设计，我们知道在切换时刻 $t_k (k \in Z^+)$，有 $V_i(\zeta(t_k)) = V_j(\zeta(t_k)), i, j \in I_N, i \neq j$。因此不难得出如下结论：

$$V(\zeta(\infty)) \leqslant V(\zeta(0)) + \int_0^\infty w^T w dt.$$

又由于 $\zeta(0) = 0$ 和 $\int_0^\infty w^T w dt \leqslant \beta$，因此可以得到

$$V(\zeta(\infty)) \leqslant \beta, \tag{3.94}$$

这表明，从原点出发的状态轨迹将始终保持在区域 $\Omega(P, \beta)$ 区域内。证毕。

根据上面得到的结论，很容易看出，在分析闭环系统的受限 $L_2$ - 增益之前，首先应该估计系统（3.86）的容许干扰能力。因此，最大的干扰容忍水平 $\beta^*$ 可以通过求解以下优化问题来确定：

$$\sup_{P_i, H_i, J_i, \xi_i} \beta,$$
$$s.t.(a) \, inequality(3.87), \forall i \in I_N, \tag{3.95}$$
$$(b) \, \Omega(P, \beta) \subset L(K_i, H_i), \forall i \in I_N.$$

然后，对不等式（3.87）左右两边均乘以对角矩阵 $\{P^{-1}, J_i^{-1}\}$，并令 $P^{-1} = X, H_i P^{-1} = M_i, J_i^{-1} = S_i$，利用引理2.3，有下式成立：

$$\sum_{i=1}^N \xi_i \begin{bmatrix} X\tilde{A}_i^T + \tilde{A}_i X + \tilde{E}_i \tilde{E}_i^T & \tilde{B}_i S_i + GE_{ci} S_i + M_i^T \\ * & -2S_i \end{bmatrix} < 0. \tag{3.96}$$

通过使用与3.2节中类似的方法，条件（b）由下式保证：

$$P - \beta(K_i^j - H_i^j)^T(K_i^j - H_i^j) \geqslant 0. \tag{3.97}$$

其中，$K_i^j, H_i^j$ 分别表示矩阵 $K_i, H_i$ 的第 $j$ 行。

再次根据引理2.3，式（3.97）等价于

$$\begin{bmatrix} P & \left(K_i^j - H_i^j\right)^T \\ * & \mu \end{bmatrix} \geqslant 0. \tag{3.98}$$

其中 $\mu = \beta^{-1}$。

因此，对不等式（3.98）两边同时乘以对角矩阵 $\{P^{-1}, I\}$，可得

$$\begin{bmatrix} X & XK_i^{jT} - M_i^{jT} \\ * & \mu \end{bmatrix} \geq 0. \tag{3.99}$$

其中 $M_i^j$ 代表 $M_i$ 的第 $j$ 行。

因而，优化问题（3.95）可以表述为

$$\begin{aligned} &\inf_{X_i, M_i, S_i, \xi_i} \mu, \\ &s.t.\text{(a) inequality(3.96)}, \forall i \in I_N, \\ &\quad\text{(b) inequality(3.99)}, \forall i \in I_N, \forall j \in Q_m. \end{aligned} \tag{3.100}$$

### 3.4.3  $L_2-$增益分析

如前所述，$L_2-$ 增益是衡量控制系统干扰抑制能力的重要性能指标之一。然而，由于执行器饱和的存在，系统的干扰抑制能力通过在可容许干扰集合中的受限 $L_2-$ 增益来衡量。因此，在本节中，我们利用单 Lyapunov 函数方法研究系统（3.86）的受限 $L_2-$ 增益问题。同 3.4.2 节类似，我们假设抗饱和补偿增益 $E_{ci}$ 提前给定。

**定理 3.6**  考虑切换系统（3.86），对于给定的正标量 $\beta \in (0, \beta^*]$ 和常数 $\gamma$，如果存在正定矩阵 $P$，矩阵 $H_i$，正定对角矩阵 $J_i$ 以及一组标量 $\xi_i \geq 0$，使得

$$\sum_{i=1}^N \xi_i \begin{bmatrix} \tilde{A}_i^T P + P\tilde{A}_i + P\tilde{E}_i \tilde{E}_i^T P + \gamma^{-2} C_i^T C_i & P(\tilde{B}_i + GE_{ci}) + H_i^T J_i \\ * & -2J_i \end{bmatrix} < 0, \tag{3.101}$$

$$\Omega(P, \beta) \subset L(K_i, H_i), \forall i \in I_N. \tag{3.102}$$

成立。那么在切换律

$$\sigma = \arg\min \left\{ \begin{bmatrix} \zeta \\ \psi \end{bmatrix}^T \begin{bmatrix} \tilde{A}_i^T P + P\tilde{A}_i + P\tilde{E}_i \tilde{E}_i^T P + \gamma^{-2} C_i^T C_i & P(\tilde{B}_i + GE_{ci}) + H_i^T J_i \\ * & -2J_i \end{bmatrix} \begin{bmatrix} \zeta \\ \psi \end{bmatrix} \right\} \tag{3.103}$$

的作用下，对所有的 $w \in W_\beta^2$，闭环系统（3.86）从 $w$ 到 $z$ 的受限 $L_2-$增益小于 $\gamma$。

**证明**  使用与定理 3.5 的证明相似的方法，为系统（3.86）选择相同的备选单 Lyapunov 函数

$$V(\zeta) = \zeta^T P \zeta. \tag{3.104}$$

那么，对于 $\forall x \in \Omega(P, \beta) \subset L(K_i, H_i)$，$V(\zeta)$ 沿系统（3.86）轨迹的导数为

$$
\begin{aligned}
V(\zeta) &= \dot{\zeta}^T P \zeta + \zeta^T P \dot{\zeta} \\
&= \left[ \tilde{A}_i \zeta - (\tilde{B}_i + GE_{ci})\psi(v_c) + \tilde{E}_i w \right] P \zeta + \zeta^T P \left[ \tilde{A}_i \zeta - (\tilde{B}_i + GE_{ci})\psi(v_c) + \tilde{E}_i w \right] \\
&= \zeta^T (\tilde{A}_i^T P + P\tilde{A}_i)\zeta - \zeta^T P(\tilde{B}_i + GE_{ci})\psi(v_c) - \psi(v_c)^T (\tilde{B}_i + GE_{ci})^T P \zeta + 2\zeta^T P\tilde{E}_i w \\
&\leq \zeta^T (\tilde{A}_i^T P + P\tilde{A}_i)\zeta - \zeta^T P(\tilde{B}_i + GE_{ci})\psi(v_c) - \psi(v_c)^T (\tilde{B}_i + GE_{ci})^T \\
&\quad + \zeta^T P\tilde{E}_i \tilde{E}_i^T P \zeta + w^T w
\end{aligned}
$$

因此，根据引理2.5和条件（3.102），可得

$$
V(\ ) \leq \begin{bmatrix} \zeta \\ \psi \end{bmatrix} \begin{bmatrix} \tilde{A}_i^T P + P\tilde{A}_i + P\tilde{E}_i \tilde{E}_i^T P & P(\tilde{B}_i + GE_{ci}) + H_i^T J_i \\ * & 2 \end{bmatrix} \begin{bmatrix} \zeta \\ \psi \end{bmatrix} + w\ w.
$$

接着将式（3.101）分别同时左乘 $\begin{bmatrix} \zeta^T & \psi^T \end{bmatrix}$ 和右乘 $\begin{bmatrix} \zeta^T & \psi^T \end{bmatrix}^T$，可得

$$
\sum_{i=1}^{N} \xi_i \begin{bmatrix} \zeta \\ \psi \end{bmatrix}^T \begin{bmatrix} \tilde{A}_i^T P + P\tilde{A}_i + P\tilde{E}_i \tilde{E}_i^T P + \gamma^{-2} C_i^T C_i & P(\tilde{B}_i + GE_{ci}) + H_i^T J_i \\ * & -2J_i \end{bmatrix} \begin{bmatrix} \zeta \\ \psi \end{bmatrix} < 0. \tag{3.105}
$$

根据切换律（3.103），可得

$$\dot{V}(\zeta) < -\gamma^{-2} \zeta^T C_i^T C_i \zeta + w^T w. \tag{3.106}$$

然后，把 $V(\zeta)$ 作为切换系统（3.86）的整体Lyapunov函数，使得下式成立：

$$\dot{V} < -\gamma^{-2} z^T z + w^T w, \forall \zeta \in \Omega(P, \beta). \tag{3.107}$$

将式（3.107）两边从 $t_0 = 0$ 到 $\infty$ 进行积分，可以得到

$$\sum_{k \in Z^+} \int_{t_k}^{t_{k+1}} \dot{V}_{ik} \, dt < \sum_{k \in Z^+} \int_{t_k}^{t_{k+1}} (-\gamma^{-2} z^T z + w^T w) \, dt. \tag{3.108}$$

根据切换系统单李雅普诺夫函数原理，很容易知道在切换时刻 $t_k (k \in Z^+)$，有 $V_i(\zeta(t_k)) = V_j(\zeta(t_k)), i, j \in I_N, i \neq j$。（3.108）可以整理成

$$V(\zeta(\infty)) < V(\zeta(0)) + \int_0^{\infty} (-\gamma^{-2} z^T z + w^T w) \, dt.$$

又由于 $\zeta(0) = 0$ 和 $V(\zeta(\infty)) \geq 0$，因此易知下式成立：

$$\int_0^{\infty} z^T z \, dt \leq \gamma^2 \int_0^{\infty} w^T w \, dt, \tag{3.109}$$

上式意味着闭环切换系统（3.86）对所有的 $w \in W_\beta^2$，从 $w$ 到 $z$ 的受限 $L_2-$ 增益小于 $\gamma$。证明完毕。

接下来对于给定的正标量 $\beta \in (0, \beta^*]$，通过解决如下优化问题，对系统（3.86）的受限 $L_2-$ 增益的最小上界进行估计，

$$\inf_{P, H_i, J_i, \xi_i} \gamma^2,$$
$$s.t.\text{(a) inequality}(3.101), \forall i \in I_N,$$
$$\text{(b) } \Omega(P, \beta) \subset L(K_i, H_i), \forall i \in I_N. \tag{3.110}$$

使用与求解优化问题（3.100）同样的方法，并令 $\theta = \gamma^2$，则（3.110）中的（a）式等价于式

$$\sum_{i=1}^{N} \xi_i \begin{bmatrix} X\tilde{A}_i^T + \tilde{A}_i X + \tilde{E}_i \tilde{E}_i^T & \tilde{B}_i S_i + GE_{ci} S_i + M_i^T & XC_i^T \\ * & -2S_i & 0 \\ * & * & -\theta I \end{bmatrix} < 0, \tag{3.111}$$

并且式（3.110）中的（b）式可由下式保证：

$$\begin{bmatrix} X & XK_i^{jT} - M_i^{jT} \\ * & \beta^{-1} \end{bmatrix} \geq 0. \tag{3.112}$$

然后，求解如下优化问题以代替优化问题（3.110）的求解：

$$\inf_{X_i, M_i, S_i, \xi_i} \theta,$$
$$s.t.\text{(a) inequality}(3.111), \forall i \in I_N,$$
$$\text{(b) inequality}(3.112), \forall i \in I_N, \forall j \in Q_m. \tag{3.113}$$

### 3.4.4 抗饱和综合

实际上，可以通过设计抗饱和补偿增益来进一步提高闭环系统（3.86）的性能。因此，3.4.2 和 3.4.3 节中的优化问题的解可以通过设计抗饱和补偿增益来获得。

令 $N_i = E_{ci} S_i$，那么，式（3.96）和（3.111）分别等价于

$$\sum_{i=1}^{N} \xi_i \begin{bmatrix} X\tilde{A}_i^T + \tilde{A}_i X + \tilde{E}_i \tilde{E}_i^T & \tilde{B}_i S_i + GN_i + M_i^T \\ * & -2S_i \end{bmatrix} < 0 \tag{3.114}$$

和

$$\sum_{i=1}^{N} \xi_i \begin{bmatrix} X\tilde{A}_i^T + \tilde{A}_i X + \tilde{E}_i \tilde{E}_i^T & \tilde{B}_i S_i + GN_i + M_i^T & XC_i^T \\ * & -2S_i & 0 \\ * & * & -\theta I \end{bmatrix} < 0. \quad （3.115）$$

因此，以获得最大容许干扰水平 $\beta^*$ 为目标的优化问题可由如下优化问题描述：

$$\inf_{X_i, M_i, N_i, S_i, \xi_i} \mu,$$
$$s.t.(a) \text{ inequality}(3.114), \forall i \in I_N, \quad （3.116）$$
$$(b) \text{ inequality}(3.99), \forall i \in I_N, \forall j \in Q_m.$$

然后，当任意 $\beta \in (0, \beta^*]$ 给定时，则受限 $L_2$-增益的最小上界可以通过解如下优化问题来获得：

$$\inf_{X_i, M_i, N_i, S_i, \xi_i} \theta,$$
$$s.t.(a) \text{ inequality}(3.115), \forall i \in I_N, \quad （3.117）$$
$$(b) \text{ inequality}(3.112), \forall i \in I_N, \forall j \in Q_m.$$

优化问题（3.113）和（3.117）解决后，抗饱和补偿增益就可以相应计算出来，算式为 $E_{ci} = N_i S_i^{-1}$。

**注 3.2** 本节提出了抗饱和补偿增益的设计方法。如何设计自适应抗饱和补偿增益可能是将来需要进一步研究的课题[195, 196]。

### 3.4.5 仿真算例

本节给出了以下仿真算例以说明所提出方法的有效性：

$$\begin{cases} \dot{x} = A_i x + B_i sat(v_c) + E_i w, \\ y = C_{i1} x, \\ z = C_{i2} x, \end{cases} \quad （3.118）$$

并给出具有抗饱和修正项的动态输出反馈控制器

$$\begin{cases} \dot{x}_c = A_{ci} x_c + B_{ci} C_{i1} + E_{ci}(sat(v_c) - v_c), \\ v_c = C_{ci} x_c + D_{ci} C_i x. \end{cases} \quad （3.119）$$

其中，$\sigma(k) \in I_2 = \{1, 2\}$，

$$A_1 = \begin{bmatrix} 1.2 & 0.6 \\ 0 & -2 \end{bmatrix}, A_2 = \begin{bmatrix} -0.9 & 0 \\ -0.2 & 1.5 \end{bmatrix}, B_1 = \begin{bmatrix} 0.8 \\ -1.5 \end{bmatrix}, B_2 = \begin{bmatrix} 1.1 \\ -0.9 \end{bmatrix},$$

$$E_1 = \begin{bmatrix} 0.5 & 0.3 \\ -0.2 & 0.6 \end{bmatrix}, E_2 = \begin{bmatrix} 1.3 & 0.3 \\ -0.6 & -0.1 \end{bmatrix}, C_{11} = \begin{bmatrix} -0.4 \\ 0.6 \end{bmatrix}^T, C_{21} = \begin{bmatrix} -0.5 \\ 0.3 \end{bmatrix}^T,$$

$$C_{12} = \begin{bmatrix} 0.05 \\ -0.06 \end{bmatrix}^T, C_{22} = \begin{bmatrix} -0.03 \\ 0.07 \end{bmatrix}^T, A_{c1} = \begin{bmatrix} 0.20 & 0.06 \\ 0.05 & -0.25 \end{bmatrix}, A_{c2} = \begin{bmatrix} -0.08 & 0.04 \\ -0.02 & 0.06 \end{bmatrix},$$

$$B_{c1} = \begin{bmatrix} 0.09 \\ -0.05 \end{bmatrix}, B_{c2} = \begin{bmatrix} 0.05 \\ -0.09 \end{bmatrix}, C_{c1} = \begin{bmatrix} 2.6 \\ -0.9 \end{bmatrix}^T, C_{c2} = \begin{bmatrix} 2.3 \\ -1.2 \end{bmatrix}^T,$$

$$D_{c1} = 1.1, \quad D_{c2} = -2.3.$$

首先，我们通过单 Lyapunov 函数方法，利用第 3.4.4 节提出的方法设计一组抗饱和补偿增益，使系统（3.118）至（3.119）的容许干扰能力最大。因此，解优化问题（3.116），我们得到了以下的最优解：

$$\mu^* = 0.0516, \quad \beta^* = \mu^{*-1} = 19.3959,$$

$$E_{c1} = \begin{bmatrix} -0.8532 \\ 0.2136 \end{bmatrix}, E_{c2} = \begin{bmatrix} -0.4755 \\ 0.2057 \end{bmatrix}.$$

对于切换系统（3.118）和（3.119），选取最大有界干扰 $w(t) = \sqrt{2\beta^*}e^{-t}$，通过图 3.9 很容易可以看出 Lyapunov 函数值始终小于最大边界 $\beta^*$，这意味着从原点出发的系统状态轨迹始终在有界集合以内。此外，如果令 $E_{c1} = E_{c2} = 0$，获得的最优解是 $\beta^* = 3.2579$，这表明在抗饱和补偿器的作用下，系统的干扰容许能力得到了提高。

然后，对于任意给定的 $\beta \in (0, \beta^*]$，我们可以通过求解优化问题（3.117）来获得系统（3.118）和（3.119）在 $W_\beta^2$ 内的最小受限 $L_2-$ 增益的上界。我们考虑了以下几种情形，得到的数值结果如下：

**情形 1**　如果 $\beta = 1$，得到 $\gamma = 0.2762$.

**情形 2**　如果 $\beta = 5$，得到 $\gamma = 0.3907$.

**情形 3**　如果 $\beta = 15$，得到 $\gamma = 0.9261$.

**情形 4**　如果 $\beta = 19$，得到 $\gamma = 3.1524$.

最后获得了图 3.10，此图揭示了闭环系统受限 $L_2-$ 增益 $\gamma$ 与 $\beta \in (0, \beta^*]$ 不同值之间的关系。

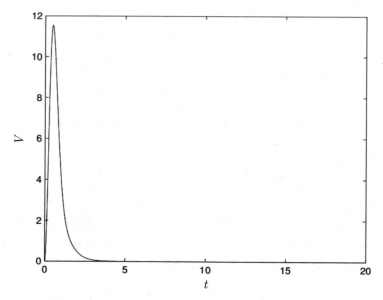

图3.9　切换系统（3.118）–（3.119）的Lyapunov函数值

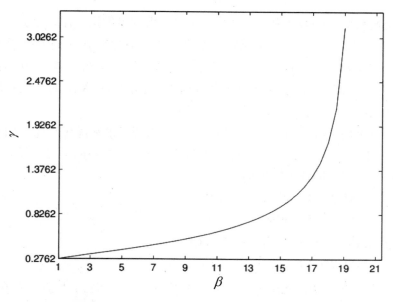

图3.10　切换系统（3.118）和（3.119）的受限$L_2$-增益

# 3.5  小结

本章基于 Lyapunov 函数理论研究了具有执行器饱和和外部干扰连续时间切换系统的 $L_2$– 增益分析和设计问题。首先利用多 Lyapunov 函数方法研究一类具有执行器饱和的不确定连续时间线性切换系统的 $L_2$– 增益分析及综合问题，建立了确保闭环系统的状态轨迹有界的充分条件，给出了闭环系统的受限 $L_2$– 增益存在的充分条件，提出了获得最大容许干扰水平和最小的受限 $L_2$– 增益上界的切换律和控制器的设计方法。然后基于多 Lyapunov 函数方法研究了一类带有执行器饱和的连续时间线性切换系统的 $L_2$– 增益分析和抗饱和设计问题，推导出了容许干扰和受限 $L_2$– 增益存在的充分条件，提出了使得闭环系统的容许干扰能力最大化和受限 $L_2$– 增益上界最小化的抗饱和补偿器的设计方法。最后针对一类连续时间饱和切换系统，根据单 Lyapunov 函数技术，提出了以确定容许干扰能力最大化和受限 $L_2$– 增益上界最小化为目标的抗饱和补偿器和切换律的设计方法。

# 4　离散时间饱和切换系统的稳定性分析与设计

## 4.1　引言

在前面两章里，我们讨论了几类具有执行器饱和的连续时间线性切换系统的鲁棒镇定、$L_2$-增益分析、抗饱和补偿器设计以及相关的优化问题。随着计算机控制技术的迅速发展，从工业过程控制的实际问题出发，对具有执行器饱和的离散时间切换系统控制方法的研究显得更为重要。

目前，对具有执行器饱和的离散切换系统的稳定性的研究已经取得了一些成果，但是这些成果大多是通过利用切换 Lyapunov 函数方法及其推广的方法获得。文献 [184] 针对一类具有执行器饱和的离散线性切换系统，首次利用切换 Lyapunov 函数方法给出了此类系统渐近镇定的充分条件。文献 [185，186] 将上述结果进一步推广，指出同样的条件即可保证 Lyapunov 函数水平集的并集包含在吸引域内，扩大了吸引域的估计。利用饱和依赖的切换 Lyapunov 函数方法，文献 [197] 研究了一类具有执行器饱和的离散线性切换系统的镇定问题。我们知道，多 Lyapunov 函数方法作为一种具有较小保守性的寻找和设计切换律的有效工具在切换系统的研究中占有重要地位。但是基于此方法，研究带有执行器饱和的离散时间切换系统的稳定性分析及综合问题的结果还相对少见。

本章针对存在执行器饱和非线性的情况，研究了离散时间饱和切换系统的镇定、抗饱和设计及吸引域估计问题。本章共分为两个部分，第一部分利用多 Lyapunov 函数方法研究了一类具有执行器饱和的不确定离散线性切换系统的鲁棒镇定问题。首先给出了使此类系统渐近稳定的充分条件，然后设计了使得系统镇定的状态反馈控制器。最后，通过求解一个带有线性矩阵不等式约束的凸优化问题，得到的控制器可以使闭环系统的吸引域估计最大化。

第二部分利用多 Lyapunov 函数方法研究了一类具有执行器饱和的离散时间切换系统的稳定性分析与抗饱和设计问题。首先，假定每个子系统的线性动态输出反馈控制器已知，并能够镇定不发生执行器饱和的切换系统。然后，我们设计抗饱和补偿增益和切换律，目的是扩大闭环系统的吸引域估计。进而，通过求解带有线性矩阵不等式约束的凸优化问题，获得抗饱和补偿器增益和吸引域估计。最后，通过数值算例验证提出方法的可行性和有效性。

## 4.2　具有执行器饱和的离散切换系统的鲁棒镇定

### 4.2.1　问题描述与预备知识

考虑如下具有执行器饱和的不确定离散线性切换系统

$$x(k+1) = (A_\sigma + \Delta A_\sigma)x(k) + (B_\sigma + \Delta B_\sigma)\mathrm{sat}(u(k)),\qquad(4.1)$$

其中，$k \in Z^+ = \{0, 1, 2, \cdots\}$，$x(k) \in \mathrm{R}^n$ 是系统的状态，$u(k) \in \mathrm{R}^m$ 为控制输入。$\sigma$ 是在 $I_N = \{1, \cdots, N\}$ 中取值的切换信号，$\sigma = i$ 意味着第 $i$ 个子系统被激活。$A_i$ 和 $B_i$ 为适当维数的常数矩阵，$\Delta A_i$ 和 $\Delta B_i$ 为时变不确定矩阵，结构同式（3.3）。

设状态反馈控制律为

$$u(k) = F_i x(k), i \in I_N.\qquad(4.2)$$

则通过状态反馈形成的闭环系统为

$$x(k+1) = (A_\sigma + \Delta A_\sigma)x(k) + (B_\sigma + \Delta B_\sigma)\mathrm{sat}(F_\sigma x(k)), \ \sigma \in I_N.\qquad(4.3)$$

下面给出本节需要的引理。

**引理 4.1**[190]　设 $Y$，$U$，$V$ 是给定的适当维数矩阵，对任意满足 $\Gamma^\mathrm{T}\Gamma \leqslant I$ 的 $\Gamma$，

$$Y + U\Gamma V + V^\mathrm{T}\Gamma^\mathrm{T}U^\mathrm{T} < 0\qquad(4.4)$$

的充要条件是存在一个常数 $\lambda > 0$，使得

$$Y + \lambda UU^\mathrm{T} + \lambda^{-1}V^\mathrm{T}V < 0.\qquad(4.5)$$

### 4.2.2　稳定性分析

在本节，假设状态反馈控制律 $u_i = F_i x$ 事先给定，然后利用多 Lyapunov 函数

方法，给出闭环系统（4.3）渐近稳定的充分条件。其结果在接下来的两节控制器设计与吸引域估计中，起着很重要的作用。

**定理 4.1** 若存在一组非负实数 $\beta_{ir} \geqslant 0$ 和正数 $\lambda_i > 0$ 以及 $N$ 个正定矩阵 $P_i$，矩阵 $H_i$，使得不等式组

$$\begin{bmatrix} -P_i + \sum_{r=1, r \neq i}^{N} \beta_{ir}(P_r - P_i) & * & * & * \\ P_i[A_i + B_i(D_s F_i + D_s^- H_i)] & -P_i & * & * \\ 0 & T_i^{\mathrm{T}} P_i & -\lambda_i^{-1} I & * \\ F_{1i} + F_{2i}(D_s F_i + D_s^- H_i) & 0 & 0 & -\lambda_i I \end{bmatrix} < 0, \tag{4.6}$$
$$i \in I_N, s \in Q.$$

成立，并且有

$$\Omega(P_i) \bigcap \Phi_i \subset L(H_i) \tag{4.7}$$

其中，$\Phi_i = \{x \in \mathbf{R}^n : x^{\mathrm{T}}(P_r - P_i)x \geqslant 0, \forall r \in I_N, r \neq i\}$。

选取切换律

$$\sigma = \arg\min\{x^{\mathrm{T}} P_i x, i \in I_N\}. \tag{4.8}$$

则在切换律（4.8）作用下，闭环系统（4.3）的原点是鲁棒渐近稳定的，并且集合 $\bigcup_{i=1}^{N}(\Omega(P_i) \bigcap \Phi_i)$ 被包含在吸引域中。

**证明** 根据引理 2.2，对于 $x \in \Omega(P_i) \bigcap \Phi_i \subset L(H_i)$，我们有

$$\mathrm{sat}(F_i x(k)) \in \mathrm{co}\left\{D_s F_i x(k) + D_s^- H_i x(k), s \in Q\right\}.$$

然后，可得

$$(A_i + \Delta A_i)x(k) + (B_i + \Delta B_i)\mathrm{sat}(F_i x(k)) \in$$
$$\mathrm{co}\left\{(A_i + \Delta A_i)x(k) + (B_i + \Delta B_i)(D_s F_i x(k) + D_s^- H_i x(k)), s \in Q\right\}.$$

根据切换律（4.8），易知对 $\forall x(k) \in \Omega(P_i) \bigcap \Phi_i \subset L(H_i)$，第 $i$ 个子系统被激活。

选取下面的函数作为系统（4.3）的 Lyapunov 函数：

$$V(x(k)) = V_\sigma(x(k)) = x^{\mathrm{T}}(k) P_\sigma x(k). \tag{4.9}$$

考虑如下两种情形计算 Lyapunov 函数（4.9）沿着系统（4.3）的轨线的差分

**情形 1** 当 $\sigma(k+1) = \sigma(k) = i$ 时候，对于 $\forall x(k) \in \Omega(P_i) \bigcap \Phi_i \subset L(H_i)$，可得

$$\begin{aligned}
\Delta V(x(k)) &= V_i(x(k+1)) - V_i(x(k)) \\
&= x^{\mathrm{T}}(k+1)P_i x(k+1) - x^{\mathrm{T}}(k)P_i x(k) \\
&\leq \max_{s\in Q} x^{\mathrm{T}}(k)[(A_i+\Delta A_i)+(B_i+\Delta B_i) \\
&\quad \times (D_s F_i + D_s^- H_i)]^{\mathrm{T}} P_i[(A_i+\Delta A_i)+(B_i \\
&\quad +\Delta B_i)(D_s F_i + D_s^- H_i)]x(k) - x^{\mathrm{T}}(k)P_i x(k).
\end{aligned} \tag{4.10}$$

**情形 2**　当 $\sigma(k)=i$，$\sigma(k+1)=r$ 且 $i\neq r$ 时，对于 $\forall x(k)\in\Omega(P_i)\bigcap\Phi_i\subset L(H_i)$，由切换律（4.8）可知

$$\begin{aligned}
\Delta V(x(k)) &= x^{\mathrm{T}}(k+1)P_r x(k+1) - x^{\mathrm{T}}(k)P_i x(k) \\
&\leq x^{\mathrm{T}}(k+1)P_i x(k+1) - x^{\mathrm{T}}(k)P_i x(k).
\end{aligned} \tag{4.11}$$

根据（4.10）和（4.11），$\forall x(k)\in\bigcup_{i=1}^N(\Omega(P_i)\bigcap\Phi_i)$，我们有

$$\begin{aligned}
\Delta V(x(k)) &\leq \max_{s\in Q} x^{\mathrm{T}}(k)[(A_i+\Delta A_i)+(B_i+\Delta B_i) \\
&\quad \times (D_s F_i + D_s^- H_i)]^{\mathrm{T}} P_i[(A_i+\Delta A_i)+(B_i \\
&\quad +\Delta B_i)(D_s F_i + D_s^- H_i)]x(k) - x^{\mathrm{T}}(k)P_i x(k).
\end{aligned}$$

然后，根据引理 2.3，条件（4.6）等价于不等式

$$\begin{aligned}
&\begin{bmatrix} -P_i+\sum_{r=1,r\neq i}^N \beta_{ir}(P_r-P_i) & * \\ P_i[A_i+B_i(D_s F_i+D_s^- H_i)] & -P_i \end{bmatrix} + \lambda_i \begin{bmatrix} 0 \\ P_i T_i \end{bmatrix}\begin{bmatrix} 0 & T_i^{\mathrm{T}} P_i \end{bmatrix} \\
&+ \lambda_i^{-1}\begin{bmatrix} [F_{1i}+F_{2i}(D_s F_i+D_s^- H_i)]^{\mathrm{T}} \\ 0 \end{bmatrix}\begin{bmatrix} F_{1i}+F_{2i}(D_s F_i+D_s^- H_i) & 0 \end{bmatrix} < 0.
\end{aligned} \tag{4.12}$$

因此，依据引理 4.1，如果（4.12）成立，则下式成立：

$$\begin{bmatrix} -P_i+\sum_{r=1,r\neq i}^N \beta_{ir}(P_r-P_i) & * \\ P_i[(A_i+\Delta A_i)+(B_i \\ +\Delta B_i)(D_s F_i+D_s^- H_i)] & -P_i \end{bmatrix} < 0.$$

再根据引理 2.3，可得

$$\begin{aligned}
&[(A_i+\Delta A_i)+(B_i+\Delta B_i)(D_s F_i+D_s^- H_i)]^{\mathrm{T}} P_i \\
&\quad \times [(A_i+\Delta A_i)+(B_i+\Delta B_i)(D_s F_i+D_s^- H_i)] \\
&\quad -P_i+\sum_{r=1,r\neq i}^N \beta_{ir}(P_r-P_i) < 0.
\end{aligned}$$

然后，根据切换律（4.8），可得

$$\begin{aligned}
\Delta V(x(k)) &\leqslant \max_{s \in Q} x^{\mathrm{T}}(k)[(A_i + \Delta A_i) + (B_i + \Delta B_i) \\
&\quad \times (D_s F_i + D_s^- H_i)]^{\mathrm{T}} P_i[(A_i + \Delta A_i) + (B_i \\
&\quad + \Delta B_i)(D_s F_i + D_s^- H_i)]x(k) - x^{\mathrm{T}}(k)P_i x(k) \\
&< -\sum_{r=1, r \neq i}^{N} \beta_{ir} x^{\mathrm{T}}(k)(P_r - P_i)x(k) \\
&\leqslant 0.
\end{aligned} \tag{4.13}$$

式（4.13）表明

$$\Delta V(x(k)) < 0. \tag{4.14}$$

所以，依据多 Lyapunov 函数技术可知，在切换律（4.8）作用下，对任意初始状态 $x_0 \in \bigcup_{i=1}^{N}(\Omega(P_i) \bigcap \Phi_i)$，闭环系统（4.3）的原点是渐近稳定的，证毕。

### 4.2.3 控制器设计

在本节，我们给出状态反馈控制器的设计方法使得闭环系统（4.3）是鲁棒镇定的。

**定理 4.2** 若存在 $N$ 个正定矩阵 $X_i$，矩阵 $M_i$，$N_i$ 以及一组非负实数 $\beta_{ir} \geqslant 0$，正实数 $\delta_{ir} > 0$ 和 $\lambda_i > 0$，使得下列矩阵不等式组成立：

$$\left[\begin{array}{cccc}
-X_i - \sum_{r=1, r \neq i}^{N} \beta_{ir} X_i & * & * & * \\
A_i X_i + B_i(D_s M_i + D_s^- N_i) & -X_i & * & * \\
0 & T_i^{\mathrm{T}} & -\lambda_i^{-1} I & * \\
F_{1i} X_i + F_{2i}(D_s M_i + D_s^- N_i) & 0 & 0 & -\lambda_i I \\
X_i & 0 & 0 & 0 \\
X_i & 0 & 0 & 0 \\
X_i & 0 & 0 & 0
\end{array}\right.$$

$$\left.\begin{array}{ccc}
* & * & * \\
* & * & * \\
* & * & * \\
* & * & * \\
-\beta_{i1}^{-1} X_1 & * & * \\
0 & \ddots & * \\
0 & 0 & -\beta_{iN}^{-1} X_N
\end{array}\right] < 0 \tag{4.15}$$

和

$$\begin{bmatrix} X_i + \sum_{r=1,r\neq i}^{N} \delta_{ir} X_i & * & * & * & * \\ N_i^j & 1 & * & * & * \\ X_i & 0 & \delta_{i1}^{-1} X_1 & * & * \\ X_i & 0 & 0 & \ddots & * \\ X_i & 0 & 0 & 0 & \delta_{iN}^{-1} X_N \end{bmatrix} \geqslant 0 \tag{4.16}$$

$$i \in I_N, s \in Q, j \in Q_m,$$

其中，$N_i^j$ 表示矩阵 $N_i$ 的第 $j$ 行，$H_i = N_i X_i^{-1}$，$P_i = X_i^{-1}$。则在状态反馈控制器

$$u_i = F_i x = M_i X_i^{-1} x \tag{4.17}$$

和切换律

$$\sigma = \arg\min\{x^{\mathrm{T}}(k) X_i^{-1} x(k), i \in I_N\} \tag{4.18}$$

作用下，对 $\forall x_0 \in \bigcup_{i=1}^{N} \left( \Omega(P_i) \cap \Phi_i \right)$，闭环系统（4.3）的原点是鲁棒渐近镇定的。

**证明** 根据引理2.3，式（4.15）等价于

$$\begin{bmatrix} -X_i + \sum_{r=1,r\neq i}^{N} \beta_{ir}(X_i X_N^{-1} X_i - X_i) & * & * & * \\ A_i X_i + B_i(D_s M_i + D_s^- N_i) & -X_i & * & * \\ 0 & T_i^T & -\lambda_i^{-1} I & * \\ F_{1i} X_i + F_{2i}(D_s M_i + D_s^- N_i) & 0 & 0 & -\lambda_i I \end{bmatrix} < 0. \tag{4.19}$$

令 $M_i = F_i X_i$，$N_i = H_i X_i$，$X_i = P_i^{-1}$。然后，对式（4.19）两端分别左乘和右乘对角矩阵 $diag\{P_i, P_i, I, I\}$，我们得到

$$\begin{bmatrix} -P_i + \sum_{r=1,r\neq i}^{N} \beta_{ir}(P_r - P_i) & * & * & * \\ P_i[A_i + B_i(D_s F_i + D_s^- H_i)] & -P_i & * & * \\ 0 & T_i^T P_i & -\lambda_i^{-1} I & * \\ F_{1i} + F_{2i}(D_s F_i + D_s^- H_i) & 0 & 0 & -\lambda_i I \end{bmatrix} < 0,$$

即定理4.1中式（4.6）成立。

对不等式（4.16）采用类似的处理方法，我们有

$$\begin{bmatrix} 1 & H_i^j \\ * & P_i - \sum_{r=1,r\neq i}^{N} \delta_{ir}(P_r - P_i) \end{bmatrix} \geqslant 0, \tag{4.20}$$

其中，$H_i^j$ 表示矩阵 $H_i$ 的第 $j$ 行。

接下来，我们给出证明：将约束条件 $\Omega(P_i) \bigcap \Phi_i \subset L(H_i)$ 转化为矩阵不等式（4.20）。令 $G_i = P_i - \sum_{r=1, r \neq i}^{N} \delta_{ir}(P_r - P_i)$，对于 $x(k) \in \Omega(P_i) \bigcap \Phi_i$，则有下面两式成立：

$$x^{\mathrm{T}} G_i x \leqslant 1, \tag{4.21}$$

$$H_i^j G_i^{-1} H_i^{j\mathrm{T}} \leqslant 1, \tag{4.22}$$

根据式（4.21）和（4.22）以及引理 2.4，有

$$2x^{\mathrm{T}} H_i^{j\mathrm{T}} \leqslant x^{\mathrm{T}} G_i x + H_i^j G_i^{-1} H_i^{j\mathrm{T}} \leqslant 2, \tag{4.23}$$

因此，式（4.23）表明约束条件 $\Omega(P_i) \bigcap \Phi_i \subset L(H_i)$ 可由矩阵不等式（4.20）表达。

又因为切换律（4.18）和定理 4.1 中的切换律（4.8）相同，所以对任意初始状态 $x_0 \in \bigcup_{i=1}^{N}(\Omega(P_i) \bigcap \Phi_i)$，闭环系统（4.3）的原点是渐近镇定的。证毕。

### 4.2.4  吸引域的估计与扩大

本节通过设计状态反馈控制器和切换律使得闭环系统（4.3）的吸引域估计最大化，也就是使得集合 $\bigcup_{i=1}^{N}(\Omega(P_i) \bigcap \Phi_i)$ 最大化。与优化问题（2.33）和（2.34）类似，我们利用 $X_{\mathrm{R}}$ 作为形状参考集估计集合 $\bigcup_{i=1}^{N}(\Omega(P_i) \bigcap \Phi_i)$ 的大小。

因此，如何确定集合 $\bigcup_{i=1}^{N}(\Omega(P_i) \bigcap \Phi_i)$ 最大化的问题可以归结为下面的优化问题：

$$\sup_{X_i, M_i, N_i, \beta_{ir}, \delta_{ir}, \lambda_i} \alpha,$$
$$\text{s.t.} (a)\, \alpha X_{\mathrm{R}} \subset \Omega(X_i^{-1}), i \in I_N, \tag{4.24}$$
$$(b)\, \text{inequality} (4.15), i \in I_N, s \in Q,$$
$$(c)\, \text{inequality} (4.16), i \in I_N, j \in Q_m.$$

那么当 $X_{\mathrm{R}}$ 为椭球体时，$(a)$ 等价于

$$\begin{bmatrix} \dfrac{1}{\alpha^2} R & I \\ I & X_i \end{bmatrix} \geqslant 0, \tag{4.25}$$

当 $X_{\mathrm{R}}$ 是多面体时，$(a)$ 等价于

$$\begin{bmatrix} \dfrac{1}{\alpha^2} & x_k^{\mathrm{T}} \\ x_k & X_i \end{bmatrix} \geqslant 0, k \in [1, l]. \tag{4.26}$$

令 $\dfrac{1}{\alpha^2} = \gamma$。当椭球体作为形状参考集合 $X_{\mathrm{R}}$ 的情况下，那么优化问题（4.24）可写成优化问题

$$\inf_{X_i, M_i, N_i, \beta_{ir}, \delta_{ir}, \lambda_i} \gamma,$$

$$\mathrm{s.t.}\, (a)\begin{bmatrix} \gamma R & I \\ I & X_i \end{bmatrix} \geqslant 0, i \in I_N,$$

$$(b)\, \text{inequality}\,(4.15), i \in I_N, s \in Q, \tag{4.27}$$

$$(c)\, \text{inequality}\,(4.16), i \in I_N, j \in Q_m.$$

同理，如果 $X_{\mathrm{R}}$ 是多面体时，优化问题（4.24）又可以归结为优化问题

$$\inf_{X_i, M_i, N_i, \beta_{ir}, \delta_{ir}, \lambda_i} \gamma,$$

$$\mathrm{s.t.}\, (a)\begin{bmatrix} \gamma & x_k^{\mathrm{T}} \\ x_k & X_i \end{bmatrix} \geqslant 0, k \in [1, l], i \in I_N,$$

$$(b)\, \text{inequality}\,(4.15), i \in I_N, s \in Q, \tag{4.28}$$

$$(c)\, \text{inequality}\,(4.16), i \in I_N, j \in Q_m.$$

### 4.2.5　数值例子

为了说明所得结果的正确性，考虑具有执行器饱和的不确定线性离散切换系统

$$x(k+1) = (A_\sigma + \Delta A_\sigma)x(k) + (B_\sigma + \Delta B_\sigma)\mathrm{sat}(u(k)). \tag{4.29}$$

其中，$\sigma \in I_2 = \{1, 2\}$，

$$A_1 = \begin{bmatrix} 0.2 & 0.1 \\ 0 & -1 \end{bmatrix}, A_2 = \begin{bmatrix} -1 & 0 \\ 0 & 1.2 \end{bmatrix},$$

$$B_1 = \begin{bmatrix} 1 \\ 0 \end{bmatrix}, B_2 = \begin{bmatrix} 0 \\ 1 \end{bmatrix}, x(0) = \begin{bmatrix} 1 \\ -1 \end{bmatrix},$$

$$T_1 = \begin{bmatrix} 0.1 \\ 0 \end{bmatrix}, T_2 = \begin{bmatrix} 0 \\ 0.1 \end{bmatrix}, F_{11} = \begin{bmatrix} 0.15 \\ -0.3 \end{bmatrix}^{\mathrm{T}},$$

$$F_{12} = \begin{bmatrix} -0.3 \\ 0.2 \end{bmatrix}^{\mathrm{T}}, \; F_{21} = 0.1,$$

$$F_{22} = 0.2, \; \Gamma(K) = \sin(k).$$

显然，在形如（4.4）的状态反馈控制律作用下，每个子系统都不能通过状态反馈单独镇定。但是仍可以通过设计切换律和状态反馈控制律，使得系统（4.29）在切换律和反馈控制律作用下不但是渐近稳定的，而且还能取得一个很大的吸引域估计。

令 $R = \begin{bmatrix} 1 & 0 \\ 0 & 1 \end{bmatrix}$，$\beta_1 = \beta_2 = 20$，$\delta_1 = \delta_2 = 1$，$\lambda_1 = \lambda_2 = 1$。解优化问题（4.27），可得到优化解

$$\gamma = 0.2531,$$

$$X_1 = \begin{bmatrix} 7.5586 & 0.6474 \\ 0.6474 & 3.3071 \end{bmatrix}, X_2 = \begin{bmatrix} 7.2707 & 0.6189 \\ 0.6189 & 3.3704 \end{bmatrix},$$

$$M_1 = \begin{bmatrix} -2.2328 \\ -0.4259 \end{bmatrix}^{\mathrm{T}}, M_2 = \begin{bmatrix} -0.0027 \\ -3.9043 \end{bmatrix}^{\mathrm{T}},$$

$$N_1 = \begin{bmatrix} -1.2678 \\ -0.2089 \end{bmatrix}^{\mathrm{T}}, N_2 = \begin{bmatrix} 0.0853 \\ -1.7138 \end{bmatrix}^{\mathrm{T}},$$

$$P_1 = \begin{bmatrix} 0.1346 & -0.0263 \\ -0.0263 & 0.3075 \end{bmatrix}, P_2 = \begin{bmatrix} 0.1397 & -0.0257 \\ -0.0257 & 0.3014 \end{bmatrix},$$

$$F_1 = \begin{bmatrix} -0.2892 \\ -0.0722 \end{bmatrix}^{\mathrm{T}}, F_2 = \begin{bmatrix} 0.0998 \\ -1.1768 \end{bmatrix}^{\mathrm{T}},$$

$$H_1 = \begin{bmatrix} -0.1651 \\ -0.0308 \end{bmatrix}^{\mathrm{T}}, H_2 = \begin{bmatrix} 0.0559 \\ -0.5188 \end{bmatrix}^{\mathrm{T}}.$$

图 4.1 和 4.2 分别是系统（4.29）的每个子系统在状态反馈控制器作用下的状态响应曲线，可以看出每个子系统都不能通过状态反馈单独被镇定。图 4.3 为闭环系统（4.29）在所设计的切换律和状态反馈控制律作用下的状态响应曲线。图 4.4 和图 4.5 分别为切换系统（4.29）的控制输入信号和切换信号。

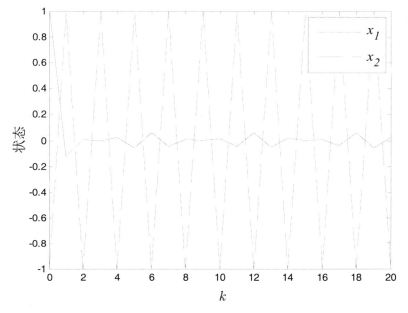

图4.1 子系统1的状态响应

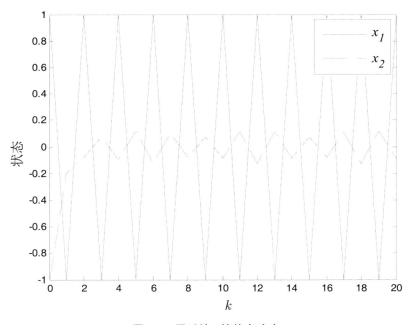

图4.2 子系统2的状态响应

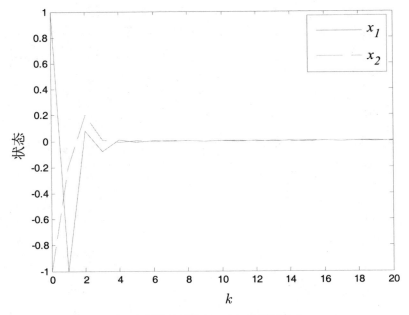

图4.3　闭环系统（4.29）的状态响应

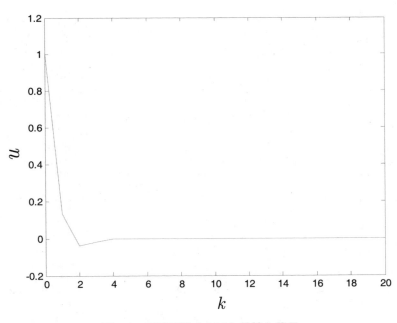

图4.4　闭环系统（4.29）的输入信号

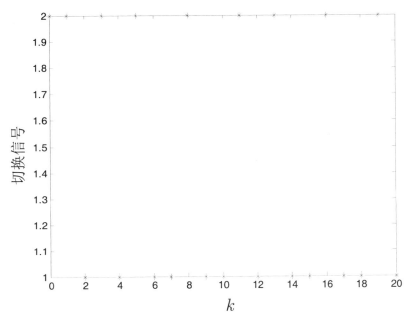

图4.5  闭环系统（4.29）的切换信号

## 4.3  具有执行器饱和的不确定离散切换系统的稳定性分析与抗饱和设计

### 4.3.1  问题描述和预备知识

我们考虑具有执行器饱和的不确定离散时间切换系统

$$x(k+1) = (A_\sigma + \Delta A_\sigma)x(k) + (B_\sigma + \Delta B_\sigma)\mathrm{sat}(u(k)), \tag{4.30}$$

$$y(k) = C_\sigma x(k), \tag{4.31}$$

其中，$k \in Z^+$，$x(k) \in R^n$ 是状态向量，$u(k) \in R^m$ 为控制输入向量，$y(k) \in R^p$ 为测量输出向量。函数 $sat : R^m \to R^m$ 是标准的向量值饱和函数：

$$sat(u) = \left[ sat(u^1), \cdots, sat(u^m) \right]^T$$

$$sat(u^j) = \mathrm{sign}(u^j)\min\left\{1, \left| u^j \right| \right\},$$

$$\forall j \in Q_m = \left\{1, \cdots, m \right\}.$$

函数 $\sigma(k)$：$Z^+ \to I_N = \{1, \cdots, N\}$ 是分段常值切换信号；$\sigma(k) = i$ 意味着第 $i$ 个子系统被激活。$A_i$，$B_i$ 和 $C_i$ 为适当维数的常数矩阵，$\Delta A_i$ 和 $\Delta B_i$ 为具有如下形式的未知矩阵：

$$[\Delta A_i, \ \Delta B_i] = T_i\Gamma(k)[F_{1i}, \ F_{2i}], \ \forall i \in I_N, \tag{4.32}$$

其中，$T_i$，$F_{1i}$，$F_{2i}$ 为给定的适当维数的常数矩阵，$\Gamma(t)$ 是一个未知时变矩阵函数，满足：

$$\Gamma^{\mathrm{T}}(k)\Gamma(k) \leqslant I. \tag{4.33}$$

对于系统（4.30）和（4.31），我们假定已经设计好了一个动态输出反馈控制器，并且在没有输入饱和的情况下镇定系统（4.30）和（4.31）满足相应的性能要求[164]，如下所示：

$$\begin{aligned}
x_c(k+1) &= A_{ci}x_c(k) + B_{ci}u_c(k), \\
v_c(k) &= C_{ci}x_c(k) + D_{ci}u_c(k), \ \forall i \in I_N.
\end{aligned} \tag{4.34}$$

其中，$x_c(k) \in \mathrm{R}^{n_c}$，$u_c(k) = y(k)$ 和 $v_c(k) = u(k)$ 分别为动态控制器的状态向量、输入向量以及输出向量。

为了弱化执行器饱和给系统带来的不利影响，采用前述相关章节中类似的策略，即增加形式为 $E_{ci}(\mathrm{sat}(v_c(k)) - v_c(k))$ 的抗饱和补偿器作为控制器动态修正项。经过修正后的动态输出反馈控制器为

$$\begin{aligned}
x_c(k+1) &= A_{ci}x_c(k) + B_{ci}u_c(k) + E_{ci}(\mathrm{sat}(v_c(k)) - v_c(k)), \\
v_c(k) &= C_{ci}x_c(k) + D_{ci}u_c(k), \ \forall i \in I_N.
\end{aligned} \tag{4.35}$$

因此，在以上动态输出反馈控制器和抗饱和补偿器作用下的闭环系统就由（4.30），（4.31）和（4.35）组成。接下来，我们定义新的状态向量

$$\zeta(k) = \begin{bmatrix} x(k) \\ x_c(k) \end{bmatrix} \in \mathrm{R}^{n+n_c}, \tag{4.36}$$

和矩阵

$$\tilde{A}_i = \begin{bmatrix} A_i + B_iD_{ci}C_i & B_iC_{ci} \\ B_{ci}C_i & A_{ci} \end{bmatrix}, \tilde{B}_i = \begin{bmatrix} B_i \\ 0 \end{bmatrix}, G = \begin{bmatrix} 0 \\ I_{n_c} \end{bmatrix},$$

$$K_i = \begin{bmatrix} D_{ci}C_i & C_{ci} \end{bmatrix}, \tilde{T}_i = \begin{bmatrix} T_i \\ 0 \end{bmatrix}, \tilde{F}_i = \begin{bmatrix} F_{1i} + F_{2i}D_{ci}C_i & F_{2i}C_{ci} \end{bmatrix}.$$

然后由（4.30），（4.31），（4.35）和（4.36），闭环系统可以进一步改写为

$$\zeta(k+1) = (\tilde{A}_i + \tilde{T}_i\Gamma(k)\tilde{F}_i)\zeta(k) - (\tilde{B}_i + GE_{ci} + \tilde{T}_i\Gamma(k)F_{2i})\psi(v_c), \forall i \in I_N. \quad（4.37）$$

其中，$v_c = K_i\zeta(k)$　$\psi(v_c) = v_c - \text{sat}(v_c)$。

本节的目的是设计一个切换律和抗饱和补偿增益 $E_{ci}$，使所得到的闭环系统（4.37）在状态空间的原点处局部渐近稳定，且尽可能使吸引域估计最大化。

### 4.3.2　稳定性条件

在本节，假设抗饱和补偿器增益矩阵 $E_{ci}$ 事先给定。然后通过利用多 Lyapunov 函数方法给出闭环切换系统（4.37）渐近稳定的充分条件。

**定理 4.3**　如果存在正定对称矩阵 $P_i \in \text{R}^{(n+n_c)\times(n+n_c)}$，矩阵 $H_i \in \text{R}^{m\times(n+n_c)}$，$E_{ci} \in R^{n_c\times m}$，正定对角矩阵 $J_i \in \text{R}^{m\times m}$，以及一组标量 $\beta_{ir} \geq 0$，$\lambda_i > 0$，使得

$$\begin{bmatrix} -P_i + \sum_{r=1,r\neq i}^N \beta_{ir}(P_r - P_i) & H_i^{\mathsf{T}}J_i & \tilde{A}_i^{\mathsf{T}}P_i & \tilde{F}_i^{\mathsf{T}} \\ * & -2J_i & \begin{matrix}-(\tilde{B}_i \\ +GE_{ci})^{\mathsf{T}}P_i\end{matrix} & -F_{2i}^{\mathsf{T}} \\ * & * & \begin{matrix}-P_i \\ +\lambda_iP_i\tilde{T}_i\tilde{T}_i^{\mathsf{T}}P_i\end{matrix} & 0 \\ * & * & * & -\lambda_iI \end{bmatrix} < 0 \quad（4.38）$$

$$\forall i, \in I_N,$$

和

$$\Omega(P_i,1)\bigcap\Phi_i \subset L(K_i, H_i), \forall i \in I_N \quad（4.39）$$

成立，那么在切换律

$$\sigma = \arg\min\left\{\zeta^T(k)P_i\zeta(k), i \in I_N\right\} \quad（4.40）$$

作用下，闭环系统（4.37）在原点是渐近稳定的，并且集合 $\bigcup_{i=1}^N(\Omega(P_i,1)\bigcap\Phi_i)$ 被包含在吸引域中。其中，$\Phi_i = \left\{\zeta(k) \in R^n : \zeta^T(k)(P_r - P_i)\zeta(k) \geq 0, \forall r \in I_N, r \neq i\right\}$。

**证明**　由条件（4.39），如果 $\forall \zeta \in \Omega(P_i,1)\bigcap\Phi_i$，那么 $\zeta \in L(K_i, H_i)$。由引理 2.5，对于 $\forall \zeta \in \Omega(P_i,1)\bigcap\Phi_i$，则 $\psi(K_i\zeta(k)) = K_i\zeta(k) - \text{sat}(K_i\zeta(k))$ 满足扇形条件（2.43）。

根据切换律（4.40），对 $\forall \zeta(k) \in \Omega(P_i,1)\bigcap\Phi_i \subset L(K_i, H_i)$，第 $i$ 个子系统激活。

然后为系统（4.37）选择Lyapunov备选函数

$$V(\zeta(k)) = V_{\sigma(k)}(\zeta(k)) = \zeta^T(k) P_{\sigma(k)} \zeta(k) . \qquad (4.41)$$

接下来我们分两种情形进行定理4.3的证明：

**情形1** 当 $\sigma(k+1) = \sigma(k) = i$，对于 $\forall \zeta(k) \in \Omega(P_i, 1) \bigcap \Phi_i \subset L(H_i)$，根据引理2.5，和条件（4.39），下列不等式成立：

$$\begin{aligned}
\Delta V(\zeta(k)) &\leqslant \Big[ (\tilde{A}_i + \tilde{T}_i \Gamma(k) \tilde{F}_i) \zeta(k) - (\tilde{B}_i + GE_{ci} + \tilde{T}_i \Gamma(k) F_{2i}) \psi(K_i \zeta(k)) \Big]^T \\
&\quad \times P_r \Big[ (\tilde{A}_i + \tilde{T}_i \Gamma(k) \tilde{F}_i) \zeta(k) - (\tilde{B}_i + GE_{ci} + \tilde{T}_i \Gamma(k) F_{2i}) \psi(K_i \zeta(k)) \Big] \\
&\quad - \zeta^T(k) P_i \zeta(k) - 2\psi^T(K_i \zeta) J_i \big[ \psi(K_i \zeta) - H_i \zeta \big]
\end{aligned}$$

**情形2** 当 $\sigma(k) = i$，$\sigma(k+1) = r, i \neq r$，对于 $\forall \zeta(k) \in \Omega(P_i, 1) \bigcap \Phi_i \subset L(K_i, H_i)$，根据切换律（4.41），得到

$$\begin{aligned}
\Delta V(\zeta(k)) &= \zeta^T(k+1) P_r \zeta(k+1) - \zeta^T(k) P_i \zeta(k) \\
&\leqslant \zeta^T(k+1) P_i \zeta(k+1) - \zeta^T(k) P_i \zeta(k) .
\end{aligned}$$

综合情形1和情形2，我们获得不等式

$$\Delta V(\zeta(k)) \leqslant \begin{bmatrix} \zeta \\ \psi \end{bmatrix}^T \begin{bmatrix} (\tilde{A}_i + \tilde{T}_i \Gamma \tilde{F}_i)^T P_i & -(\tilde{A}_i + \tilde{T}_i \Gamma \tilde{F}_i)^T P_i (\tilde{B}_i + \\ \times (\tilde{A}_i + \tilde{T}_i \Gamma \tilde{F}_i) - P_i & GE_{ci} + \tilde{T}_i \Gamma F_{2i}) + H_i^T J_i \\ & (\tilde{B}_i + GE_{ci} + \tilde{T}_i \Gamma F_{2i})^T \\ * & \times P_i (\tilde{B}_i + GE_{ci} + \tilde{T}_i \Gamma F_{2i}) \\ & -2J_i \end{bmatrix} \begin{bmatrix} \zeta \\ \psi \end{bmatrix} . \qquad (4.42)$$

然后，根据引理2.3，可得矩阵不等式（4.38）等价于

$$\begin{aligned}
&\begin{bmatrix} -P_i + \sum_{r=1, r \neq i}^{N} \beta_{ir}(P_r - P_i) H_i^T J_i & H_i^T J_i & \tilde{A}_i^T P_i \\ * & -2J_i & -(\tilde{B}_i + GE_{ci})^T P_i \\ * & * & -P_i \end{bmatrix} + \lambda_{ir} \begin{bmatrix} 0 \\ 0 \\ P_r \tilde{T}_i \end{bmatrix} \\
&\times \begin{bmatrix} 0 \\ 0 \\ P_i \tilde{T}_i \end{bmatrix}^T + \lambda_i^{-1} \begin{bmatrix} \tilde{F}_i^T \\ -F_{2i}^T \\ 0 \end{bmatrix} \begin{bmatrix} \tilde{F}_i^T \\ -F_{2i}^T \\ 0 \end{bmatrix}^T < 0.
\end{aligned}$$

因此，根据引理4.1和引理2.3，我们可以得到和上式等价的矩阵不等式

$$
\begin{bmatrix}
(\tilde{A}_i+\tilde{T}_i\Gamma\tilde{F}_i)^{\mathrm{T}}P_i(\tilde{A}_i+\tilde{T}_i\Gamma\tilde{F}_i)-P_i & \\
+\sum_{r=1,r\neq i}^{N}\beta_{ir}(P_r-P_i) & -(\tilde{A}_i+\tilde{T}_i\Gamma\tilde{F}_i)^{\mathrm{T}}P_i(\tilde{B}_i+GE_{ci}+\tilde{T}_i\Gamma F_{2i})+H_i^{\mathrm{T}}J_i \\
* & (\tilde{B}_i+GE_{ci}+\tilde{T}_i\Gamma F_{2i})^{\mathrm{T}}P_i(\tilde{B}_i+GE_{ci}+\tilde{T}_i\Gamma F_{2i})-2J_i.
\end{bmatrix}<0.
$$

根据切换律（4.40），易得

$$
\Delta V(\zeta(k))<0. \tag{4.43}
$$

因此，由多 Lyapunov 函数方法原理，对于所有初始状态 $\zeta_0\in\bigcup_{i=1}^{N}(\Omega(P_i,1)$ $\bigcap\Phi_i)$，切换系统（4.37）都是渐近稳定的。证明完成。

### 4.3.3　抗饱和设计

在本节中，我们将研究如何设计抗饱和补偿器增益，使得闭环系统（4.37）在原点是渐近稳定的，同时使得闭环系统（4.37）的吸引域估计最大化。

**定理 4.4**　如果存在对称正定矩阵 $X_i\in\mathbf{R}^{(n+n_c)\times(n+n_c)}$，矩阵 $M_i\in\mathbf{R}^{m\times(n+n_c)}$，$N_i\in\mathbf{R}^{n_c\times m}$，正定对角矩阵 $S_i\in\mathbf{R}^{m\times m}$ 以及一组标量 $\beta_{ir}\geqslant0,\lambda_i>0,\delta_{ir}>0$ 使得如下条件成立：

$$
\begin{bmatrix}
-X_i-\sum_{r=1,r\neq i}^{N}\beta_{ir}X_i & M_i^{\mathrm{T}} & X_i\tilde{A}_i^{\mathrm{T}} & X_i\tilde{F}_i^{\mathrm{T}} & X_i & X_i & X_i \\
* & -2S_i & -S_i\tilde{B}_i^{\mathrm{T}}-N_i^{\mathrm{T}}G^{\mathrm{T}} & -S_iF_{2i}^{\mathrm{T}} & 0 & 0 & 0 \\
* & * & -X_i+\lambda_{ir}\tilde{T}_i\tilde{T}_i^{\mathrm{T}} & 0 & 0 & 0 & 0 \\
* & * & * & -\lambda_iI & 0 & 0 & 0 \\
* & * & * & * & -\beta_{i1}^{-1}X_i & 0 & 0 \\
* & * & * & * & * & \ddots & 0 \\
* & * & * & * & * & * & -\beta_{iN}^{-1}X_N
\end{bmatrix}<0 \tag{4.44}
$$

以及

$$
\begin{bmatrix}
X_i+\sum_{r=1,r\neq i}^{N}\delta_{ir}X_i & X_iK_i^{jT}-M_i^{jT} & X_i & X_i & X_i \\
* & 1 & 0 & 0 & 0 \\
* & * & -\delta_{i1}^{-1}X_i & 0 & 0 \\
* & * & * & \ddots & 0 \\
* & * & * & * & -\delta_{iN}^{-1}X_N
\end{bmatrix}\geqslant0. \tag{4.45}
$$

$$
\forall(i,r)\in I_N,
$$

其中 $K_i^j$，$M_i^j$ 分别表示矩阵 $K_i$ 和 $M_i$ 的第 $j$ 行。那么在状态依赖切换律

$$\sigma(k) = \arg\min\left\{\zeta^T(k)X_i^{-1}\zeta(k), i \in I_N\right\} \qquad (4.46)$$

作用下，抗饱和补偿增益阵为 $E_{ci} = N_i S_i^{-1}$ 的闭环系统（4.37）的原点是渐近稳定的，并且集合 $\bigcup_{i=1}^N \Omega(X_i^{-1},1)\bigcap \Phi_i$ 被包含在吸引域中。

**证明** 对线性矩阵不等式（4.38）两端分别左乘和右乘矩阵

$$\begin{bmatrix} P_i^{-1} & 0 & 0 & 0 \\ * & J_i^{-1} & 0 & 0 \\ * & * & P_i^{-1} & 0 \\ * & * & * & I \end{bmatrix},$$

并且令 $X_i = P_i^{-1}$，$S_i = J_i^{-1}$，$M_i = H_i X_i$，$N_i = E_{ci} S_i$，那么进一步由引理2.3，我们可等价地得到

$$\begin{bmatrix} -X_i - \sum_{r=1,r\neq i}^N \beta_{ir}X_i & M_i^T & X_i\tilde{A}_i^T & X_i\tilde{F}_i^T & X_i & X_i & X_i \\ * & -2S_i & -S_i\tilde{B}_i^T - N_i^T G^T & -S_i F_{2i}^T & 0 & 0 & 0 \\ * & * & -X_r + \lambda_{ir}\tilde{T}_i\tilde{T}_i^T & 0 & 0 & 0 & 0 \\ * & * & * & -\lambda_{ir}I & 0 & 0 & 0 \\ * & * & * & * & -\beta_{i1}^{-1}X_i & 0 & 0 \\ * & * & * & * & * & \ddots & 0 \\ * & * & * & * & * & * & -\beta_{iN}^{-1}X_N \end{bmatrix} < 0.$$

上式其实就是定理4.4中的举证不等式（4.44）。

对不等式（4.45）使用相似的方法，我们也可以等价地获得

$$\begin{bmatrix} 1 & K_i^j - H_i^j \\ * & P_i - \sum_{r=1,r\neq i}^N \delta_{ir}(P_r - P_i) \end{bmatrix} \geqslant 0. \qquad (4.47)$$

其中 $K_i^j$，$H_i^j$ 分别表示矩阵 $K_i$ 和 $H_i$ 的第 $j$ 行. 那么根据前述相关章节中类似的结论，易知集合关系式 $\Omega(P_i,1)\bigcap\Phi_i \subset L(H_i)$ 可由矩阵不等式（4.47）表述。又由于 $P_i = X_i^{-1}$，即切换律（4.46）与定理4.3中的（4.40）完全。因此，定理4.4得证。

在本节，我们的目标是设计使闭环系统（4.37）吸引域估计最大化的抗饱和补偿器。因此，采用前述章节中类似的方法，我们首先令 $X_R \subset R^{n+n_c}$ 为一个包含

原点的有界凸集，对于一个包含原点的集合 $\Xi \subset R^{n+n_c}$，给出定义[161]：

$$\alpha_R(\Xi) := \sup\{\alpha > 0 : \alpha X_R \subset \Xi\}.$$

然后，我们选择 $X_R$ 作为椭球体，定义如下：

$$X_R = \{\zeta \in R^{n+n_c} : \zeta^T R \zeta \leq 1, R > 0\}$$

因此，使集合 $\bigcup_{i=1}^N (\Omega(X_i^{-1}, 1) \bigcap \Phi_i)$ 最大化问题可以描述为约束优化问题

$$
\begin{aligned}
&\sup_{X_i, M_i, N_i, S_i, \lambda_{ir}} \alpha, \\
&\text{s.t.} (a)\, \alpha X_R \subset \Omega(X_i^{-1}, 1), \forall i \in I_N, \\
&\quad\quad (b)\, \text{inequality } (4.44), \forall (i, r) \in I_N, \\
&\quad\quad (c)\, \text{inequality } (4.45), \forall i \in I_N, j \in Q_m.
\end{aligned}
\tag{4.48}
$$

与前述章节类似，这里（a）式等价于

$$
\begin{bmatrix} \dfrac{1}{\alpha^2} R & I \\ I & X_i \end{bmatrix} \geq 0, \forall i \in I_N.
\tag{4.49}
$$

令 $\gamma = \dfrac{1}{\alpha^2}$。那么，则优化问题（4.48）可转化为优化问题

$$
\begin{aligned}
&\inf_{X_i, M_i, N_i, S_i, \beta_{ir}, \delta_{ir}, \lambda_{ir}} \gamma, \\
&\text{s.t.} (a) \begin{bmatrix} \gamma R & I \\ I & X_i \end{bmatrix} \geq 0, \forall i \in I_N, \\
&\quad\quad (b)\, \text{inequality } (4.44), \forall (i, r) \in I_N, \\
&\quad\quad (c)\, \text{inequality } (4.45), \forall i \in I_N, j \in Q_m.
\end{aligned}
\tag{4.50}
$$

### 4.3.4　数值例子

考虑例子

$$x(k+1) = (A_i + \Delta A_i)x(k) + (B_i + \Delta B_i)\text{sat}(v_c(k)), \tag{4.51}$$

$$y(k) = C_i x(k) \tag{4.52}$$

以及具有抗饱和补偿项的动态控制器

$$x_c(k+1) = A_{ci}x_c(k) + B_{ci}C_i x(k) + E_{ci}(\text{sat}(v_c(k)) - v_c(k)), \tag{4.53}$$

$$v_c(k) = C_{ci}x_c(k) + D_{ci}C_ix(k).\qquad(4.54)$$

其中 $\sigma(k) \in I_2 = \{1, 2\}$,

$$A_1 = \begin{bmatrix} -0.2 & 0 \\ 1.9 & 1 \end{bmatrix}, A_2 = \begin{bmatrix} 1.1 & -0.1 \\ 0 & -0.3 \end{bmatrix}, B_1 = \begin{bmatrix} 0.1 \\ -0.5 \end{bmatrix}, B_2 = \begin{bmatrix} -0.1 \\ -0.5 \end{bmatrix},$$

$$C_1 = \begin{bmatrix} 0.1 \\ 0.16 \end{bmatrix}^T, C_2 = \begin{bmatrix} -0.15 \\ 0.1 \end{bmatrix}^T, A_{c1} = \begin{bmatrix} -0.5 & 0.3 \\ -0.2 & 0.5 \end{bmatrix}, A_{c2} = \begin{bmatrix} -0.3 & -0.1 \\ -0.1 & -0.4 \end{bmatrix},$$

$$B_{c1} = \begin{bmatrix} 0.4 \\ 0.3 \end{bmatrix}, B_{c2} = \begin{bmatrix} 0.5 \\ -2 \end{bmatrix}, C_{c1} = \begin{bmatrix} -0.7 \\ 0.5 \end{bmatrix}^T, C_{c2} = \begin{bmatrix} 0.4 \\ 0.2 \end{bmatrix}^T,$$

$$D_{c1} = 24, D_{c2} = 2.35, x_c(0) = \begin{bmatrix} -1 \\ 1 \end{bmatrix}, x(0) = \begin{bmatrix} 1 \\ 1 \end{bmatrix}.$$

并且，不确定项 $[\Delta A_i,\ \Delta B_i] = T_i\Gamma(k)[F_{1i},\ F_{2i}]$ 中各参数阵为

$$T_1 = T_2 = \begin{bmatrix} 0.1 \\ 0.1 \end{bmatrix}, F_{11} = F_{12} = \begin{bmatrix} 0.1 \\ 0.1 \end{bmatrix}^T,$$

$$F_{21} = 0.6, F_{22} = 0.1, \Gamma(k) = \sin(k).$$

然后，令 $R = \begin{bmatrix} 1 & 0 & 0 & 0 \\ 0 & 1 & 0 & 0 \\ 0 & 0 & 1 & 0 \\ 0 & 0 & 0 & 1 \end{bmatrix}$，$\beta_1 = \beta_2 = \delta_1 = \delta_2 = 10$。我们解优化问题（4.50），

可得最优解

$$\gamma = 0.1271, E_{c1} = \begin{bmatrix} -0.3897 \\ 1.4833 \end{bmatrix}, E_{c2} = \begin{bmatrix} -1.6822 \\ -1.0739 \end{bmatrix}.$$

输入信号如图 4.6 所示，这表明尽管执行器在一开始确实处于饱和情形，但是最终抗饱和补偿器使得执行器脱离了饱和的情形，进而使系统的性能尽可能地向好的方向发展。另一方面，值得注意的是，如果我们令 $E_{c1} = E_{c2} = 0$，那么最优解变为 $\gamma = 33.9107$。这表明抗饱和补偿增益可以使系统的吸引域估计扩大。

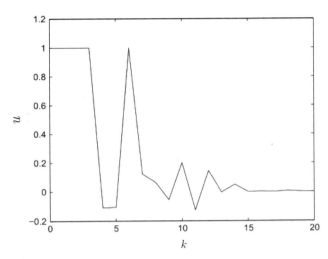

图4.6 系统（4.51）至（4.54）的输入信号

# 4.4 小结

本章利用多 Lyapunov 函数方法研究了带有执行器饱和的离散时间切换系统的稳定性分析与设计问题。首先，研究了一类具有执行器饱和的不确定离散线性切换系统的稳定性分析和鲁棒镇定问题。给出了系统渐近稳定的充分条件，提出了使系统鲁棒镇定的控制器的设计方法。通过求解一个带有线性矩阵不等式约束的凸优化问题，得到的状态反馈控制器不但使得闭环系统镇定，而且还可以使得闭环系统具有尽可能大的吸引域估计。然后，研究了一类具有执行器饱和的不确定离散时间切换系统的稳定性分析与抗饱和设计问题。设计了抗饱和补偿器和切换定律，提出了使得闭环系统的吸引域最大化的抗饱和补偿器增益和切换律设计方法。

# 5 具有执行器饱和的时滞离散切换系统的 $L_2$-增益分析与控制综合

## 5.1 引言

在许多实际工程系统中，时滞现象是普遍存在的，如化学反应过程、电力系统、气体的长管道输送、通信系统等均存在时滞。另一方面，在对实际系统建模的过程中，外部干扰总是不可避免的。而时滞和干扰的同时存在往往使得系统的分析与综合变得更加复杂和困难，同时它们常被认为是破坏系统稳定性和降低系统性能的主要根源。因此，近年来，人们对带有干扰的时滞离散切换系统进行了广泛的研究，并已取得不少成果。这些成果大体上可分为两类：一类是与时滞大小无关的结果，如文献［198］研究了一类具有不确定的时滞线性离散切换系统的 $H_\infty$ 控制问题，利用多 Lyapunov 函数的方法，用线性矩阵不等式给出了系统具有 $H_\infty$ 性能界的充分条件，同时还给出了控制器的设计方法；文［199］利用平均驻留时间方法研究一类时滞离散切换系统的 $H_\infty$ 控制问题，给出了时间依赖的切换律和鲁棒镇定控制器的设计方法；文献［200］针对一类具有不确定的时滞离散切换系统，利用切换 Lyapunov 函数的方法，设计了动态输出反馈控制器，给出了系统 $L_2$- 增益存在的充分条件。另一类是与时滞大小有关的结果，如文献［201］，基于时滞依赖的切换 Lyapunov–Krasovskii 泛函方法并结合 Finsler 引理，研究了一类具有不确定的时滞离散切换系统的鲁棒 $H_\infty$ 动态输出反馈控制器的设计问题；文献［202］利用多 Lyapunov 函数方法，研究一类具有时变时滞的线性离散切换系统的鲁棒 $H_\infty$ 控制问题；文献［203］研究了一类具有时变时滞的线性离散切换系统基于观测器的 $H_\infty$ 控制问题。上述的研究成果都没有考虑执行器饱和对系统的影响，随着对离散切换系统研究的不断深入，有必要对具有执行器饱和的时滞离散切换系统的控制问题进行研究。

　　本章利用多 Lyapunov 函数方法研究了一类具有执行器饱和的不确定时滞离散线性切换系统的 $L_2-$ 增益分析和综合问题。首先，在控制器事先给定的前提下，建立了保证系统在外部干扰作用下状态轨迹有界的充分条件。然后，通过求解一个受限优化问题获得最大容许干扰水平。接着给出了在容许干扰集合内的受限 $L_2-$ 增益存在的充分条件。受限 $L_2-$ 增益的最小上界也可通过解一个受限优化问题获得。最后，当状态反馈控制器的增益矩阵可作为额外的优化变量时，上述所有的优化问题可方便地适用于控制器设计问题之中。

　　下面给出本章中要用到的符号。

　　对于给定的 $\tau \in Z^+$，$C_{n,\tau} = \{\varphi : \{-\tau, 0\} \to R^n\}$ 表示从 $\{-\tau, 0\}$ 映射到 $R^n$ 上的连续向量函数的 Banach 空间。定义 $x_k \in C_{n,\tau}$，$x_k(h) = x(k+h)$，$\forall h \in \{-\tau, 0\}$。

# 5.2　问题描述与预备知识

　　考虑具有执行器饱和和外部干扰的不确定时滞离散线性切换系统

$$
\begin{cases}
x(k+1) = (A_\sigma + \Delta A_\sigma)x(k) + (A_{d\sigma} + \Delta A_{d\sigma})x(k-\ ) \\
\qquad\qquad + (B_\sigma + \Delta B_\sigma)\mathrm{sat}(u(k)) + E_\sigma w(k), \\
z(k)\quad C\ x(k), \\
{}_0 = \ \in\ ,
\end{cases}
\tag{5.1}
$$

其中，$k \in Z = \{0, 1, 2, \ \}$，$x(k) \in R^n$ 是系统的状态，$u(k) \in R^m$ 为控制输入，$z(k) \in R^p$ 表示被控输出，$w(k) \in R^q$ 为外部干扰输入。$\tau$ 为有界常值时滞，且为非负整数，$\varphi$ 表示向量值初始函数。对系统（5.1）而言，其干扰抑制能力可用 $L_2-$ 增益来表示，然而非常大的外部干扰可导致系统的状态无界。为此，规定

$$
W_\beta^2 := \left\{ w : R_+ \to R^q, \sum_{k=0}^{\infty} w^{\mathrm{T}}(k)w(k) \le \beta \right\},
\tag{5.2}
$$

其中，$\beta$ 为一个正数，它反映了系统的容许干扰能力。$\sigma$ 是在 $I_N = \{1, \cdots, N\}$ 中取值的待设计的切换信号，$\sigma = i$ 意味着第 $i$ 个子系统被激活。$A_i$，$A_{di}$，$B_i$，$E_i$ 和 $C_i$ 为适当维数的常数矩阵，$\Delta A_i$，$\Delta A_{di}$，$\Delta B_i$ 是满足如下条件的不确定项：

$$
[\Delta A_i \ \Delta A_{di} \ \Delta B_i] = T_i\Gamma(k)[F_{1i} \ F_{di} \ F_{2i}], i \in I_N,
\tag{5.3}
$$

其中，$T_i$，$F_{1i}$，$F_{di}$ 和 $F_{2i}$ 为具有适当维数的已知常数矩阵，$\Gamma(k)$ 为未知的时变的矩阵函数，且满足

$$\Gamma^{\mathrm{T}}(k)\Gamma(k) \leqslant I. \tag{5.4}$$

假定对系统（5.1）采用状态反馈控制律

$$u(k) = F_i x(k), i \in I_N, \tag{5.5}$$

则在控制律（5.5）的作用下，系统（5.1）的闭环系统为

$$\begin{cases} x(k+1) = (A_i + \Delta A_i)x(k) + (A_{di} + \Delta A_{di})x(k-\tau) \\ \qquad\qquad + (B_i + \Delta B_i)\mathrm{sat}(F_i x(k)) + E_i w(k), \\ z(k) = C_i x(k), \\ x_0 = \varphi \in \mathcal{C}_{n,\tau}, i \in I_N. \end{cases} \tag{5.6}$$

**定义 5.1**[165, 187]　给定 $\gamma > 0$，如果存在切换律 $\sigma$，对满足所有非零 $w(k) \in W_\beta^2$ 和初始状态　　　，使得不等式

$$\sum_{k=0}^{\infty} z^{\mathrm{T}}(k)z(k) < \gamma^2 \sum_{k=0}^{\infty} w^{\mathrm{T}}(k)w(k), \tag{5.7}$$

成立，则系统（5.6）称为具有从干扰输入 $w$ 到控制输出 $z$ 小于 $\gamma$ 的受限 $L_2$-增益。

# 5.3　容许干扰

在本节，在假设状态反馈控制律 $u_i = F_i x$ 已知的前提下，利用多 Lyapunov 函数方法给出了确保在外部干扰作用下闭环系统（5.6）的状态轨迹有界的充分条件，然后给出算法估计闭环系统（5.6）的容许干扰能力。其目的是在接下来的两节中研究 $L_2$-增益分析和控制综合问题。

**定理 5.1**　如果存在正定矩阵 $P_i$、$G$，矩阵 $H_i$ 以及非负实数 $\beta_{ir}$，使得下列矩阵不等式成立：

$$\begin{bmatrix} \Lambda_{is11} & \Lambda_{is12} & \Lambda_{is13} \\ * & \Lambda_{i22} & \Lambda_{i23} \\ * & * & \Lambda_{i33} \end{bmatrix} < 0, \tag{5.8}$$

$$i \in I_N, s \in Q.$$

其中，

$$\Lambda_{is11} = [(A_i + \Delta A_i) + (B_i + \Delta B_i)(D_s F_i + D_s^- H_i)]^{\mathrm{T}}$$
$$\times P_i[(A_i + \Delta A_i) + (B_i + \Delta B_i)(D_s F_i$$
$$+ D_s^- H_i)] - P_i + G + \sum_{r=1, r \neq i}^{N} \beta_{ir}(P_r - P_i),$$

$$\Lambda_{is12} = [(A_i + \Delta A_i) + (B_i + \Delta B_i)(D_s F_i$$
$$+ D_s^- H_i)]^{\mathrm{T}} P_i(A_{di} + \Delta A_{di}),$$

$$\Lambda_{is13} = [(A_i + \Delta A_i) + (B_i + \Delta B_i)(D_s F_i + D_s^- H_i)]^{\mathrm{T}} P_i E_i,$$

$$\Lambda_{i22} = (A_{di} + \Delta A_{di})^{\mathrm{T}} P_i(A_{di} + \Delta A_{di}) - G,$$

$$\Lambda_{i23} = (A_{di} + \Delta A_{di})^{\mathrm{T}} P_i E_i, \quad \Lambda_{i33} = E_i^{\mathrm{T}} P_i E_i - I,$$

并且有

$$\Omega(P_i, \beta) \bigcap \Phi_i \subset L(H_i), i \in I_N, \tag{5.9}$$

其中，$\Phi_i = \{x \in \mathrm{R}^n : x^{\mathrm{T}}(P_r - P_i)x \geq 0, \forall r \in I_N, r \neq i\}$，那么，对于 $\forall w \in W_\beta^2$，具有零初始条件（$x_0 = \varphi = 0$）的闭环系统（5.7）的状态轨迹始终保持在集合 $\bigcup_{i=1}^{N}(\Omega(P_i, \beta) \bigcap \Phi_i)$ 内，相应的切换律由下式决定：

$$\sigma = \arg \min\{x^{\mathrm{T}} P_i x, i \in I_N\}. \tag{5.10}$$

**证明** 由引理 2.2，对任意 $x \in \Omega(P_i, \beta) \bigcap \Phi_i \subset L(H_i)$，可得

$$\mathrm{sat}(F_i x(k)) \in \mathrm{co}\{D_s F_i x(k) + D_s^- H_i x(k), s \in Q\}.$$

所以有

$$(A_i + \Delta A_i)x(k) + (A_{di} + \Delta A_{di})x(k-\tau) + (B_i + \Delta B_i)\mathrm{sat}(F_i x(k)) \in$$
$$\mathrm{co}\{(A_i + \Delta A_i)x(k) + (A_{di} + \Delta A_{di})x(k-\tau) + (B_i + \Delta B_i)(D_s F_i + D_s^- H_i)x(k), s \in Q\}.$$

根据切换律（5.10），可知第 $i$ 个子系统在区域 $\Omega(P_i, \beta) \bigcap \Phi_i$ 内被激活。为系统（5.6）选取 Lyapunov 泛函

$$V(x_k) = V_\sigma(x_k) = x^{\mathrm{T}}(k) P_\sigma x(k) + \sum_{l=k-\tau}^{k-1} x^{\mathrm{T}}(l) G x(l). \tag{5.11}$$

然后，我们考虑如下两种情况计算函数 $V(x_k)$ 沿着系统（5.6）的轨线的差分

**情形 1** 当 $\sigma(k+1) = \sigma(k) = i$ 时，对于 $\forall x(k) \in \Omega(P_i, \beta) \bigcap \Phi_i \subset L(H_i)$，有

$$\Delta V(x_k) = V_i(x_{k+1}) - V_i(x_k)$$

$$= x^{\mathrm{T}}(k+1)P_i x(k+1) + \sum_{l=k+1-\tau}^{k} x^{\mathrm{T}}(l)Gx(l)$$

$$- x^{\mathrm{T}}(k)P_i x(k) - \sum_{l=k-\tau}^{k-1} x^{\mathrm{T}}(l)Gx(l)$$

$$\leq \max_{s \in Q} x^{\mathrm{T}}(k)[(A_i + \Delta A_i) + (B_i + \Delta B_i)(D_s F_i + D_s^- H_i)]^{\mathrm{T}} P_i[(A_i + \Delta A_i)$$

$$+ (B_i + \Delta B_i)(D_s F_i + D_s^- H_i)]x(k) - x^{\mathrm{T}}(k)P_i x(k) + x^{\mathrm{T}}(k)Gx(k)$$

$$+ 2x^{\mathrm{T}}(k)[(A_i + \Delta A_i) + (B_i + \Delta B_i)(D_s F_i + D_s^- H_i)]^{\mathrm{T}} P_i(A_{di} + \Delta A_{di})x(k-\tau)$$

$$+ 2x^{\mathrm{T}}(k)[(A_i + \Delta A_i) + (B_i + \Delta B_i)(D_s F_i + D_s^- H_i)]^{\mathrm{T}} P_i E_i w(k)$$

$$+ x^{\mathrm{T}}(k-\tau)(A_{di} + \Delta A_{di})^{\mathrm{T}} P_i(A_{di} + \Delta A_{di})x(k-\tau) - x^{\mathrm{T}}(k-\tau)Gx(k-\tau)$$

$$+ 2x^{\mathrm{T}}(k-\tau)(A_{di} + \Delta A_{di})^{\mathrm{T}} P_i E_i w(k) + w^{\mathrm{T}}(k)E_i^{\mathrm{T}} P_i E_i w(k).$$

对式（5.9）两端分别左乘

$$\begin{bmatrix} x(k) \\ x(k-\tau) \\ w(k) \end{bmatrix}^{\mathrm{T}}$$

和右乘

$$\begin{bmatrix} x(k) \\ x(k-\tau) \\ w(k) \end{bmatrix},$$

我们得到

$$\Delta V(x_k) < w^{\mathrm{T}}(k)w(k) - \sum_{r=1, r \neq i}^{N} \beta_{ir} x^{\mathrm{T}}(k)(P_r - P_i)x(k).$$

根据切换律（5.10），可知

$$\sum_{r=1, r \neq i}^{N} \beta_{ir} x^{\mathrm{T}}(k)(P_r - P_i)x(k) \geq 0.$$

所以有

$$\Delta V(x_k) < w^{\mathrm{T}}(k)w(k). \tag{5.12}$$

**情形2** 当$\sigma(k) = i$，$\sigma(k+1) = r$且$i \neq r$时，对于$\forall x(k) \in \Omega(P_i, \beta) \bigcap \Phi_i \subset L(H_i)$，由切换律（5.10）可知

$$\begin{aligned}
\Delta V(x_k) &= V_r(x_{k+1}) - V_i(x_k) \\
&\leqslant V_i(x_{k+1}) - V_i(x_k) \\
&< w^T(k)w(k) - \sum_{r=1,\,r\neq i}^{N} \beta_{ir} x^T(k)(P_r - P_i)x(k).
\end{aligned}$$

再次由切换律（5.10），可知

$$\sum_{r=1,\,r\neq i}^{N} \beta_{ir} x^T(k)(P_r - P_i)x(k) \geqslant 0,$$

因而有

$$\Delta V(x_k) < w^T(k)w(k). \tag{5.13}$$

进一步，考虑 $V(x)$ 作为闭环系统（5.6）的 Lyapunov 泛函并且结合式（5.12）和（5.13），可得

$$\Delta V(x_k) = V(x_{k+1}) - V(x_k) < w^T(k)w(k), \forall x(k) \in \bigcup_{i=1}^{N}(\Omega(P_i, \beta) \bigcap \Phi_i). \tag{5.14}$$

所以有下式成立：

$$\sum_{t=0}^{k} \Delta V(x_t) < \sum_{t=0}^{k} w^T(t)w(t),$$

进而我们可以计算出

$$V(x_{k+1}) < V(x_0) + \sum_{t=0}^{k} w^T(t)w(t), \forall k \geqslant 0.$$

又由于 $x_0 = \varphi = 0$，$\sum_{k=0}^{\infty} w^T(k)w(k) \leqslant \beta$，显而易见有

$$V(x_{k+1}) < \beta. \tag{5.15}$$

显然，不等式（5.15）表示具有零初始条件（$x_0 = \varphi = 0$）的闭环系统（5.6）的状态轨迹仍将停留在集合 $\bigcup_{i=1}^{N}(\Omega(P_i, \beta) \bigcap \Phi_i)$ 内。证毕。

根据定理 5.1 给出的结论，我们很容易知道，在研究闭环系统的受限 $L_2$– 增益问题之前，应该首先估计系统的容许干扰的能力。显然，标量 $\beta$ 的大小能够反映容许干扰的能力，即 $\beta$ 越大系统能容许干扰的能力越好。因此，根据定理 5.1，确定闭环系统（5.6）最大容许干扰水平 $\beta^*$ 可通过解如下优化问题获得

$$\sup_{P_i, G, H_i, \beta_{ir}} \beta,$$

$$\text{s.t.} (a) \text{ inequality } (5.8), i \in I_N, s \in Q, \qquad (5.16)$$

$$(b) \Omega(P_i, \beta) \bigcap \Phi_i \subset L(H_i), i \in I_N.$$

但是，注意到上面优化问题的约束条件不是线性矩阵不等式，上面的优化问题不易直接求解，因此我们需要将上面的优化问题做如下处理。

通过利用引理 2.3 和引理 4.1，易知如果下式成立，则不等式（5.8）成立。

$$\begin{bmatrix} -P_i + G + \sum_{r=1, r\neq i}^{N} \beta_{ir}(P_r - P_i) & * & * & * & * \\ 0 & -G & * & * & * \\ 0 & 0 & -I & * & * \\ P_i[A_i + B_i(D_s F_i + D_s^- H_i)] & P_i A_{di} & P_i E_i & -P_i + \lambda_i P_i T_i T_i^T P_i & * \\ F_{1i} + F_{2i}(D_s F_i + D_s^- H_i) & F_{di} & 0 & 0 & -\lambda_i I \end{bmatrix} < 0. \quad (5.17)$$

其中，$\lambda_i > 0$，$i \in I_N$。

然后，对式（5.17）两端分别左乘和右乘对角矩阵 $\{P_i^{-1}, G^{-1}, I, P_i^{-1}, I\}$ 并且令 $P_i^{-1} = X_i$，$G^{-1} = J$，$H_i X_i = N_i$，我们得到

$$\begin{bmatrix} -X_i + X_i G X_i + \sum_{r=1, r\neq i}^{N} \beta_{ir}(X_i P_r X_i - X_i) & * & * & * & * \\ 0 & -J & * & * & * \\ 0 & 0 & -I & * & * \\ A_i X_i + B_i(D_s F_i X_i + D_s^- N_i) & A_{di} J & E_i & \begin{array}{c} -X_i \\ +\lambda_i T_i T_i^T \end{array} & * \\ F_{1i} X_i + F_{2i}(D_s F_i X_i + D_s^- N_i) & F_{di} J & 0 & 0 & -\lambda_i I \end{bmatrix} < 0. \quad (5.18)$$

根据引理 2.3，式（5.18）等价于

$$\begin{bmatrix} \nabla_{is11} & * \\ \nabla_{is21} & \nabla_{i22} \end{bmatrix} < 0, \qquad (5.19)$$

其中，

$$\nabla_{is11} = \begin{bmatrix} -X_i - \sum_{r=1, r\neq i}^{N} \beta_{ir} X_i & * & * & * \\ 0 & -J & * & * \\ 0 & 0 & -I & * \\ A_i X_i + B_i(D_s F_i X_i + D_s^- N_i) & A_{di} J & E_i & -X_i + \lambda_i T_i T_i^T \end{bmatrix},$$

$$\nabla_{is21} = \begin{bmatrix} F_{1i}X_i + F_{2i}(D_sF_iX_i + D_s^- N_i) & F_{di}J & 0 & 0 \\ X_i & 0 & 0 & 0 \\ X_i & 0 & 0 & 0 \\ X_i & 0 & 0 & 0 \\ X_i & 0 & 0 & 0 \end{bmatrix},$$

$$\nabla_{i22} = \begin{bmatrix} -\lambda_i I & * & * & * & * \\ 0 & -J & * & * & * \\ 0 & 0 & -\beta_{i1}^{-1}X_1 & * & * \\ 0 & 0 & 0 & \ddots & * \\ 0 & 0 & 0 & 0 & -\beta_{iN}^{-1}X_N \end{bmatrix}.$$

然后，我们将说明约束条件 $\Omega(P_i, \beta) \bigcap \Phi_i \subset L(H_i)$ 可转化为

$$\begin{bmatrix} \varepsilon & H_i^j \\ * & P_i - \sum_{r=1, r\neq i}^{N} \delta_{ir}(P_r - P_i) \end{bmatrix} \geqslant 0, \tag{5.20}$$

其中，$\varepsilon = \beta^{-1}$，$H_i^j$ 表示矩阵 $H_i$ 的第 $j$ 行，$\delta_{ir} > 0$，$P_i - \sum_{r=1, r\neq i}^{N} \delta_{ir}(P_r - P_i) > 0$。

令 $G_i = P_i - \sum_{r=1, r\neq i}^{N} \delta_{ir}(P_r - P_i)$。因而 $\forall x(k) \in \Omega(P_i, \beta) \bigcap \Phi_i$，显然可得

$$x^{\mathrm{T}}(k)P_i x(k) \leqslant \beta = \varepsilon^{-1}$$

和

$$\sum_{r=1, r\neq i}^{N} \delta_{ir} x^{\mathrm{T}}(k)(P_r - P_i)x(k) \geqslant 0.$$

所以根据以上两式，有

$$x^{\mathrm{T}}(k)G_i x(k) = x^{\mathrm{T}}(k)P_i x(k) - \sum_{r=1, r\neq i}^{N} \delta_{ir} x^{\mathrm{T}}(k)(P_r - P_i)x(k) \leqslant x^{\mathrm{T}}(k)P_i x(k) \leqslant \varepsilon^{-1}. \tag{5.21}$$

对于不等式（5.20）应用引理 2.3，可得

$$H_i^j G_i^{-1} H_i^{j\mathrm{T}} \leqslant \varepsilon. \tag{5.22}$$

根据引理 2.4 并且结合式（5.21）与（5.22），可知下式成立：

$$2x^{\mathrm{T}}(k)H_i^{j\mathrm{T}} \leqslant \varepsilon x^{\mathrm{T}}(k)G_i x(k) + \varepsilon^{-1}H_i^j G_i^{-1} H_i^{j\mathrm{T}} \leqslant 2. \tag{5.23}$$

式（5.23）表明，如果 $\forall x(k) \in \Omega(P_i, \beta) \bigcap \Phi_i$，那么 $x(k) \in L(H_i)$。因此，约束条件 $\Omega(P_i, \beta) \bigcap \Phi_i \subset L(H_i)$ 可转化为由式（5.20）表达。

对式（5.20）采用类似于从式（5.18）到式（5.20）的处理过程，可得

$$
\begin{bmatrix}
X_i + \sum_{r=1, r\neq i}^{N} \delta_{ir} X_i & * & * & * & * \\
N_i^j & \varepsilon & * & * & * \\
X_i & 0 & \delta_{i1}^{-1} X_1 & * & * \\
X_i & 0 & 0 & \ddots & * \\
X_i & 0 & 0 & 0 & \delta_{iN}^{-1} X_N
\end{bmatrix} \geq 0.
\tag{5.24}
$$

其中，$N_i^j$ 表示矩阵 $N_i$ 的第 $j$ 行。

所以，如果给定标量 $\beta_{ir}$，$\delta_{ir}$，那么优化问题（5.16）可转化为如下带有线性矩阵不等式约束的凸优化问题

$$
\begin{aligned}
&\inf_{X_i, J, N_i, \beta_{ir}, \lambda_i, \delta_{ir}} \varepsilon, \\
&\text{s.t. } (a) \text{ inequality } (5.19), i \in I_N, s \in Q, \\
&\qquad (b) \text{ inequality } (5.24), i \in I_N, j \in Q_m.
\end{aligned}
\tag{5.25}
$$

**注 5.1** 如果外部干扰 $w = 0$，则闭环系统（5.6）的原点是渐近稳定的，并且集合 $\bigcup_{i=1}^{N} \left( \Psi(P_i, G, \beta) \bigcap \Phi_i \right)$ 被包含在吸引域之中，其中 $\Psi(P_i, G, \beta) = \{\varphi \in C_{n,\tau} : \varphi^T(0) P_i \times \varphi(0) + \sum_{h=-\tau}^{-1} \varphi^T(h) G \varphi(h) \leq \beta \}$。

# 5.4 $L_2$-增益分析

在这一部分，利用多 Lyapunov 函数方法，研究闭环系统（5.6）的受限 $L_2$-增益问题。前提是假设状态反馈控制律 $u_i = F_i x$ 已知且根据上节给出的算法已经计算出了系统的容许干扰最大值 $\beta^*$。然后通过解一个带有线性矩阵不等式约束的凸优化问题获得受限 $L_2-$ 增益的最小上界。

**定理 5.2** 考虑闭环系统（5.6），对给定常数 $\beta \in (0, \beta^*]$ 和 $\gamma > 0$，如果存在 $N$ 个正定矩阵 $P$、$G$，矩阵 $H_i$ 以及一组非负实数 $\beta_{ir}$，满足矩阵不等式组

$$\begin{bmatrix} \Upsilon_{is11} & \Upsilon_{is12} & \Upsilon_{is13} \\ * & \Upsilon_{i22} & \Upsilon_{i23} \\ * & * & \Upsilon_{i33} \end{bmatrix} < 0.$$

$$i \in I_N, \ s \in Q,$$

其中，

$$\Upsilon_{is11} = [(A_i + \Delta A_i) + (B_i + \Delta B_i)(D_s F_i + D_s^- H_i)]^{\mathrm{T}}$$
$$\times P_i [(A_i + \Delta A_i) + (B_i + \Delta B_i)(D_s F_i + D_s^- H_i)]$$
$$- P_i + G + \gamma^{-2} C_i^{\mathrm{T}} C_i + \sum_{r=1, r \neq i}^{N} \beta_{ir}(P_r - P_i),$$

$$\Upsilon_{is12} = [(A_i + \Delta A_i) + (B_i + \Delta B_i)(D_s F_i + D_s^- H_i)]^{\mathrm{T}} P_i (A_{di} + \Delta A_{di}),$$

$$\Upsilon_{is13} = [(A_i + \Delta A_i) + (B_i + \Delta B_i)(D_s F_i + D_s^- H_i)]^{\mathrm{T}} P_i E_i,$$

$$\Upsilon_{i22} = (A_{di} + \Delta A_{di})^{\mathrm{T}} P_i (A_{di} + \Delta A_{di}) - G,$$

$$\Upsilon_{i23} = (A_{di} + \Delta A_{di})^{\mathrm{T}} P_i E_i, \ \Upsilon_{i33} = E_i^{\mathrm{T}} P_i E_i - I,$$

且满足

$$\Omega(P_i, \beta) \bigcap \Phi_i \subset L(H_i), \tag{5.27}$$

其中，$\Phi_i = \left\{ x \in \mathrm{R}^n : x^{\mathrm{T}}(P_r - P_i) x \geq 0, \forall r \in I_N, r \neq i \right\}$。则在如式

$$\sigma = \arg\min \left\{ x^{\mathrm{T}} P_i x, i \in I_N \right\}, \tag{5.28}$$

所设计的切换律作用下，对所有的 $w \in W_\beta^2$，闭环系统（5.6）从 $w$ 到 $z$ 的受限 $L_2-$ 增益小于 $\gamma$。

**证明** 与定理 5.1 类似，定义下面的函数作为系统（5.6）Lyapunov 泛函：

$$V(x_k) = V_\sigma(x_k) = x^{\mathrm{T}}(k) P_\sigma x(k) + \sum_{l=k-\tau}^{k-1} x^{\mathrm{T}}(l) G x(l). \tag{5.29}$$

同样的，我们分如下两种情形计算 Lyapunov 泛函（5.29）沿着系统（5.6）的轨线的差分。

**情形 1** 当 $\sigma(k+1) = \sigma(k) = i$ 时，对于 $\forall x(k) \in \Omega(P_i, \beta) \bigcap \Phi_i \subset L(H_i)$，我们可得

$$\Delta V(x_k) = V_i(x_{k+1}) - V_i(x_k)$$

$$= x^{\mathrm{T}}(k+1)P_i x(k+1) + \sum_{l=k+1-\tau}^{k} x^{\mathrm{T}}(l)Gx(l) - x^{\mathrm{T}}(k)P_i x(k) - \sum_{l=k-\tau}^{k-1} x^{\mathrm{T}}(l)Gx(l)$$

$$\leq \max_{s \in Q} x^{\mathrm{T}}(k)[(A_i + \Delta A_i) + (B_i + \Delta B_i)(D_s F_i + D_s^- H_i)]^{\mathrm{T}} P_i[(A_i + \Delta A_i)$$

$$+ (B_i + \Delta B_i)(D_s F_i + D_s^- H_i)]x(k) - x^{\mathrm{T}}(k)P_i x(k) + x^{\mathrm{T}}(k)Gx(k)$$

$$+ 2x^{\mathrm{T}}(k)[(A_i + \Delta A_i) + (B_i + \Delta B_i)(D_s F_i + D_s^- H_i)]^{\mathrm{T}} P_i(A_{di} + \Delta A_{di})x(k-\tau)$$

$$+ 2x^{\mathrm{T}}(k)[(A_i + \Delta A_i) + (B_i + \Delta B_i)(D_s F_i + D_s^- H_i)]^{\mathrm{T}} P_i E_i w(k)$$

$$+ x^{\mathrm{T}}(k-\tau)(A_{di} + \Delta A_{di})^{\mathrm{T}} P_i(A_{di} + \Delta A_{di})x(k-\tau) - x^{\mathrm{T}}(k-\tau)Gx(k-\tau)$$

$$+ 2x^{\mathrm{T}}(k-\tau)(A_{di} + \Delta A_{di})^{\mathrm{T}} P_i E_i w(k) + w^{\mathrm{T}}(k)E_i^{\mathrm{T}} P_i E_i w(k).$$

然后，对式（5.26）两端分别左乘

$$\begin{bmatrix} x(k) \\ x(k-\tau) \\ w(k) \end{bmatrix}^{\mathrm{T}}$$

和右乘

$$\begin{bmatrix} x(k) \\ x(k-\tau) \\ w(k) \end{bmatrix},$$

我们有

$$\Delta V(x_k) < w^{\mathrm{T}}(k)w(k) - \gamma^{-2} z^{\mathrm{T}}(k)z(k) - \sum_{r=1, r \neq i}^{N} \beta_{ir} x^{\mathrm{T}}(k)(P_r - P_i)x(k). \qquad （5.30）$$

根据切换律（5.28），我们得到

$$\sum_{r=1, r \neq i}^{N} \beta_{ir} x^{\mathrm{T}}(k)(P_r - P_i)x(k) \geq 0. \qquad （5.31）$$

由上式，可得

$$\Delta V(x_k) < w^{\mathrm{T}}(k)w(k) - \gamma^{-2} z^{\mathrm{T}}(k)z(k). \qquad （5.32）$$

**情形 2** 当 $\sigma(k) = i$，$\sigma(k+1) = r$ 且 $i \neq r$ 时，对于 $\forall x(k) \in \Omega(P_i, \beta) \bigcap \Phi_i \subset L(H_i)$，由切换律（5.29）可知

$$\begin{aligned} \Delta V(x_k) &= V_r(x_{k+1}) - V_i(x_k) \\ &\leq V_i(x_{k+1}) - V_i(x_k) \\ &< w^{\mathrm{T}}(k)w(k) - \gamma^{-2} z^{\mathrm{T}}(k)z(k). \end{aligned} \qquad （5.33）$$

然后，结合式（5.32）和（5.33）并考虑 $V(x)$ 作为整个系统（5.6）的 Lyapunov 泛函，我们有

$$\Delta V(x_k) = V(x_{k+1}) - V(x_k) < w^{\mathrm{T}}(k)w(k) - \gamma^{-2}z^{\mathrm{T}}(k)z(k), \forall x(k) \in \bigcup_{i=1}^{N}(\Omega(P_i, \beta) \bigcap \Phi_i).$$

因此有下式成立：

$$\sum_{k=0}^{\infty} \Delta V(x_k) < \sum_{k=0}^{\infty} w^{\mathrm{T}}(k)w(k) - \gamma^{-2}\sum_{k=0}^{\infty} z^{\mathrm{T}}(k)z(k). \tag{5.34}$$

进一步，有下式成立：

$$V(x_\infty) < V(x_0) + \sum_{k=0}^{\infty} w^{\mathrm{T}}(k)w(k) - \gamma^{-2}\sum_{k=0}^{\infty} z^{\mathrm{T}}(k)z(k). \tag{5.35}$$

又由于 $x_0 = \varphi = 0$，$V(x_\infty) \geqslant 0$，所以有

$$\sum_{k=0}^{\infty} z^{\mathrm{T}}(k)z(k) < \gamma^2 \sum_{k=0}^{\infty} w^{\mathrm{T}}(k)w(k), \tag{5.36}$$

由定义 5.1，我们知道对所有的 $w \in W_\beta^2$，闭环系统（5.6）从 $w$ 到 $z$ 的受限 $L_2$ 增益小于 $\gamma$。证毕。

接下来，基于定理 5.2，对每个给定 $\beta \in (0, \beta^*]$，我们需要进行解下一个优化问题，以便使闭环系统（5.6）的受限 $L_2$ 增益的上界最小。这个优化问题描述如下：

$$\begin{aligned}
&\inf_{P_i, G, H_i, \beta_{ir}} \gamma^2, \\
&\text{s.t.}(a)\,\text{inequality}(5.26), i \in I_N, s \in Q, \\
&\quad\quad (b)\,\Omega(P_i, \beta) \bigcap \Phi_i \subset L(H_i), i \in I_N.
\end{aligned} \tag{5.37}$$

为了使上面的优化问题易于求解，类似地，我们采用从优化问题（5.16）到优化问题（5.25）的处理方法。因此，如果式（5.38）成立，则式（5.26）成立：

$$\begin{bmatrix} \Theta_{is11} & * \\ \Theta_{i21} & \Theta_{i22} \end{bmatrix} < 0. \tag{5.38}$$

其中，$\zeta = \gamma^2$，

$$\Theta_{is11} = \begin{bmatrix} -X_i - \sum_{r=1, r\neq i}^{N} \beta_{ir}X_i & * & * & * & * \\ 0 & -J & * & * & * \\ 0 & 0 & -I & * & * \\ A_iX_i + B_i(D_sF_iX_i + D_s^-N_i) & A_{di}J & E_i & -X_i + \lambda_iT_iT_i^{\mathrm{T}} & * \\ F_{1i}X_i + F_{2i}(D_sF_iX_i + D_s^-N_i) & F_{di}J & 0 & 0 & -\lambda_iI \end{bmatrix},$$

$$
\Theta_{i21} = \begin{bmatrix} X_i & 0 & 0 & 0 & 0 \\ X_i & 0 & 0 & 0 & 0 \\ X_i & 0 & 0 & 0 & 0 \\ X_i & 0 & 0 & 0 & 0 \\ C_i X_i & 0 & 0 & 0 & 0 \end{bmatrix}, \Theta_{i22} = \begin{bmatrix} -J & * & * & * & * \\ 0 & -\beta_{i1}^{-1} X_1 & * & * & * \\ 0 & 0 & \ddots & * & * \\ 0 & 0 & 0 & -\beta_{iN}^{-1} X_N & * \\ 0 & 0 & 0 & 0 & -\zeta I \end{bmatrix},
$$

约束条件 $\Omega(P_i, \beta) \bigcap \Phi_i \subset L(H_i)$ 可由下式表达：

$$
\begin{bmatrix} X_i + \sum_{r=1, r \neq i}^{N} \delta_{ir} X_i & * & * & * & * \\ N_i^j & \beta^{-1} & * & * & * \\ X_i & 0 & \delta_{i1}^{-1} X_1 & * & * \\ X_i & 0 & 0 & \ddots & * \\ X_i & 0 & 0 & 0 & \delta_{iN}^{-1} X_N \end{bmatrix} \geqslant 0. \tag{5.39}
$$

因此，受限 $L_2-$增益的最小上界可通过解如下优化问题获得：

$$
\inf_{X_i, J, N_i, \beta_{ir}, \delta_{ir}, \lambda_i} \zeta,
$$
$$
\text{s.t.} (a) \text{ inequality (5.38)}, i \in I_N, s \in Q, \tag{5.40}
$$
$$
(b) \text{ inequality (5.39)}, i \in I_N, j \in Q_m.
$$

## 5.5　控制器设计与优化

实际上，类似于 3.5 节，在本节我们也可以把控制器增益矩阵作为待设计的变量。进而，通过设计控制器进一步改善闭环系统（5.6）的性能。因此，优化问题（5.25）和（5.40）可转化为如下的两个优化问题。

$$
\inf_{X_i, J, M_i, N_i, \beta_{ir}, \lambda_i, \delta_{ir}} \varepsilon,
$$
$$
\text{s.t.} (a) \begin{bmatrix} \prod_{is11} & * \\ \prod_{i21} & \prod_{i22} \end{bmatrix} < 0, \ i \in I_N, s \in Q, \tag{5.41}
$$
$$
(b) \text{ inequality (5.24)}, i \in I_N, j \in Q_m,
$$

其中，

$$
\prod\nolimits_{is11}=\begin{bmatrix} -X_i-\sum\limits_{r=1,\,r\neq i}^{N}\beta_{ir}X_i & * & * & * & * \\ 0 & -J & * & * & * \\ 0 & 0 & -I & * & * \\ A_iX_i+B_i(D_sM_i\\ +D_s^-N_i) & A_{di}J & E_i & \begin{matrix}-X_i+\\ \lambda_iT_iT_i^T\end{matrix} & * \\ F_{1i}X_i+F_{2i}(D_sM_i\\ +D_s^-N_i) & F_{di}J & 0 & 0 & -\lambda_iI \end{bmatrix},M_i=F_iX_i,
$$

$$
\prod\nolimits_{i21}=\begin{bmatrix} X_i & 0 & 0 & 0 & 0 \\ X_i & 0 & 0 & 0 & 0 \\ X_i & 0 & 0 & 0 & 0 \\ X_i & 0 & 0 & 0 & 0 \end{bmatrix},\prod\nolimits_{i22}=\begin{bmatrix} -J & * & * & * \\ 0 & -\beta_{i1}^{-1}X_1 & * & * \\ 0 & 0 & \ddots & * \\ 0 & 0 & 0 & -\beta_{iN}^{-1}X_N \end{bmatrix}.
$$

$$
\inf_{X_i,J,M_i,N_i,\beta_{ir},\delta_{ir},\lambda_i}\zeta,
$$

$$
\text{s.t.}(a)\begin{bmatrix} \amalg_{is11} & * \\ \amalg_{i21} & \amalg_{i22} \end{bmatrix}<0,i\in I_N,s\in Q, \tag{5.42}
$$

$$(b)\text{ inequality (5.39)},i\in I_N,j\in Q_m,$$

其中,

$$
\amalg_{is11}=\begin{bmatrix} -X_i-\sum\limits_{r=1,\,r\neq i}^{N}\beta_{ir}X_i & * & * & * & * & * \\ 0 & -J & * & * & * & * \\ 0 & 0 & -I & * & * & * \\ A_iX_i+B_i(D_sM_i\\ +D_s^-N_i) & A_{di}J & E_i & -X_i+\lambda_iT_iT_i^T & * & * \\ F_{1i}X_i+F_{2i}(D_sM_i\\ +D_s^-N_i) & F_{di}J & 0 & 0 & -\lambda_iI & * \\ X_i & 0 & 0 & 0 & 0 & -J \end{bmatrix},M_i=F_iX_i,
$$

$$
\amalg_{i21}=\begin{bmatrix} X_i & 0 & 0 & 0 & 0 & 0 \\ X_i & 0 & 0 & 0 & 0 & 0 \\ X_i & 0 & 0 & 0 & 0 & 0 \\ C_iX_i & 0 & 0 & 0 & 0 & 0 \end{bmatrix},\amalg_{i22}=\begin{bmatrix} -\beta_{i1}^{-1}X_1 & * & * & * \\ 0 & \ddots & * & * \\ 0 & 0 & -\beta_{iN}^{-1}X_N & * \\ 0 & 0 & 0 & -\zeta I \end{bmatrix}.
$$

一旦以上两个优化问题获得了优化解，那么相应的控制器增益矩阵即可解出，即 $F_i = M_i X_i^{-1}$。

## 5.6　数值例子

在本节，我们给出一个数值例子以说明所提方法的有效性与可行性。考虑具有执行器饱和以及时滞的不确定离散线性切换系统

$$\begin{cases} x(k+1) = (A_\sigma + \Delta A_\sigma)x(k) + (A_{d\sigma} + \Delta A_{d\sigma})x(k-3) + \\ \qquad\qquad (B_\sigma + \Delta B_\sigma)\mathrm{sat}(u(k)) + E_\sigma w(k), \\ z(k) = C_\sigma x(k), \\ x_0 = \varphi \in \mathcal{C}_{n,3}. \end{cases} \tag{5.43}$$

其中，$\sigma \in I_2 = \{1,2\}$，

$$A_1 = \begin{bmatrix} 1.5 & 0 \\ 0 & 1 \end{bmatrix}, A_2 = \begin{bmatrix} -1.1 & 0 \\ 0 & 1.5 \end{bmatrix}, B_1 = \begin{bmatrix} 1 \\ 0 \end{bmatrix}, B_2 = \begin{bmatrix} 0 \\ 1 \end{bmatrix},$$

$$A_{d1} = \begin{bmatrix} 0 & 0 \\ 0.1 & 0.1 \end{bmatrix}, A_{d2} = \begin{bmatrix} 0.1 & 0.1 \\ 0 & 0 \end{bmatrix}, E_1 = \begin{bmatrix} 0.1 \\ 0.1 \end{bmatrix},$$

$$E_2 = \begin{bmatrix} 0.1 \\ -0.1 \end{bmatrix}, C_1 = \begin{bmatrix} 0.9 \\ -0.25 \end{bmatrix}^{\mathrm{T}}, C_2 = \begin{bmatrix} -1.1 \\ 0.6 \end{bmatrix}^{\mathrm{T}},$$

$$T_1 = \begin{bmatrix} 0.1 \\ 0 \end{bmatrix}, T_2 = \begin{bmatrix} 0 \\ 0.1 \end{bmatrix}, F_{d1} = \begin{bmatrix} 0 \\ 0.05 \end{bmatrix}^{\mathrm{T}}, F_{d2} = \begin{bmatrix} 0.05 \\ 0 \end{bmatrix}^{\mathrm{T}}, F_{11} = \begin{bmatrix} 0.15 \\ -0.3 \end{bmatrix}^{\mathrm{T}},$$

$$F_{12} = \begin{bmatrix} -0.3 \\ 0.2 \end{bmatrix}^{\mathrm{T}}, F_{21} = 0.1, F_{22} = 0.2, \Gamma(k) = \sin(k).$$

令 $\beta_1 = \beta_2 = 20$，$\delta_1 = \delta_2 = 1$。首先，为了设计切换律和状态反馈控制律使得获得闭环系统（5.43）的容许干扰能力最大，我们解优化问题（5.41），可得到如下解：

$$\varepsilon^* = 0.0778, \beta^* = 12.8548, \lambda_1 = 20.4092, \lambda_2 = 20.6155,$$

$$X_1 = \begin{bmatrix} 3.1521 & * \\ -0.0310 & 3.1517 \end{bmatrix}, X_2 = \begin{bmatrix} 3.0327 & * \\ -0.0312 & 3.2521 \end{bmatrix},$$

$$J = \begin{bmatrix} 20.4702 & * \\ -0.1.6116 & 20.4090 \end{bmatrix}, M_1 = \begin{bmatrix} -4.7284 \\ 0.0152 \end{bmatrix}^{\mathrm{T}},$$

$$M_2 = \begin{bmatrix} 0.1060 \\ -4.8698 \end{bmatrix}^{\mathrm{T}}, F_1 = \begin{bmatrix} -1.5002 \\ -0.0099 \end{bmatrix}^{\mathrm{T}}, F_2 = \begin{bmatrix} 0.0196 \\ -1.4973 \end{bmatrix}^{\mathrm{T}}.$$

在外部干扰输入 $w(k) = 1.2(k < 10)$ ， $w(k) = 0(k \geqslant 10)$ 的作用下进行仿真。切换系统（5.43）在零初始条件下的状态响应曲线如图 5.1 所示。图 5.2 和 5.3 分别为切换系统（5.43）的切换信号和控制输入信号。切换系统（5.43）的 Lyapunov 函数值的变化曲线如图 5.4 所示。由图 5.4 可以看出，切换系统（5.43）的 Lyapunov 函数值一直小于 $\beta = 12$ ，这说明切换系统（5.43）在零初始条件下的状态轨迹始终保持在有界集合内。

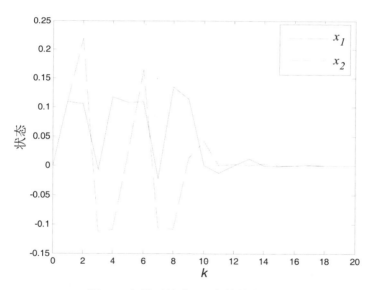

**图5.1 切换系统（5.43）的状态响应**

接下来，对每个给定 $\beta \in (0, \beta^*]$ ，我们设计切换律和状态反馈控制律使得闭环系统（5.43）的受限 $L_2-$ 增益的上界最小。这可以通过解优化问题（5.42）获得，本章考虑如下几种情形：

**情形 1** 如果 $\beta = 1$ ，可得

$$\gamma = 0.8467, F_1 = \begin{bmatrix} -1.5000 \\ -0.0411 \end{bmatrix}^{\mathrm{T}}, F_2 = \begin{bmatrix} 0.0394 \\ -1.4982 \end{bmatrix}^{\mathrm{T}}.$$

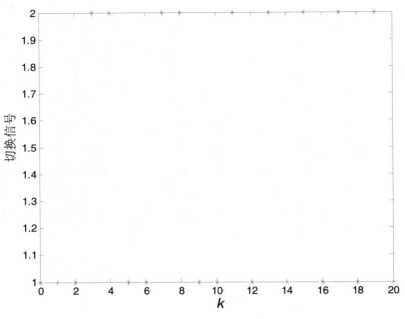

图5.2　切换系统（5.43）的切换信号

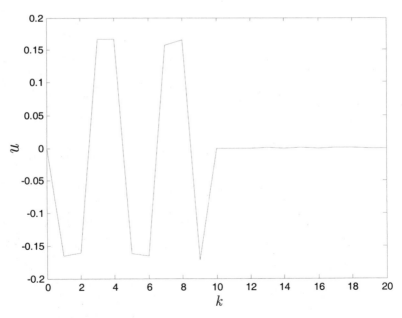

图5.3　切换系统（5.43）的输入信号

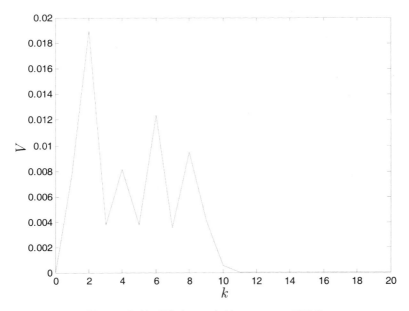

图5.4 切换系统（5.43）的Lyapunov函数值

**情形2** 如果 $\beta = 6$，可得

$$\gamma = 0.8720, F_1 = \begin{bmatrix} -1.5004 \\ -0.1663 \end{bmatrix}^{\mathrm{T}}, F_2 = \begin{bmatrix} 0.0982 \\ -1.4987 \end{bmatrix}^{\mathrm{T}}.$$

**情形3** 如果 $\beta = 10$，可得

$$\gamma = 1.1632, F_1 = \begin{bmatrix} -1.5005 \\ -0.3021 \end{bmatrix}^{\mathrm{T}}, F_2 = \begin{bmatrix} 0.1053 \\ -1.4984 \end{bmatrix}^{\mathrm{T}}.$$

**情形4** 如果 $\beta = 12$，可得

$$\gamma = 1.9960, F_1 = \begin{bmatrix} -1.5004 \\ -0.4227 \end{bmatrix}^{\mathrm{T}}, F_2 = \begin{bmatrix} 0.1223 \\ -1.4983 \end{bmatrix}^{\mathrm{T}}.$$

在外部干扰输入 $w(k) = 1.2(k < 10)$，$w(k) = 0(k \geqslant 10)$ 的作用下进行仿真。切换系统（5.43）在一段时间内的截断 $L_2-$ 增益变化曲线图 5.5 所示。从图 5.5 可以看出，切换系统（5.43）的截断 $L_2-$ 增益始终小于 $\gamma = 1.9960$。此外，我们也给出了不同的 $\beta \in (0, \beta^*]$ 和切换系统（5.43）的受限 $L_2-$ 增益 $\gamma$ 的对应关系曲线，如图 5.6 所示。

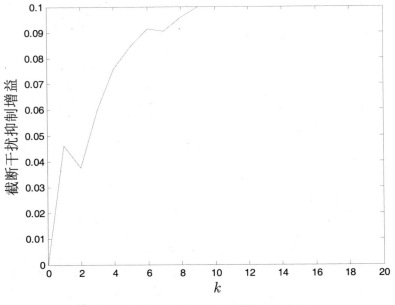

图5.5 切换系统（5.43）的截断$L_2$-增益

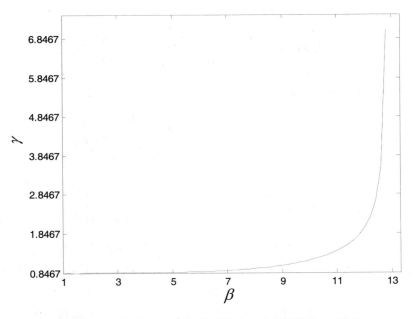

图5.6 对任意$\beta \in (0, \beta^*]$切换系统（5.43）的受限$L_2$-增益

# 5.7　小结

　　本章利用多 Lyapunov 函数方法研究了一类具有执行器饱和以及时滞的不确定离散线性切换系统的 $L_2-$ 增益分析及综合问题。首先建立了确保闭环系统在扰动作用下状态轨迹有界的充分条件，进而在此基础上给出了系统 $L_2-$ 增益存在的充分条件。设计了切换律和状态反馈控制器使得系统获得最大的容许干扰水平和最小的受限 $L_2-$ 增益上界。所有结果都能通过解带有线性矩阵不等式约束的凸优化问题获得。

# 6 具有执行器饱和的离散切换系统的 $L_2$-增益分析与抗饱和设计

## 6.1 引言

在上一章中,我们利用多 Lyapunov 函数方法,研究了一类具有执行器饱和以及时滞的不确定离散线性切换系统的 $L_2$- 增益分析、状态反馈控制器设计及相关的优化问题。处理执行器饱和分线性所用的方法为线性微分包处理法。然而,从实际工程角度看,抗饱和方法是处理饱和非线性的一种更有效、更切实可行的方法。该方法的基本原理为:首先在不考虑执行器饱和的情况下设计满足闭环系统性能要求的线性控制器,然后设计抗饱和补偿器以减小执行器饱和的影响[164]。文献[204]研究了具有饱和控制以及 $L_2$ 有界扰动的离散时间线性系统的动态抗饱和补偿器的综合问题。文献[205]针对具有输入饱和和外部扰动的离散时间模糊系统的鲁棒 $H_\infty$ 输出反馈控制问题,提出了一种新型的抗饱和动态输出补偿器。文献[206]研究了在任意切换下的一类具有执行器饱和的离散时间脉冲切换系统的抗饱和设计和 $L_2$ 增益分析问题。然而,基于多李雅普诺夫函数技术研究离散饱和切换系统的 $L_2$- 增益分析和抗饱和设计问题,在现有文献中结果较少。

本章基于多李雅普诺夫函数方法,对一类受执行器饱和影响的离散时间切换系统进行了 $L_2$- 增益分析和抗饱和补偿增益设计。首先,得到了从原点出发的状态轨迹始终保持在一个有界集合内的容许干扰的充分条件。然后,在容许干扰集合内,分析了受限的 $L_2$- 增益。进而,为了获取最大容许干扰能力和最小受限 $L_2$- 增益的上界,抗饱和补偿增益和切换规律的设计问题可描述为求解一个具有线性矩阵不等式约束的凸优化问题。

## 6.2 问题描述与预备知识

本节考虑如下具有执行器饱和的离散时间切换系统：

$$
\begin{aligned}
x(k+1) &= A_\sigma x(k) + B_\sigma \mathrm{sat}(u(k)) + E_\sigma w(k), \\
y(k) &= C_{\sigma 1} x(k), \\
z(k) &= C_{\sigma 2} x(k),
\end{aligned}
\tag{6.1}
$$

其中，$k \in Z^+$，$x(k) \in \mathrm{R}^n$ 是状态向量，$u(k) \in \mathrm{R}^m$ 为控制输入向量，$y(k) \in \mathrm{R}^p$ 为测量输出向量，$z(k) \in \mathrm{R}^l$ 表示被控输出，$w(k) \in \mathrm{R}^q$ 为外部干扰输入。$\sigma$ 是在 $I_N = \{1, \cdots, N\}$ 中取值的切换信号，$\sigma = i$ 意味着第 $i$ 个子系统被激活。$A_i$，$B_i$，$E_i$，$C_{i1}$ 和 $C_{i2}$ 为适当维数的实常数矩阵。如前所述，由于执行器饱和的存在，当外部干扰足够大时，$L_2-$增益可能不能很好地定义，因为足够大的外部干扰可能在任何控制输入下驱动系统状态或输出无界[149]。因此，我们假设

$$
W_\beta^2 := \left\{ w : \mathrm{R}_+ \to \mathrm{R}^q, \sum_{k=0}^\infty w^{\mathrm{T}}(k) w(k) \leqslant \beta \right\},
\tag{6.2}
$$

其中，$\beta$ 为一个正数，它反映了系统的容许干扰能力。$\mathrm{sat} : \mathrm{R}^m \to \mathrm{R}^m$ 为标准的向量值饱和函数，定义如下：

$$
\mathrm{sat}(u_i) = \left[ \mathrm{sat}(u_i^1), \cdots, \mathrm{sat}(u_i^m) \right]^{\mathrm{T}},
\tag{6.3}
$$

$$
\mathrm{sat}(u_i^j) = \mathrm{sign}(u_i^j) \min \left\{ 1, \left| u_i^j \right| \right\}, \forall j \in Q_m = \{1, L, m\}.
\tag{6.4}
$$

注意，这里我们使用"$\mathrm{sat}(\cdot)$"同时来表示标量和向量值饱和函数。众所周知，单位饱和幅值是不失一般性的。通过调整矩阵 $B_i$ 和 $\mu$，非单位饱和总是可以转化为单位饱和[140]。

对系统（6.1），假定设计如下形式的一组 $n_c$ 阶线性动态输出反馈控制器

$$
\begin{aligned}
x_c(k+1) &= A_{ci} x_c(k) + B_{ci} u_c(k), \\
v_c(k) &= C_{ci} x_c(k) + D_{ci} u_c(k), \forall i \in I_N,
\end{aligned}
\tag{6.5}
$$

其中，$x_c(k) \in \mathrm{R}^{n_c}$，$u_c(k) = y(k)$ 和 $v_c(k) = u(k)$ 分别为动态反馈控制器的状态向量，输入向量以及输出向量。在本章中，我们着重于 $L_2-$增益分析和抗饱和增益设计，因此我们假设动态反馈控制器各参数矩阵已设计完毕，且暂时不考虑执行器饱和发生的情形[164,165]。

为了尽可能地消除执行器饱和给系统带来的不良影响，我们在动态控制器上添加反馈补偿项，所增加的修正项的具体形式为 $E_{ci}(\text{sat}(v_c(k)) - v_c(k))$。然后，修改后的控制器结构为

$$
\begin{aligned}
x_c(k+1) &= A_{ci}x_c(k) + B_{ci}u_c(k) + E_{ci}(\text{sat}(v_c(k)) - v_c(k)), \\
v_c(k) &= C_{ci}x_c(k) + D_{ci}u_c(k), \ \forall i \in I_N.
\end{aligned}
\tag{6.6}
$$

显然，通过添加这样的修正项，当不发生执行器饱和时，动态控制器（6.6）将在线性区域内运行，这并不影响系统的性能。然后当存在执行器饱和时，可以利用抗饱和补偿器，尽可能恢复系统的标称性能，从而修正输入饱和系统的控制器状态。

然后，当我们采用上述控制器和抗饱和策略时，闭环切换系统写为

$$
\begin{aligned}
x(k+1) &= A_i x(k) + B_i \text{sat}(v_c(k)) + E_i w(k), \\
y(k) &= C_{i1}x(k), \\
z(k) &= C_{i2}x(k), \\
x_c(k+1) &= A_{ci}x_c(k) + B_{ci}C_{i1}x(k) + E_{ci}(\text{sat}(v_c(k)) - v_c(k)), \\
v_c(k) &= C_{ci}x_c(k) + D_{ci}C_{i1}x(k), \forall i \in I_N.
\end{aligned}
\tag{6.7}
$$

现在，定义一个新的状态向量

$$
\zeta(k) = \begin{bmatrix} x(k) \\ x_c(k) \end{bmatrix} \in \mathbf{R}^{n+n_c},
\tag{6.8}
$$

定义一个新的矩阵

$$
\tilde{A}_i = \begin{bmatrix} A_i + B_i D_{ci} C_{i1} & B_i C_{ci} \\ B_{ci} C_{i1} & A_{ci} \end{bmatrix}, \tilde{B}_i = \begin{bmatrix} B_i \\ 0 \end{bmatrix},
$$

$$
G = \begin{bmatrix} 0 \\ I_{n_c} \end{bmatrix}, K_i = \begin{bmatrix} D_{ci} C_{i1} & C_{ci} \end{bmatrix},
$$

$$
\tilde{E}_i = \begin{bmatrix} E_i \\ 0 \end{bmatrix}, \tilde{C}_{i2} = \begin{bmatrix} C_{i2} & 0 \end{bmatrix}.
$$

因此，结合（6.7）和（6.8），闭环系统可以改写为

$$
\begin{aligned}
\zeta(k+1) &= \tilde{A}_i \zeta(k) - (\tilde{B}_i + G E_{ci})\psi(v_c) + \tilde{E}_i w(k), \\
z(k) &= \tilde{C}_{i2}\zeta(k), \forall i \in I_N.
\end{aligned}
\tag{6.9}
$$

其中，$v_c = K_i \zeta(k)$，$\psi(v_c) = v_c - \text{sat}(v_c)$。

本章利用多李雅普诺夫函数方法，设计切换律和抗饱和补偿增益，目的是首先获得系统（6.9）的最大容许干扰水平，然后得到受限 $L_2-$ 增益的最小上界。

# 6.3　容许干扰

在本节中，利用多李雅普诺夫函数方法，在抗饱和增益矩阵 $E_{ci}$ 给定条件下，推导出一个充分条件，该充分条件保证对于任何满足（6.2）的扰动下，系统（6.9）从原点出发的状态轨迹始终保持在有界集合内。通过设计切换律和抗饱和补偿增益来获得最大容许干扰水平的方法将在 6.5 节中进行说明。

**定理 6.1**　假设存在正定矩阵 $P_i$，矩阵 $H_i$，正定对角矩阵 $J_i$ 以及一组标量 $\beta_{ir} \geqslant 0$，使得矩阵不等式

$$\begin{bmatrix} -P_i + \sum\limits_{r=1,\,r \neq i}^{N} \beta_{ir}(P_r - P_i) & H_i^{\mathrm{T}} J_i & 0 & \tilde{A}_i^{\mathrm{T}} P_r \\ * & -2J_i & 0 & -(\tilde{B}_i + GE_{ci})^{\mathrm{T}} P_r \\ * & * & -I & \tilde{E}_i^{\mathrm{T}} P_r \\ * & * & * & -P_r \end{bmatrix} < 0 \quad （6.10）$$

$$\forall i \in I_N,$$

和

$$\Omega(P_i, \beta) \bigcap \Phi_i \subset L(K_i, H_i), \forall i \in I_N, \quad （6.11）$$

成立。其中，$\Phi_i = \left\{ \zeta(k) \in R^{n+nc} : \zeta^{\mathrm{T}}(k)(P_r - P_i)\zeta(k) \geqslant 0, \forall r \in I_N, r \neq i \right\}$，那么，在切换律

$$\sigma = \arg\min\{\zeta^{\mathrm{T}}(k)P_i\zeta(k), i \in I_N\} \quad （6.12）$$

作用下，对于任意 $\omega \in W_\beta^2$，系统（6.9）从原点出发的任何状态轨迹都将始终保持在区域 $\bigcup_{i=1}^{N}\left(\Omega(P_i, \beta) \bigcap \Phi_i \subset L(K_i, H_i)\right)$ 内。

**证明**　根据条件（6.11）可知，若 $\forall \zeta \in \Omega(P_i, \beta) \bigcap \Phi_i$，则 $\zeta \in L(K_i, H_i)$，因此，根据引理 2.5，对于 $\forall \zeta \in \Omega(P_i, \beta) \bigcap \Phi_i$，$\psi(K_i\zeta(k)) = K_i\zeta(k) - \mathrm{sat}(K_i\zeta(k))$ 满足扇形条件（2.43）。

根据切换律（6.12），对于 $\forall \zeta(k) \in \Omega(P_i, \beta) \bigcap \Phi_i \subset L(K_i, H_i)$，则可知第 $i$ 个子系统被激活。

为系统（6.9）选取 Lyapunov 备选函数

$$V(\zeta(k)) = V_{\sigma(k)}(\zeta(k)) = \zeta^{\mathrm{T}}(k)P_{\sigma(k)}\zeta(k). \tag{6.13}$$

然后，把证明分成以下两种情形。

**情形 1** 当 $\sigma(k+1) = \sigma(k) = i$ 时，对于 $\forall \zeta(k) \in \Omega(P_i, \beta) \bigcap \Phi_i \subset L(K_i, H_i)$，Lyapunov 函数 $V(\zeta(k))$ 沿着闭环切换系统（6.9）轨线的差分为

$$
\begin{aligned}
\Delta V(\zeta(k)) &= \zeta^{\mathrm{T}}(k+1)P_i\zeta(k+1) - \zeta^{\mathrm{T}}(k)P_i\zeta(k) \\
&= \left[ \tilde{A}_i\zeta(k) - (\tilde{B}_i + GE_{ci})\psi(K_i\zeta(k)) + \tilde{E}_i w(k) \right]^{\mathrm{T}} \\
&\quad \times P_i \left[ \tilde{A}_i\zeta(k) - (\tilde{B}_i + GE_{ci})\psi(K_i\zeta(k)) + \tilde{E}_i w(k) \right] \\
&\quad - \zeta^{\mathrm{T}}(k)P_i\zeta(k).
\end{aligned}
\tag{6.14}
$$

因此，根据引理 2.5 和条件（6.11），有下式成立：

$$
\begin{aligned}
\Delta V(\zeta(k)) \leqslant &\left[ \tilde{A}_i\zeta(k) - (\tilde{B}_i + GE_{ci})\psi(K_i\zeta(k)) + \tilde{E}_i w(k) \right]^{\mathrm{T}} \\
&\times P_r \left[ \tilde{A}_i\zeta(k) - (\tilde{B}_i + GE_{ci})\psi(K_i\zeta(k)) + \tilde{E}_i w(k) \right] \\
&- \zeta^{\mathrm{T}}(k)P_i\zeta(k) - 2\psi^{\mathrm{T}}(K_i\zeta(k))J_i\left[ \psi(K_i\zeta(k)) - H_i\zeta(k) \right],
\end{aligned}
$$

**情形 2** 当 $\sigma(k) = i$，$\sigma(k+1) = r$ 且 $i \neq r$ 时，对于 $\forall \zeta(k) \in \Omega(P_i, \beta) \bigcap \Phi_i \subset L(K_i, H_i)$，由切换律（6.12）可得

$$\Delta V(\zeta(k)) = \zeta^{\mathrm{T}}(k+1)P_r\zeta(k+1) - \zeta^{\mathrm{T}}(k)P_i\zeta(k) \leqslant \zeta^{\mathrm{T}}(k+1)P_i\zeta(k+1) - \zeta^{\mathrm{T}}(k)P_i\zeta(k).$$

根据情形 1 和情形 2，可知下式成立：

$$
\begin{aligned}
\Delta V(\zeta(k)) \leqslant &\left[ \tilde{A}_i\zeta(k) - (\tilde{B}_i + GE_{ci})\psi(K_i\zeta(k)) + \tilde{E}_i w(k) \right]^{\mathrm{T}} \\
&\times P_r \left[ \tilde{A}_i\zeta(k) - (\tilde{B}_i + GE_{ci})\psi(K_i\zeta(k)) + \tilde{E}_i w(k) \right] \\
&- \zeta^{\mathrm{T}}(k)P_i\zeta(k) - 2\psi^{\mathrm{T}}(K_i\zeta(k))J_i\left[ \psi(K_i\zeta(k)) - H_i\zeta(k) \right],
\end{aligned}
$$

或者等价于

$$
\Delta V(\zeta(k)) \leqslant 
\begin{bmatrix} \zeta \\ \psi \\ w \end{bmatrix}^{\mathrm{T}}
\begin{bmatrix}
\tilde{A}_i^{\mathrm{T}}P_r\tilde{A}_i - P_i & -\tilde{A}_i^{\mathrm{T}}P_r(\tilde{B}_i + GE_{ci}) + H_i^{\mathrm{T}}J_i & \tilde{A}_i^{\mathrm{T}}P_r\tilde{E}_i \\
* & (\tilde{B}_i + GE_{ci})^{\mathrm{T}}P_r(\tilde{B}_i + GE_{ci}) - 2J_i & -(\tilde{B}_i + GE_{ci})^{\mathrm{T}}P_r\tilde{E}_i \\
* & * & \tilde{E}_i^{\mathrm{T}}P_r\tilde{E}_i
\end{bmatrix}
\begin{bmatrix} \zeta \\ \psi \\ w \end{bmatrix}. \tag{6.15}
$$

$$\forall (i, r) \in I_N \times I_N.$$

接着根据引理2.3，式（6.10）等价于

$$
\begin{bmatrix}
\begin{array}{l}\tilde{A}_i^{\mathrm{T}}P_r\tilde{A}_i-P_i\\+\displaystyle\sum_{r=1,\,r\neq i}^{N}\beta_{ir}(P_r-P_i)\end{array} & \begin{array}{l}-\tilde{A}_i^{\mathrm{T}}P_r(\tilde{B}_i\\+GE_{ci})+H_i^{\mathrm{T}}J_i\end{array} & \tilde{A}_i^{\mathrm{T}}P_r\tilde{E}_i\\
* & (\tilde{B}_i+GE_{ci})^{\mathrm{T}}P_r(\tilde{B}_i+GE_{ci})-2J_i & -(\tilde{B}_i+GE_{ci})^{\mathrm{T}}P_r\tilde{E}_i\\
* & * & \tilde{E}_i^{\mathrm{T}}P_r\tilde{E}_i-I
\end{bmatrix}<0.\quad（6.16）
$$

对式（6.16）两端分别左乘 $[x^{\mathrm{T}}\ \psi^{\mathrm{T}}\ w^{\mathrm{T}}]$ 和右乘 $[x^{\mathrm{T}}\ \psi^{\mathrm{T}}\ w^{\mathrm{T}}]^{\mathrm{T}}$，可得

$$
\Delta V(k)=V(k+1)-V(k)<w^{\mathrm{T}}(k)w(k)-\sum_{r=1,\,r\neq i}^{N}\beta_{ir}\zeta^{\mathrm{T}}(k)(P_r-P_i)\zeta(k),\quad（6.17）
$$

再一次根据切换律（6.12），易知下式成立：

$$
\sum_{r=1,\,r\neq i}^{N}\beta_{ir}\zeta^{\mathrm{T}}(k)(P_r-P_i)\zeta(k)\geqslant 0,
$$

因而有

$$
\Delta V(k)=V(k+1)-V(k)<w^{\mathrm{T}}(k)w(k).\quad（6.18）
$$

然后，将 $V(k)$ 考虑成系统（6.9）的整体李亚普诺夫函数，就可以得出

$$
\Delta V(k)=V(k+1)-V(k)<w^{\mathrm{T}}(k)w(k),\forall\zeta(k)\in\bigcup_{i=1}^{N}\big(\Omega(P_i,\beta)\bigcap\Phi_i\big).\quad（6.19）
$$

所以有下式成立：

$$
\sum_{t=0}^{k}\Delta V(t)<\sum_{t=0}^{k}w^{\mathrm{T}}(t)w(t).
$$

这表明

$$
V(k+1)<V(0)+\sum_{n=0}^{k}w^{\mathrm{T}}(\mathrm{n})w(\mathrm{n}),\forall k\geqslant 0.
$$

又由于 $x(0)=0$，$\displaystyle\sum_{k=0}^{\infty}w^{\mathrm{T}}(k)w(k)\leqslant\beta$，可以得到

$$
V(k+1)<\beta.\quad（6.20）
$$

这意味着系统（6.9）从原点出发的状态轨迹将始终保持在区域 $\bigcup_{i=1}^{N}\big(\Omega(P_i,\beta)\bigcap\Phi_i\big)$ 内。明完毕。

根据上述得出的结论，可以很容易地知道，在分析闭环系统（6.9）的受限 $L_2$- 增益之前，首先应该估计容许干扰能力。显然，标量常数 $\beta$ 提供了一种测量系容许干扰能力的量度。因此，通过解决以下优化问题，可以确定最大容许干扰水平 $\beta^*$：

$$
\begin{aligned}
& \sup_{P_i,\,H_i,\,J_i,\,\beta_{ir}} \beta, \\
& \text{s.t.}\,(a)\,\text{inequality (6.10)},\,\forall i \in I_N, \\
& \quad\quad (b)\,\Omega(P_i,\beta)\bigcap \Phi_i \subset L(K_i,H_i),\,\forall i \in I_N.
\end{aligned}
\tag{6.21}
$$

然后，对不等式（6.10）两端分别左乘和右乘对角矩阵 $\{P_i^{-1}, J_i^{-1}, I, P_r^{-1}\}$，并且令 $P_i^{-1} = X_i$，$H_i P_i^{-1} = M_i$，$J_i^{-1} = S_i$，可知下式成立：

$$
\begin{bmatrix}
-X_i - \sum\limits_{r=1,r\neq i}^{N} \beta_{ir} X_i & M_i^{\mathrm{T}} & 0 & X_i \tilde{A}_i^{\mathrm{T}} & X_i & X_i & X_i \\
* & -2S_i & 0 & -S_i(\tilde{B}_i + GE_{ci})^{\mathrm{T}} & 0 & 0 & 0 \\
* & * & -I & \tilde{E}_i^{\mathrm{T}} & 0 & 0 & 0 \\
* & * & * & -X_r & 0 & 0 & 0 \\
* & * & * & * & -\beta_{i1}^{-1} X_1 & 0 & 0 \\
* & * & * & * & * & O & 0 \\
* & * & * & * & * & * & -\beta_{iN1}^{-1} X_N
\end{bmatrix} < 0.
\tag{6.22}
$$

通过使用与前述章节中类似的处理方法，条件（b）可以由下式描述：

$$
P_i - \sum_{r=1,r\neq i}^{N} \delta_{ir}(P_r - P_i) - \beta (K_i^j - H_i^j)^{\mathrm{T}}(K_i^j - H_i^j) \geqslant 0.
\tag{6.23}
$$

其中，$K_i^j$，$H_i^j$ 分别表示矩阵 $K_i$ 和 $H_i$ 的第 $j$ 行，$\delta_{ir} > 0$。

然后，根据引理 2.3，矩阵不等式（6.23）等价于线性矩阵不等式

$$
\begin{bmatrix}
P_i - \sum\limits_{r=1,r\neq i}^{N} \delta_{ir}(P_r - P_i) & (K_i^j - H_i^j)^{\mathrm{T}} \\
* & \mu
\end{bmatrix} \geqslant 0.
\tag{6.24}
$$

其中 $\mu = \beta^{-1}$。

因而，对不等式（6.24）两端分别左乘和右乘对角矩阵 $\{P_i^{-1}, I\}$，可以得到

$$\begin{bmatrix} X_i + \sum_{r=1, r\neq i}^{N} \delta_{ir} X_i & X_i K_i^{jT} - M_i^{jT} & X_i & X_i & X_i \\ * & \mu & 0 & 0 & 0 \\ * & * & \delta_{i1}^{-1} X_1 & 0 & 0 \\ * & * & * & O & 0 \\ * & * & * & * & \delta_{iN}^{-1} X_N \end{bmatrix} \geqslant 0, \qquad (6.25)$$

其中，$M_i^j$ 表示矩阵 $M_i$ 的第 $j$ 行。

因此，优化问题（6.21）可以表述为优化问题

$$\inf_{X_i, M_i, S_i, \beta_{ir}, \delta_{ir}} \mu$$

$$\text{s.t.} (a) \text{ inequality } (6.22), \forall i \in I_N,$$

$$(b) \text{ inequality } (6.25), \forall i \in I_N, \forall j \in Q_m. \qquad (6.26)$$

## 6.4  $L_2$–增益分析

众所周知，$L_2$– 增益是控制系统中测量干扰抑制能力的重要性能指标之一。然而，由于执行器饱和的存在，具有执行器饱和的系统的干扰抑制能力只能通过容许干扰集内的受限 $L_2$– 增益来测量。因此，在本节中，利用多李亚普诺夫函数方法来研究系统（6.9）的受限 $L_2$– 增益问题。同样地，在此部分，依然假设抗饱和补偿增益 $E_{ci}$ 预先给出。

**定理 6.2**  考虑闭环系统（6.9），对给定正标量常数 $\beta \in (0, \beta^*]$ 和 $\gamma > 0$，如果存在正定矩阵 $P_i$、矩阵 $H_i$、正定对角矩阵 $J_i$ 以及一组非负实数 $\beta_{ir}$，使得下列矩阵不等式成立：

$$\begin{bmatrix} -P_i + \sum_{r=1, r\neq i}^{N} \beta_{ir}(P_r - P_i) & H_i^{\mathrm{T}} J_i & 0 & \tilde{A}_i^{\mathrm{T}} P_r & \tilde{C}_{i2}^{\mathrm{T}} \\ * & -2J_i & 0 & -(\tilde{B}_i + GE_{ci})^{\mathrm{T}} P_r & 0 \\ * & * & -I & \tilde{E}_i^{\mathrm{T}} P_r & 0 \\ * & * & * & -P_r & 0 \\ * & * & * & * & -\gamma^2 I \end{bmatrix} < 0, \qquad (6.27)$$

$$\forall i \in I_N,$$

和

$$\Omega(P_i,\beta)\bigcap\Phi_i \subset L(K_i,H_i),\forall i \in I_N, \tag{6.28}$$

成立，那么，在切换律

$$\sigma = \arg\min\{\zeta^{\mathrm{T}}P_i\zeta, i \in I_N\} \tag{6.29}$$

作用下，对所有的 $w \in W_\beta^2$，闭环系统（6.9）从 $w$ 到 $z$ 的受限 $L_2$-增益小于 $\gamma$。

**证明** 使用与证明定理 6.1 中相似的方法，为系统（6.9）选取下面多李亚普诺夫备选函数

$$V(\zeta(k)) = V_{\sigma(k)}(\zeta(k)) = \zeta^{\mathrm{T}}(k)P_{\sigma(k)}\zeta(k). \tag{6.30}$$

然后，我们把证明分成两种情形。

**情形 1** 当 $\sigma(k+1) = \sigma(k) = i$ 时，对于 $\forall \zeta(k) \in \Omega(P_i,\beta)\bigcap\Phi_i \subset L(K_i,H_i)$，有 Lyapunov 函数 $V(\zeta(k))$ 沿着闭环切换系统（6.9）轨线的差分为

$$\begin{aligned}
\Delta V(\zeta(k)) &= \zeta^{\mathrm{T}}(k+1)P_i\zeta(k+1) - \zeta^{\mathrm{T}}(k)P_i\zeta(k) \\
&= \left[\tilde{A}_i\zeta(k) - (\tilde{B}_i + GE_{ci})\psi(K_i\zeta(k)) + \tilde{E}_i w(k)\right]^{\mathrm{T}} \\
&\quad \times P_i\left[\tilde{A}_i\zeta(k) - (\tilde{B}_i + GE_{ci})\psi(K_i\zeta(k)) + \tilde{E}_i w(k)\right] \\
&\quad - \zeta^{\mathrm{T}}(k)P_i\zeta(k).
\end{aligned}$$

结合引理 2.5 和条件（6.28），可知下式成立：

$$\begin{aligned}
\Delta V(\zeta(k)) &\leqslant \left[\tilde{A}_i\zeta(k) - (\tilde{B}_i + GE_{ci})\psi(K_i\zeta(k)) + \tilde{E}_i w(k)\right]^{\mathrm{T}} \\
&\quad \times P_i\left[\tilde{A}_i\zeta(k) - (\tilde{B}_i + GE_{ci})\psi(K_i\zeta(k)) + \tilde{E}_i w(k)\right] \\
&\quad - \zeta^{\mathrm{T}}(k)P_i\zeta(k) - 2\psi^{\mathrm{T}}(K_i\zeta)J_i\left[\psi(K_i\zeta) - H_i\zeta\right].
\end{aligned}$$

**情形 2** 当 $\sigma(k) = i$，$\sigma(k+1) = r$ 且 $i \neq r$ 时，对于 $\forall \zeta(k) \in \Omega(P_i,\beta)\bigcap\Phi_i \subset L(K_i,H_i)$，由切换律（6.29）可知

$$\Delta V(\zeta(k)) = \zeta^{\mathrm{T}}(k+1)P_r\zeta(k+1) - \zeta^{\mathrm{T}}(k)P_i\zeta(k) \leqslant \zeta^{\mathrm{T}}(k+1)P_i\zeta(k+1) - \zeta^{\mathrm{T}}(k)P_i\zeta(k).$$

根据情形 1 和情形 2，易知下式成立：

$$\begin{aligned}
\Delta V(\zeta(k)) &\leqslant \left[\tilde{A}_i\zeta(k) - (\tilde{B}_i + GE_{ci})\psi(K_i\zeta(k)) + \tilde{E}_i w(k)\right]^{\mathrm{T}} \\
&\quad \times P_i\left[\tilde{A}_i\zeta(k) - (\tilde{B}_i + GE_{ci})\psi(K_i\zeta(k)) + \tilde{E}_i w(k)\right] \\
&\quad - \zeta^{\mathrm{T}}(k)P_i\zeta(k) - 2\psi^{\mathrm{T}}(K_i\zeta)J_i\left[\psi(K_i\zeta) - H_i\zeta\right],
\end{aligned}$$

或者等价于

$$\Delta V(\zeta(k)) \leqslant \begin{bmatrix} \zeta \\ \psi \\ w \end{bmatrix}^{\mathrm{T}} \begin{bmatrix} \tilde{A}_i^{\mathrm{T}} P_i \tilde{A}_i & -\tilde{A}_i^{\mathrm{T}} P_i(\tilde{B}_i + GE_{ci}) + H_i^{\mathrm{T}} J_i & \tilde{A}_i^{\mathrm{T}} P_i \tilde{E}_i \\ -P_i & & \\ * & (\tilde{B}_i + GE_{ci})^{\mathrm{T}} P_i(\tilde{B}_i & -(\tilde{B}_i + \\ & +GE_{ci}) - 2J_i & GE_{ci})^{\mathrm{T}} P_i \tilde{E}_i \\ * & * & \tilde{E}_i^{\mathrm{T}} P_i \tilde{E}_i \end{bmatrix} \begin{bmatrix} \zeta \\ \psi \\ w \end{bmatrix}. \quad (6.31)$$

$$\forall i \in I_N.$$

根据引理2.3，不等式（6.27）等价于

$$\begin{bmatrix} \tilde{A}_i^{\mathrm{T}} P_i \tilde{A}_i - P_i + \gamma^{-2} \tilde{C}_{i2}^{\mathrm{T}} \tilde{C}_{i2} + & -\tilde{A}_i^{\mathrm{T}} P_i(\tilde{B}_i & \tilde{A}_i^{\mathrm{T}} P_i \tilde{E}_i \\ \sum_{r=1, r\neq i}^{N} \beta_{ir}(P_r - P_i) & +GE_{ci}) + H_i^{\mathrm{T}} J_i & \\ * & (\tilde{B}_i + GE_{ci})^{\mathrm{T}} P_i(\tilde{B}_i + & -(\tilde{B}_i + GE_{ci})^{\mathrm{T}} P_i \tilde{E}_i \\ & GE_{ci}) - 2J_i & \\ * & * & \tilde{E}_i^{\mathrm{T}} P_i \tilde{E}_i - I \end{bmatrix} < 0. \quad (6.32)$$

对式（6.32）两端分别左乘 $[x^{\mathrm{T}} \ \psi^{\mathrm{T}} \ w^{\mathrm{T}}]$ 和右乘 $[x^{\mathrm{T}} \ \psi^{\mathrm{T}} \ w^{\mathrm{T}}]^{\mathrm{T}}$，可知下式成立：

$$\Delta V(k) = V(k+1) - V(k) < w^{\mathrm{T}}(k)w(k) - \gamma^{-2} z^{\mathrm{T}}(k)z(k)$$
$$- \sum_{r=1, r\neq i}^{N} \beta_{ir} \zeta^{\mathrm{T}}(k)(P_r - P_i)\zeta(k). \quad (6.33)$$

再一次根据切换律（6.29），可得

$$\sum_{r=1, r\neq i}^{N} \beta_{ir} \zeta^{\mathrm{T}}(k)(P_r - P_i)\zeta(k) \geqslant 0,$$

因而有

$$\Delta V(k) = V(k+1) - V(k) < w^{\mathrm{T}}(k)w(k) - \gamma^{-2} z^{\mathrm{T}}(k)z(k). \quad (6.34)$$

然后，将 $V(k)$ 考虑成闭环系统（6.9）的整体李亚普诺夫函数，就可以得出

$$\Delta V(k) = V(k+1) - V(k) < w^{\mathrm{T}}(k)w(k) - \gamma^{-2} z^{\mathrm{T}}(k)z(k), \forall \zeta(k) \in \bigcup_{i=1}^{N}\left(\Omega(P_i, \beta) \bigcap \Phi_i\right).$$
$$(6.35)$$

所以有下式成立：

$$\sum_{k=0}^{\infty} \Delta V(k) < \sum_{k=0}^{\infty} w^{\mathrm{T}}(k)w(k) - \gamma^{-2} \sum_{k=0}^{\infty} z^{\mathrm{T}}(k)z(k). \quad (6.36)$$

这表明

$$V(\infty) < V(0) + \sum_{k=0}^{\infty} w^{\mathrm{T}}(k)w(k) - \gamma^{-2}\sum_{k=0}^{\infty} z^{\mathrm{T}}(k)z(k). \tag{6.37}$$

又因为 $V(0) = 0$，$V(\infty) \geqslant 0$，可知下式成立：

$$\sum_{k=0}^{\infty} z^{\mathrm{T}}(k)z(k) < \gamma^2 \sum_{k=0}^{\infty} w^{\mathrm{T}}(k)w(k), \tag{6.38}$$

上式这意味着对所有的 $w \in W_{\beta}^2$，系统（6.9）从 $w$ 到 $z$ 的受限 $L_2$–增益小于 $\gamma$。证毕。

对每个给定 $\beta \in (0, \beta^*]$，我们需要解下一个优化问题，使得闭环系统（6.9）的受限 $L_2$– 增益的上界最小。这个优化问题描述为

$$\inf_{P_i, H_i, J_i, \beta_{ir}} \gamma^2$$
$$\text{s.t.}\,(a)\,\text{inequality}\,(6.27), \forall i \in I_N, \tag{6.39}$$
$$(b)\,\Omega(P_i, \beta) \bigcap \Phi_i \subset L(K_i, H_i), \forall i \in I_N.$$

采用将优化问题（6.21）变化到优化问题（6.26）的处理方法，我们可以将优化问题（6.39）转换成由 LMI 约束组成的优化问题。因此，（6.39）中的约束条件（a）可等价转化为

$$\begin{bmatrix} -X_i - \\ \sum_{r=1, r \neq i}^{N} \beta_{ir}X_i & M_i^{\mathrm{T}} & 0 & X_i\tilde{A}_i^{\mathrm{T}} & X_i\tilde{C}_{i2}^{\mathrm{T}} & X_i & X_i & X_i \\ * & -2S_i & 0 & -S_i(\tilde{B}_i + GE_{ci})^{\mathrm{T}} & 0 & 0 & 0 & 0 \\ * & * & -I & \tilde{E}_i^{\mathrm{T}} & 0 & 0 & 0 & 0 \\ * & * & * & -X_r & 0 & 0 & 0 & 0 \\ * & * & * & * & -\theta I & 0 & 0 & 0 \\ * & * & * & * & * & -\beta_{i1}^{-1}X_1 & 0 & 0 \\ * & * & * & * & * & * & O & 0 \\ * & * & * & * & * & * & * & -\beta_N^{-1}X_N \end{bmatrix} < 0, \tag{6.40}$$

其中 $\theta = \gamma^2$，并且（6.39）中的条件（b）可以由下式保证：

$$
\begin{bmatrix}
X_i + \sum\limits_{r=1, r\neq i}^{N} \delta_{ir} X_i & X_i K_i^{jT} - M_i^{jT} & X_i & X_i & X_i \\
* & \mu & 0 & 0 & 0 \\
* & * & \delta_{i1}^{-1} X_1 & 0 & 0 \\
* & * & * & O & 0 \\
* & * & * & * & \delta_{iN}^{-1} X_N
\end{bmatrix} \geq 0. \tag{6.41}
$$

那么，最优化问题（6.39）可以转化为

$$
\begin{aligned}
&\inf_{X_i, M_i, S_i, \beta_{ir}, \delta_{ir}} \theta \\
&\text{s.t.}\,(a)\,\text{inequality (6.40)}, \forall i \in I_N, \\
&\qquad (b)\,\text{inequality (6.41)}, \forall i \in I_N, \forall j \in Q_m.
\end{aligned} \tag{6.42}
$$

## 6.5 抗饱和补偿器设计与优化

事实上，可以进一步设计抗饱和补偿增益来进一步提高闭环系统（6.9）的性能。因此，通过设计抗饱和补偿增益可以得到 6.3 节和 6.4 节的最优解。令 $N_i = E_{ci} S_i$，则矩阵不等式（6.22）和（6.40）分别等价

$$
\begin{bmatrix}
-X_i - \sum\limits_{r=1, r\neq i}^{N} \beta_{ir} X_i & M_i^{T} & 0 & X_i \tilde{A}_i^{T} & X_i & X_i & X_i \\
* & -2S_i & 0 & -S_i \tilde{B}_i^{T} - N_i^{T} G^{T} & 0 & 0 & 0 \\
* & * & -I & \tilde{E}_i^{T} & 0 & 0 & 0 \\
* & * & * & -X_i & 0 & 0 & 0 \\
* & * & * & * & -\beta_{i1}^{-1} X_1 & 0 & 0 \\
* & * & * & * & * & O & 0 \\
* & * & * & * & * & * & -\beta_{iN1}^{-1} X_N
\end{bmatrix} < 0
\tag{6.43}
$$

和

$$
\begin{bmatrix}
\begin{matrix} -X_i - \\ \sum\limits_{r=1, r\neq i}^{N} \beta_{ir} X_i \end{matrix} & M_i^{\mathrm{T}} & 0 & X_i \tilde{A}_i^{\mathrm{T}} & X_i \tilde{C}_{i2}^{\mathrm{T}} & X_i & X_i & X_i \\
* & -2S_i & 0 & -S_i \tilde{B}_i^{\mathrm{T}} - N_i^{\mathrm{T}} G^{\mathrm{T}} & 0 & 0 & 0 & 0 \\
* & * & -I & \tilde{E}_i^{\mathrm{T}} & 0 & 0 & 0 & 0 \\
* & * & * & -X_i & 0 & 0 & 0 & 0 \\
* & * & * & * & -\theta I & 0 & 0 & 0 \\
* & * & * & * & * & -\beta_{i1}^{-1} X_1 & 0 & 0 \\
* & * & * & * & * & * & O & 0 \\
* & * & * & * & * & * & * & -\beta_{iN}^{-1} X_N
\end{bmatrix} < 0 \quad （6.44）
$$

因此，估计闭环系统（6.9）的最大容许干扰能力的优化问题可描述为优化问题

$$
\inf_{X_i,\, M_i,\, N_i,\, S_i,\, \beta_{ir},\, \delta_{ir}} \mu
$$
$$
\text{s.t.}\,(a)\,\text{inequality}\,(6.43),\, \forall i \in I_N,
$$
$$
(b)\,\text{inequality}\,(6.25),\, \forall i \in I_N,\, \forall j \in Q_m. \qquad （6.45）
$$

然后，当给定任意 $\beta \in \left(0,\, \beta^*\right]$，闭环系统（6.9）的受限 $L_2$-增益的最小上界可通过解如下优化问题获得，

$$
\inf_{X_i,\, M_i,\, N_i,\, S_i,\, \beta_{ir},\, \delta_{ir}} \theta
$$
$$
\text{s.t.}\,(a)\,\text{inequality}\,(6.44),\, \forall i \in I_N,
$$
$$
(b)\,\text{inequality}\,(6.41),\, \forall i \in I_N,\, \forall j \in Q_m. \qquad （6.46）
$$

当优化问题（6.45）和（6.46）有解时，就可以计算出抗饱和补偿增益 $E_{ci} = N_i S_i^{-1}$。

## 6.6　数值例子

为了说明所提方法的有效性，我们在本节给出了例子

$$
\begin{aligned}
x(k+1) &= A_i x(k) + B_\sigma \text{sat}(v_c(k)) + E_i w(k), \\
y(k) &= C_{i1} x(k), \\
z(k) &= C_{i2} x(k).
\end{aligned} \qquad （6.47）
$$

并且给出具有抗饱和补偿环节的动态输出反馈控制器

$$x_c(k+1) = A_{ci}x_c(k) + B_{ci}C_{i1}x(k) + E_{ci}(\text{sat}(v_c(k)) - v_c(k)),$$

$$v_c(k) = C_{ci}x_c(k) + D_{ci}C_ix(k), \ \forall i \in I_N. \tag{6.48}$$

其中 $\sigma \in I_2 = \{1, \ 2\}$,

$$A_1 = \begin{bmatrix} 1.25 & 0 \\ 0 & 0 \end{bmatrix}, A_2 = \begin{bmatrix} 0.339 & 0 \\ 0 & 1.487 \end{bmatrix},$$

$$B_1 = \begin{bmatrix} 0 \\ 0.75 \end{bmatrix}, B_2 = \begin{bmatrix} 0 \\ -1.3 \end{bmatrix}, E_1 = \begin{bmatrix} 0.3 & 0.02 \\ 0.44 & 0.04 \end{bmatrix},$$

$$E_2 = \begin{bmatrix} 0.6 & 0.35 \\ 0.55 & 0.1 \end{bmatrix}, C_{11} = \begin{bmatrix} 0.345 \\ 0.69 \end{bmatrix}^T, C_{21} = \begin{bmatrix} 0.17 \\ -0.3 \end{bmatrix}^T, C_{12} = \begin{bmatrix} 0.058 \\ 0.030 \end{bmatrix}^T,$$

$$C_{22} = \begin{bmatrix} -0.019 \\ 0.017 \end{bmatrix}^T, A_{c1} = \begin{bmatrix} 0.1133 & 0 \\ 0.0138 & -0.1143 \end{bmatrix},$$

$$A_{c2} = \begin{bmatrix} -0.0515 & 0 \\ 0.0043 & -0.0309 \end{bmatrix}, B_{c1} = \begin{bmatrix} -0.0209 \\ -0.0904 \end{bmatrix},$$

$$B_{c2} = \begin{bmatrix} -0.0525 \\ 0.0286 \end{bmatrix}, C_{c1} = \begin{bmatrix} 2.3191 \\ -0.4768 \end{bmatrix}^T,$$

$$C_{c2} = \begin{bmatrix} -2.9468 \\ -1.5688 \end{bmatrix}^T, D_{c1} = -0.5437, D_{c2} = -1.5199.$$

首先，利用 6.5 节提出的方法设计抗饱和补偿增益，使得利用多李雅普诺夫函数方法所得的闭环系统（6.47），（6.48）的容许干扰能力最大化。因此，通过求解优化问题（6.45），得到最优解

$$\mu^* = 0.0512, \ \beta^* = \mu^{*-1} = 19.5443,$$

$$S_1 = 100.6026, \ S_2 = 49.0746,$$

$$X_1 = \begin{bmatrix} 40.3865 & -3.7704 & -2.6631 & -3.5830 \\ * & 85.7636 & -7.8685 & 1.2099 \\ * & * & 7.4896 & 0.0544 \\ * & * & * & 49.6998 \end{bmatrix},$$

$$X_2 = \begin{bmatrix} 43.3526 & -4.0234 & -2.8885 & -3.8178 \\ * & 85.7749 & -8.6503 & 1.3275 \\ * & * & 7.4351 & 0.0541 \\ * & * & * & 49.6978 \end{bmatrix},$$

$$N_1 = \begin{bmatrix} -6.3077 \\ 2.4807 \end{bmatrix}, \quad N_2 = \begin{bmatrix} 7.3592 \\ -1.1133 \end{bmatrix},$$

$$M_1 = \begin{bmatrix} -3.9531 & -37.9724 & 15.3169 & -0.2201 \end{bmatrix},$$

$$M_2 = \begin{bmatrix} -1.6823 & -11.9026 & -18.5000 & 0.3105 \end{bmatrix},$$

$$E_{c1} = N_1 S_1^{-1} = \begin{bmatrix} -0.0627 \\ 0.0247 \end{bmatrix}, \quad E_{c2} = N_2 S_2^{-1} = \begin{bmatrix} 0.1500 \\ -0.0227 \end{bmatrix}.$$

此外，如果令 $E_{c1} = E_{c2} = 0$，获得优化解 $\beta^* = 3.1756$。这说明在抗饱和补偿器的作用下，增强了闭环系统的容许干扰能力。

最后，对于任意给定的 $\beta \in (0, \beta^*]$，通过求解优化问题（6.46），我们可以得到闭环切换系统（6.47）和（6.48）的受限 $L_2-$ 增益的最小上界。图 6.1 为不同的 $\beta \in (0, \beta^*]$ 和闭环系统的受限 $L_2-$ 增益的最小上界 $\gamma$ 的对应关系曲线。

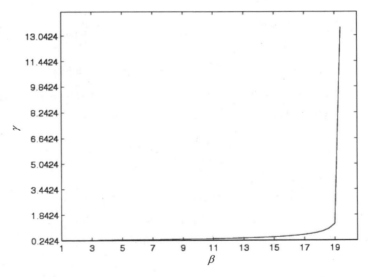

图6.1　对任意 $\beta \in (0, \beta^*]$，闭环系统（6.47）和（6.48）的受限 $L_2-$ 增益

另一方面，如果将文献［186］中的方法应用到本节所研究的系统中，就会发现所有的优化问题都没有解，这是因为文献［186］要求每个子系统都需要容许干扰／抑制问题可解。但是，很容易验证，在本例中，每个子系统的容许干扰／抑制问题都不可解。

## 6.7 小结

本章研究了一类受执行器饱和影响的离散时间切换系统的 $L_2-$ 增益分析和抗饱和设计问题。利用多李雅普诺夫函数方法，给出了容许干扰和受限 $L_2-$ 增益存在的充分条件。进一步，提出了一种抗饱和补偿器的设计方法，获得了闭环系统的最大容许干扰能力以及最小的受限 $L_2-$ 增益上界。

# 7 基于切换Lyapunov函数方法的离散饱和切换系统的稳定性分析与抗饱和设计

## 7.1 引言

在前面几章里，我们利用单 Lyapunov 和多 Lyapunov 函数方法，并借助凸组合及抗饱和技术处理执行器饱和非线性环节，研究了具有执行器饱和的切换系统的吸引域估计和扩大、干扰抑制及抗饱和设计问题。众所周知，基于单 Lyapunov 和多 Lyapunov 函数方法研究系统稳定性问题属于前文论述中的问题 C，即设计一个切换规律使切换系统稳定。尽管这两种方法都有各自的优点，但是在某种程度上，在任意切换下的稳定性是一个更完美的性质。因为这可以使我们能够在保持系统稳定性的情况下追求其他性能。众所周知，对于所有子系统，如果存在一个共同的李雅普诺夫函数，那么可以保证在任意切换下的稳定性。然而，要找到这样一个共同的李雅普诺夫函数往往是非常困难的。最近，文献［39］提出了一种切换 Lyapunov 函数方法，专门用于研究离散切换系统的稳定性分析和控制综合问题。此方法虽然不是共同 Lyapunov 函数方法，但是也能保证在任意切换下的切换系统稳定性。与共同的李雅普诺夫函数法相比，切换 Lyapunov 函数方法显然拥有更小的保守性。

本章利用切换 Lyapunov 函数方法研究了一类具有执行器饱和的不确定离散线性切换系统的稳定性分析与抗饱和设计问题。假定已经设计了一族线性动态输出反馈控制器镇定没有考虑执行器饱和的闭环系统。目的是设计抗饱和补偿器，使得存在执行器饱和条件下系统的吸引域估计最大化。然后，根据一个扇形非线性条件，抗饱和补偿器增益通过解带有线性矩阵不等式约束的凸优化问题获得。数值算例说明了所提出方法的有效性。

## 7.2 问题描述与预备知识

考虑具有执行器饱和的不确定离散线性切换系统

$$
\begin{cases}
x(k+1) = (A_\sigma + \Delta A_\sigma)x(k) + (B_\sigma + \Delta B_\sigma)\mathrm{sat}(u(k)), \\
y(k) = C_\sigma x(k).
\end{cases}
\tag{7.1}
$$

其中，$k \in Z^+ = \{0, 1, 2, \cdots\}$，$x(k) \in \mathrm{R}^n$ 是系统的状态，$u(k) \in \mathrm{R}^m$ 为控制输入，$y(k) \in \mathrm{R}^p$ 为测量输出。 是在 $I_N = \{1, \cdots, N\}$ 中取值的切换信号，$\sigma = i$ 意味着第 $i$ 个子系统被激活。$A_i$，$B_i$ 和 $C_i$ 为适当维数的常数矩阵，$\Delta A_i$ 和 $\Delta B_i$ 为时变不确定矩阵，结构同式（3.3）。

**假设 7.1** 我们假定已经为系统（7.1）的每个子系统设计好了一个 $n_c$ 阶的线性动态控制器，如下式所示：

$$
\begin{cases}
x_c(k+1) = A_{ci}x_c(k) + B_{ci}u_c(k), \\
v_c(k) = C_{ci}x_c(k) + D_{ci}u_c(k), \\
\qquad \forall i \in I_N.
\end{cases}
\tag{7.2}
$$

其中，$x_c(k) \in \mathrm{R}^{n_c}$，$u_c(k) = y(k)$ 和 $v_c(k) = u(k)$ 分别为动态控制器的状态向量、输入向量以及输出向量。这些动态控制器用来镇定不存在执行器饱和时的系统（7.1），并且满足系统设计的性能指标要求。

为了弱化执行器饱和给系统带来的不利影响，实际中经常采用的一种方法就是在控制器动态上增加一个额外的反馈补偿项。这个补偿项利用了控制器输出信号和饱和的控制信号之间的偏差。一个典型的抗饱和补偿器增加的修正项为 $E_{ci}(\mathrm{sat}(v_c(k)) - v_c(k))$。经过修正后的控制器为

$$
\begin{cases}
x_c(k+1) = A_{ci}x_c(k) + B_{ci}u_c(k) + E_{ci}(\mathrm{sat}(v_c(k)) - v_c(k)), \\
v_c(k) = C_{ci}x_c(k) + D_{ci}u_c(k), \ \forall i \in I_N.
\end{cases}
\tag{7.3}
$$

显然，由于引入了修正项，使得控制器（7.3）在系统发生执行器饱和时能够尽可能修正系统的状态以及饱和系统的性能，而不存在饱和时将不影响系统原来的标称设计性能。考虑式（7.1）和（7.3），则闭环系统可以被写为

$$\begin{cases} x(k+1) = (A_i + \Delta A_i)x(k) + (B_i + \Delta B_i)\mathrm{sat}(v_c(k)), \\ y(k) = C_i x(k), \\ x_c(k+1) = A_{ci}x_c(k) + B_{ci}C_i x(k) + E_{ci}(\mathrm{sat}(v_c(k)) - v_c(k)), \\ v_c(k) = C_{ci}x_c(k) + D_{ci}C_i x(k), \forall i \in I_N. \end{cases} \quad (7.4)$$

接下来，我们定义新的状态向量和一些矩阵，其中

$$\zeta(k) = \begin{bmatrix} x(k) \\ x_c(k) \end{bmatrix} \in \mathrm{R}^{n+n_c}, \quad (7.5)$$

$$\tilde{A}_i = \begin{bmatrix} A_i + B_i D_{ci}C_i & B_i C_{ci} \\ B_{ci}C_i & A_{ci} \end{bmatrix}, \tilde{B}_i = \begin{bmatrix} B_i \\ 0 \end{bmatrix},$$

$$G = \begin{bmatrix} 0 & I_{n_c} \end{bmatrix}^{\mathrm{T}}, K_i = \begin{bmatrix} D_{ci}C_i & C_{ci} \end{bmatrix},$$

$$\tilde{T}_i = \begin{bmatrix} T_i^{\mathrm{T}} & 0 \end{bmatrix}^{\mathrm{T}}, \tilde{F}_i = \begin{bmatrix} F_{1i} + F_{2i}D_{ci}C_i & F_2 C_{ci} \end{bmatrix}.$$

因此，根据（7.4）和（7.5），闭环系统可重新写为

$$\zeta(k+1) = (\tilde{A}_i + \tilde{T}_i\Gamma(k)\tilde{F}_i)\zeta(k) - (\tilde{B}_i + GE_{ci} + \tilde{T}_i\Gamma(k)F_{2i})\psi(v_c), \forall i \in I_N. \quad (7.6)$$

其中，$v_c = K_i\zeta(k)$，$\psi(v_c) = v_c - \mathrm{sat}(v_c)$ 就是所谓的死区非线性函数。

然后，我们定义切换指示函数

$$\eta(k) = \begin{bmatrix} \eta_1(k), \cdots, \eta_N(k) \end{bmatrix}^{\mathrm{T}}.$$

其中，当第 $i$ 个子系统被激活时，$\eta_i(k) = 1$；否则 $\eta_i(k) = 0$。所以，闭环系统（7.6）也可以写成

$$\zeta(k+1) = \sum \eta_i(k)[(A_i + \tilde{T}_i\Gamma(k)\tilde{F}_i)\zeta(k) - (\tilde{B}_i + GE_{ci} + \tilde{T}_i\Gamma(k)F_i)\psi(v_c)], \forall i \in I_N. \quad (7.7)$$

# 7.3　稳定性条件

在本节，假设抗饱和补偿器增益矩阵 $E_{ci}$ 给定，然后通过利用切换 Lyapunov 函数方法给出闭环系统（7.7）在原点渐近稳定的充分条件。其目的是进一步研究其抗饱和设计与吸引域估计问题。

**定理 7.1**　如果存在正定矩阵 $P_i \in \mathrm{R}^{(n+n_c)\times(n+n_c)}$、正定对角矩阵 $J_i \in \mathrm{R}^{m\times m}$、$H_i \in \mathrm{R}^{m\times(n+n_c)}$ 以及标量 $\lambda_{ir} > 0$，使得矩阵不等式

$$
\begin{bmatrix}
-P_i & H_i^{\mathrm{T}} J_i & \tilde{A}_i^{\mathrm{T}} P_r & \tilde{F}_i^{\mathrm{T}} \\
* & -2J_i & \begin{aligned} & -(\tilde{B}_i \\ & +GE_{ci})^{\mathrm{T}} P_r \end{aligned} & -F_{2i}^{\mathrm{T}} \\
* & * & \begin{aligned} & -P_r \\ & +\lambda_{ir} P_r \tilde{T}_i \tilde{T}_i^{\mathrm{T}} P_r \end{aligned} & 0 \\
* & * & * & -\lambda_{ir} I
\end{bmatrix} < 0 \tag{7.8}
$$

$$
\forall (i,r) \in I_N \times I_N,
$$

成立，并且满足

$$
\Omega(P_i) \subset L(K_i, H_i), \forall i \in I_N, \tag{7.9}
$$

那么在任意切换规则下，闭环系统（7.7）的原点是渐近稳定的，并且集合 $\bigcup_{i=1}^N \Omega(P_i)$ 被包含在吸引域中。

**证明**　根据条件（7.9）可知，如果 $\forall \zeta \in \Omega(P_i)$，那么 $\zeta \in L(K_i, H_i)$。因此，根据引理 2.5，对于 $\forall \zeta \in \Omega(P_i)$，$\psi(K_i \zeta(k)) = K_i \zeta(k) - \mathrm{sat}(K_i \zeta(k))$ 满足扇形条件（2.43）。

选取下面的函数作为闭环系统（7.7）的切换 Lyapunov 候选函数：

$$
V(\zeta(k)) = \zeta^{\mathrm{T}}(k) \left( \sum_{i=1}^N \eta_i(k) P_i \right) \zeta(k). \tag{7.10}
$$

那么对 $x \neq 0$，切换 Lyapunov 函数 $V(\zeta(k))$（7.10）沿着系统（7.7）轨线的差分满足

$$
\begin{aligned}
\Delta V(\zeta(k)) =\ & \zeta^{\mathrm{T}}(k+1) \left( \sum_{r=1}^N \eta_r(k+1) P_r \right) \zeta(k+1) \\
& - \zeta^{\mathrm{T}}(k) \left( \sum_{i=1}^N \eta_i(k) P_i \right) \zeta(k) \\
=\ & \left\{ \sum_{i=1}^N \eta_i(k) \left[ (\tilde{A}_i + \tilde{T}_i \Gamma(k) \tilde{F}_i) \zeta(k) - (\tilde{B}_i + GE_{ci} \right. \right. \\
& \left. \left. + \tilde{T}_i \Gamma(k) F_{2i}) \psi(K_i \zeta(k)) \right]^{\mathrm{T}} \right\} \left( \sum_{i=1}^N \eta_r(k+1) P_r \right) \\
& \times \left\{ \sum_{i=1}^N \eta_i(k) [ (\tilde{A}_i + \tilde{T}_i \Gamma(k) \tilde{F}_i) \zeta(k) - (\tilde{B}_i + GE_{ci} \right. \\
& \left. + \tilde{T}_i \Gamma(k) F_{2i}) \psi(K_i \zeta(k)) ] \right\} - \zeta^{\mathrm{T}}(k) \left( \sum_{i=1}^N \eta_i(k) P_i \right) \zeta(k).
\end{aligned} \tag{7.11}
$$

因此，对 $\forall \zeta(k) \in \Omega(P_i)$，根据引理2.5和条件（7.9）可得

$$
\begin{aligned}
\Delta V(\zeta(k)) \leqslant & \left\{\sum_{i=1}^{N} \eta_i(k)\left[(\tilde{A}_i + \tilde{T}_i\Gamma(k)\tilde{F}_i)\zeta(k) - (\tilde{B}_i + GE_{ci}\right.\right. \\
& \left.\left. + \tilde{T}_i\Gamma(k)F_{2i})\psi(K_i\zeta(k))\right]^{\mathrm{T}}\right\}\left(\sum_{r=1}^{N} \eta_r(k+1)P_r\right) \\
& \times \left\{\sum_{i=1}^{N} \eta_i(k)\left[(\tilde{A}_i + \tilde{T}_i\Gamma(k)\tilde{F}_i)\zeta(k) - (\tilde{B}_i + GE_{ci}\right.\right. \\
& \left.\left. + \tilde{T}_i\Gamma(k)F_{2i})\psi(K_i\zeta(k))\right]\right\} - \zeta^{\mathrm{T}}(k)\left(\sum_{i=1}^{N} \eta_i(k)P_i\right) \\
& \times \zeta(k) - 2\psi^{\mathrm{T}}(K_i\zeta)J_i\left[\psi(K_i\zeta) - H_i\zeta\right],
\end{aligned}
$$

或者等价于

$$
\Delta V(\zeta(k)) \leqslant \begin{bmatrix} \zeta \\ \psi \end{bmatrix}^{\mathrm{T}} \begin{bmatrix} \Pi_{ir1} & \Pi_{ir2} \\ * & \Pi_{ir3} \end{bmatrix} \begin{bmatrix} \zeta \\ \psi \end{bmatrix}, \tag{7.12}
$$
$$
\forall(i, r) \in I_N \times I_N.
$$

其中，

$$
\Pi_{ir1} = (\tilde{A}_i + \tilde{T}_i\Gamma\tilde{F}_i)^{\mathrm{T}}P_r(\tilde{A}_i + \tilde{T}_i\Gamma\tilde{F}_i) - P_i,
$$
$$
\Pi_{ir2} = -(\tilde{A}_i + \tilde{T}_i\Gamma\tilde{F}_i)^{\mathrm{T}}P_r(\tilde{B}_i + GE_{ci} + \tilde{T}_i\Gamma F_{2i}) + H_i^{\mathrm{T}}J_i
$$
$$
\Pi_{ir3} = (\tilde{B}_i + GE_{ci} + \tilde{T}_i\Gamma F_{2i})^{\mathrm{T}}P_r(\tilde{B}_i + GE_{ci} + \tilde{T}_i\Gamma F_{2i}) - 2J_i.
$$

然后根据引理2.3，式（7.8）等价于

$$
\begin{aligned}
& \begin{bmatrix} -P_i & H_i^{\mathrm{T}}J_i & \tilde{A}_i^{\mathrm{T}}P_r \\ * & -2J_i & -(\tilde{B}_i + GE_{ci})^{\mathrm{T}}P_r \\ * & * & -P_r \end{bmatrix} + \lambda_{ir}\begin{bmatrix} 0 \\ 0 \\ P_r\tilde{T}_i \end{bmatrix} \\
& \times \begin{bmatrix} 0 \\ 0 \\ P_r\tilde{T}_i \end{bmatrix}^{\mathrm{T}} + \lambda_{ir}^{-1}\begin{bmatrix} \tilde{F}_i^{\mathrm{T}} \\ -F_{2i}^{\mathrm{T}} \\ 0 \end{bmatrix}\begin{bmatrix} \tilde{F}_i^{\mathrm{T}} \\ -F_{2i}^{\mathrm{T}} \\ 0 \end{bmatrix}^{\mathrm{T}} < 0.
\end{aligned} \tag{7.13}
$$

根据引理4.1可知，如果（7.13）成立，则有

$$
\begin{bmatrix} -P_i & H_i^{\mathrm{T}}J_i & (\tilde{A}_i + \tilde{T}_i\Gamma\tilde{F}_i)^{\mathrm{T}}P_r \\ * & -2J_i & -(\tilde{B}_i + GE_{ci} + \tilde{T}_i\Gamma F_{2i})^{\mathrm{T}}P_r \\ * & * & -P_r \end{bmatrix} < 0.
$$

对上式应用引理2.3，我们可得

$$\begin{bmatrix} \Pi_{ir1} & \Pi_{ir2} \\ * & \Pi_{ir3} \end{bmatrix} < 0.$$

所以有

$$\Delta V(\zeta(k)) < 0. \tag{7.14}$$

结合条件（7.9）和（7.14），我们可以获得如下结论：

① 每个子系统在原点都是渐近稳定的，并且集合 $\Omega(P_i)$ 被包含在吸引域中。

② 当 $\sigma(k) = i$，$\sigma(k+1) = r$ 时，由于 $V(k+1) < V(k)$，所以第 $r$ 个子系统的状态轨迹将在集合 $\Omega(P_r)$ 内。

所以，闭环系统（7.7）从集合 $\bigcup_{i=1}^{N} \Omega(P_i)$ 内出发的状态轨迹将一直保持在这个集合里。更进一步，在任意切换规则下，闭环系统（7.7）在原点是渐近稳定的，并且集合 $\bigcup_{i=1}^{N} \Omega(P_i)$ 被包含在吸引域中。证毕。

## 7.4　抗饱和补偿器设计及吸引域估计

在本节，在任意切换规则下，我们设计抗饱和补偿器使得闭环系统（7.7）的原点是渐近稳定的，同时使得闭环系统（7.7）的吸引域估计最大化。

**定理 7.2**　如果存在 $N$ 个正定矩阵 $X_i \in \mathrm{R}^{(n+n_c) \times (n+n_c)}$，矩阵 $M_i \in \mathrm{R}^{m \times (n+n_c)}$，$N_i \in \mathrm{R}^{n_c \times m}$，正定对角矩阵 $S_i \in \mathrm{R}^{m \times m}$ 以及一组正实数 $\lambda_{ir} > 0$，满足线性矩阵不等式组

$$\begin{bmatrix} -X_i & M_i^{\mathrm{T}} & X_i \tilde{A}_i^{\mathrm{T}} & X_i \tilde{F}_i^{\mathrm{T}} \\ * & -2S_i & -S_i \tilde{B}_i^{\mathrm{T}} - N_i^{\mathrm{T}} G^{\mathrm{T}} & -S_i F_{2i}^{\mathrm{T}} \\ * & * & -X_r + \lambda_{ir} \tilde{T}_i \tilde{T}_i^{\mathrm{T}} & 0 \\ * & * & * & -\lambda_{ir} I \end{bmatrix} < 0 \tag{7.15}$$

$$\forall (i, r) \in I_N \times I_N,$$

和

$$\begin{bmatrix} X_i & X_i K_i^{j\mathrm{T}} - M_i^{j\mathrm{T}} \\ * & I \end{bmatrix} \geq 0. \tag{7.16}$$

$$\forall i \in I_N, j \in Q_m,$$

其中，$K_i^j$，$M_i^j$ 分别为矩阵 $K_i$ 和 $M_i$ 的第 $j$ 行，则在任意切换规则下，闭环系统（7.7）的原点是渐近稳定的，并且集合 $\bigcup_{i=1}^{N} \Omega(X_i^{-1})$ 被包含在吸引域中，同时抗饱和补偿增益阵由下式给出：

$$E_{ci} = N_i S_i^{-1}. \tag{7.17}$$

**证明** 对线性矩阵不等式（7.8）两端分别左乘和右乘

$$\begin{bmatrix} P_i^{-1} & 0 & 0 & 0 \\ * & J_i^{-1} & 0 & 0 \\ * & * & P_r^{-1} & 0 \\ * & * & * & I \end{bmatrix},$$

我们得到

$$\begin{bmatrix} -P_i^{-1} & P_i^{-1}H_i^{\mathrm{T}} & P_i^{-1}\tilde{A}_i^{\mathrm{T}} & P_i^{-1}\tilde{F}_i^{\mathrm{T}} \\ * & -2J_i^{-1} & -J_i^{-1}(\tilde{B}_i + GE_{ci})^{\mathrm{T}} & -J_i^{-1}F_{2i}^{\mathrm{T}} \\ * & * & -P_r^{-1} + \lambda_{ir}\tilde{T}_i\tilde{T}_i^{\mathrm{T}} & 0 \\ * & * & * & -\lambda_{ir}I \end{bmatrix} < 0. \tag{7.18}$$

接下来，令 $P_i^{-1} = X_i$，$J_i^{-1} = S_i$，$H_i X_i = M_i$，$E_{ci}S_i = N_i$，并将其带入上式我们得到

$$\begin{bmatrix} -X_i & M_i^{\mathrm{T}} & X_i\tilde{A}_i^{\mathrm{T}} & X_i\tilde{F}_i^{\mathrm{T}} \\ * & -2S_i & -S_i\tilde{B}_i^{\mathrm{T}} - N_i^{\mathrm{T}}G^{\mathrm{T}} & -S_iF_{2i}^{\mathrm{T}} \\ * & * & -X_r + \lambda_{ir}\tilde{T}_i\tilde{T}_i^{\mathrm{T}} & 0 \\ * & * & * & -\lambda_{ir}I \end{bmatrix} < 0,$$

即式（7.15）成立。

类似的，根据前述相关章节，易知约束条件（7.9）可等价于

$$P_i - (K_i^j - H_i^j)^{\mathrm{T}}(K_i^j - H_i^j) \geqslant 0. \tag{7.19}$$

根据引理2.3，式（7.19）等价于

$$\begin{bmatrix} P_i & (K_i^j - H_i^j)^{\mathrm{T}} \\ * & I \end{bmatrix} \geqslant 0. \tag{7.20}$$

进一步，对式（7.20）两端分别左乘和右乘矩阵

$$\begin{bmatrix} P_i^{-1} & 0 \\ * & I \end{bmatrix},$$

可得

$$\begin{bmatrix} P_i^{-1} & P_i^{-1}(K_i^j - H_i^j)^{\mathrm{T}} \\ * & I \end{bmatrix} \geqslant 0. \tag{7.21}$$

易知，式（7.21）等价于式（7.16）。

因此，可知在任意切换规则下，闭环系统（7.7）的原点是渐近稳定的，并且集合 $\bigcup_{i=1}^{N} \Omega(X_i^{-1})$ 被包含在吸引域中。证毕。

**注 7.1** 令 $X_i = X_j = \tilde{X}$，$M_i = M_j = \tilde{M}$，$N_i = N_j = \tilde{N}$，$S_i = S_j = \tilde{S}$，$\tilde{A}_i = \tilde{A}$，$\tilde{B}_i = \tilde{B}$，$\tilde{K}_i = \tilde{K}$，并且不考虑不确定性，此时系统（7.7）变为一般的非切换的带有执行器饱和的线性离散系统。在这种情况下，定理 7.2 退化为 [165] 中的定理 1。因此，定理 7.2 可以看作文献 [165] 中相关结果的推广。

定理 7.2 给出了在任意切换规则下闭环系统（7.7）在原点渐近稳定的充分条件，并且给出了抗饱和补偿器的设计方法。但是，我们设计抗饱和补偿器的目的是扩大闭环系统的吸引域估计。具体来说，我们是想通过设计 $E_{ci}$ 使得集合 $\bigcup_i (\ _i)$ 最大化。通常，有两种方法度量集合的大小，第一种是测量集合的体积，第二种就是考虑集合的形状。跟前几章一样，本章依然采纳第二种方法，即通过引入一个形状参考集合 $X_R$ 来度量集合的大小。

两种典型的参考集 $X_R$ 类型为椭球体

$$X_R = \left\{ \zeta \in \mathbf{R}^{n+n_c} : \zeta^{\mathrm{T}} R \zeta \leqslant 1, R > 0 \right\}.$$

以及多面体

$$X_R = \mathrm{cov}\left\{ \zeta_1, \zeta_2, \cdots, \zeta_l \right\}.$$

其中，$\zeta_1, \zeta_2, \cdots, \zeta_l$ 为给定的 $n + n_c$ 维向量，$\mathrm{cov}\{\cdot\}$ 表示这组向量凸包。

结果，利用上面定义的参考集，我们可以设计抗饱和补偿器使得集合 $\bigcup_{i=1}^{N} \Omega(X_i^{-1})$ 最大化。这个问题可以描述为求解优化问题

$$\begin{aligned} &\sup_{X_i, M_i, N_i, S_i, \lambda_{ir}} \alpha, \\ &\mathrm{s.t.}\,(a)\,\alpha X_R \subset \Omega(X_i^{-1}), \forall i \in I_N, \\ &\qquad (b)\,\text{inequality (7.15)}, \forall (i,r) \in I_N \times I_N, \\ &\qquad (c)\,\text{inequality (7.16)}, \forall i \in I_N, j \in Q_m. \end{aligned} \tag{7.22}$$

如果选择 $X_R$ 为椭球体，则 $(a)$ 等价于

$$\begin{bmatrix} \dfrac{1}{\alpha^2}R & I \\ I & X_i \end{bmatrix} \geqslant 0, \forall i \in I_N. \tag{7.23}$$

当选择 $X_R$ 是多面体时，那么 $(a)$ 就等价于

$$\begin{bmatrix} \dfrac{1}{\alpha^2} & \zeta_q^T \\ \zeta_q & X_i \end{bmatrix} \geqslant 0, \forall q \in [1, l], i \in I_N. \tag{7.24}$$

令 $\gamma = \dfrac{1}{\alpha^2}$。那么，当我们选择 $X_R$ 为椭球体时，则优化问题（7.22）可等价转化为优化问题

$$\inf_{X_i, M_i, N_i, S_i, \lambda_{ir}} \gamma,$$

$$\text{s.t.} (a) \begin{bmatrix} \gamma R & I \\ I & X_i \end{bmatrix} \geqslant 0, \forall i \in I_N,$$

$$(b) \text{ inequality } (7.15), \forall (i, r) \in I_N \times I_N, \tag{7.25}$$

$$(c) \text{ inequality } (7.16), \forall i \in I_N, j \in Q_m.$$

同理，如果选择 $X_R$ 为多面体，那么优化问题（7.22）又可等价转化为优化问题

$$\inf_{X_i, M_i, N_i, S_i, \lambda_{ir}} \gamma,$$

$$\text{s.t.} (a) \begin{bmatrix} \gamma & \zeta_q^T \\ \zeta_q & X_i \end{bmatrix} \geqslant 0, \forall q \in [1, l], i \in I_N.$$

$$(b) \text{ inequality } (7.15), \forall (i, r) \in I_N \times I_N, \tag{7.26}$$

$$(c) \text{ inequality } (7.16), \forall i \in I_N, j \in Q_m.$$

**注 7.2** 由于利用了文献［165］提出的一种改进的扇形条件，抗饱和补偿器的设计问题和吸引域的估计问题可转化为带有线性矩阵不等式约束的凸优化问题，此类优化问题可以方便地利用 Matlab 中的 LMIs 工具箱中的求解器直接来求解。

## 7.5 数值例子

考虑具有执行器饱和的不确定线性离散切换系统

$$\begin{cases} x(k+1) = (A_i + \Delta A_i)x(k) + (B_i + \Delta B_i)\mathrm{sat}(v_c(k)), \\ y(k) = C_i x(k), \end{cases} \quad (7.27)$$

以及带有补偿环节的动态控制器

$$\begin{cases} x_c(k+1) = A_{ci}x_c(k) + B_{ci}C_i x(k) + E_{ci}(\mathrm{sat}(v_c(k)) - v_c(k)), \\ v_c(k) = C_{ci}x_c(k) + D_{ci}C_i x(k), \end{cases} \quad (7.28)$$

其中，$\sigma \in I_2 = \{1, 2\}$，$x(0) = [2 \ -1]^T$，$x_c(0) = [-1 \ -1]^T$，

$$A_1 = \begin{bmatrix} 0.1 & 0 \\ 1.1 & 1 \end{bmatrix}, A_2 = \begin{bmatrix} -1 & -0.1 \\ 0 & -0.2 \end{bmatrix}, B_1 = \begin{bmatrix} 0.1 \\ -0.5 \end{bmatrix},$$

$$B_2 = \begin{bmatrix} -0.1 \\ -0.5 \end{bmatrix}, C_1 = \begin{bmatrix} 0.1 \\ 0.16 \end{bmatrix}^T, C_2 = \begin{bmatrix} -0.15 \\ 0.1 \end{bmatrix}^T,$$

$$A_{c1} = \begin{bmatrix} -0.5 & 0.3 \\ -0.2 & 0.5 \end{bmatrix}, A_{c2} = \begin{bmatrix} -0.3 & -0.1 \\ -0.1 & -0.4 \end{bmatrix},$$

$$B_{c1} = \begin{bmatrix} 0.4 \\ 0.3 \end{bmatrix}, B_{c2} = \begin{bmatrix} 0.5 \\ -2 \end{bmatrix}, C_{c1} = \begin{bmatrix} -0.7 \\ 0.5 \end{bmatrix}^T,$$

$$C_{c2} = \begin{bmatrix} 0.4 \\ 0.2 \end{bmatrix}^T, D_{c1} = 24, D_{c2} = 2.35, T_1 = T_2 = \begin{bmatrix} 0.1 \\ 0.1 \end{bmatrix},$$

$$F_{11} = F_{12} = \begin{bmatrix} 0.1 \\ 0.1 \end{bmatrix}^T, F_{21} = 0.1, F_{22} = 0.2, \Gamma(k) = \sin(k).$$

容易验证，在任意切换规则下，不考虑执行器饱和的闭环系统（7.27）和（7.28）的原点是全局渐近稳定的。但是当系统存在饱和时，通常情况下无法获得系统的全局渐近稳定性。因此，我们设计抗饱和补偿器使得带有执行器饱和的闭环系统（7.27）和（7.28）的原点渐近稳定的同时尽可能获得尽可能大的吸引域估计。

令 $R = \begin{bmatrix} 1 & 0 & 0 & 0 \\ 0 & 1 & 0 & 0 \\ 0 & 0 & 1 & 0 \\ 0 & 0 & 0 & 1 \end{bmatrix}$，通过解优化问题（7.25），得到如下优化解

$$\gamma = 0.0114, \lambda_{11} = 22.2010, \lambda_{22} = 19.3334,$$

$$\lambda_{12} = 35.4246, \lambda_{21} = 23.1537, S_1 = 90.1128, S_2 = 13.0865,$$

$$X_1 = \begin{bmatrix} 12.4649 & -10.2346 & -6.5062 & 2.4209 \\ * & 21.6221 & 10.8278 & -6.6128 \\ * & * & 26.0820 & 5.5874 \\ * & * & * & 32.4779 \end{bmatrix},$$

$$P_1 = \begin{bmatrix} 0.1328 & 0.0587 & 0.0086 & 0.0006 \\ * & 0.0946 & -0.0289 & 0.0198 \\ * & * & 0.0559 & -0.0161 \\ * & * & * & 0.0376 \end{bmatrix},$$

$$X_2 = \begin{bmatrix} 7.2739 & -4.4214 & -0.5332 & -1.8189 \\ * & 28.3480 & -1.8790 & -3.7490 \\ * & * & 31.1142 & -1.6177 \\ * & * & * & 32.6546 \end{bmatrix},$$

$$P_2 = \begin{bmatrix} 0.1569 & 0.0264 & 0.0049 & 0.0120 \\ * & 0.0404 & 0.0032 & 0.0063 \\ * & * & 0.0325 & 0.0023 \\ * & * & * & 0.0321 \end{bmatrix},$$

$$N_1 = \begin{bmatrix} -15.7859 \\ 6.7465 \end{bmatrix}, N_2 = \begin{bmatrix} 0.4586 \\ -3.0932 \end{bmatrix},$$

$$M_1 = \begin{bmatrix} -4.7283 & 45.4049 & 9.8064 & -6.4421 \end{bmatrix},$$

$$M_2 = \begin{bmatrix} -2.3661 & 6.6321 & 11.4488 & 4.9033 \end{bmatrix},$$

$$E_{c1} = \begin{bmatrix} -0.1752 \\ 0.0749 \end{bmatrix}, E_{c2} = \begin{bmatrix} 0.0350 \\ -0.2364 \end{bmatrix}.$$

图 7.1 为闭环系统（7.27）和（7.28）在抗饱和补偿器的作用下的状态响应曲线。图 7.2 为闭环系统（7.27）和（7.28）的动态控制器的状态响应曲线。闭环系统（7.27）和（7.28）的切换信号如图 7.3 所示。图 7.4 为闭环系统（7.27）和（7.28）的控制输入信号。通过图 7.4 可以看出：在初始时刻出现了执行器饱和。

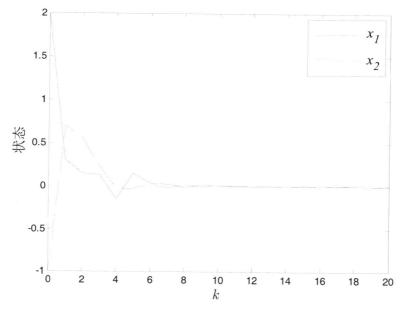

图7.1　闭环系统（7.27）和（7.28）的状态响应

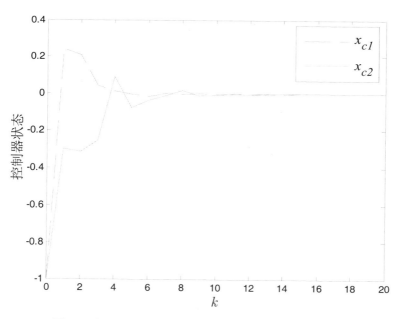

图7.2　闭环系统（7.27）和（7.28）控制器的状态响应

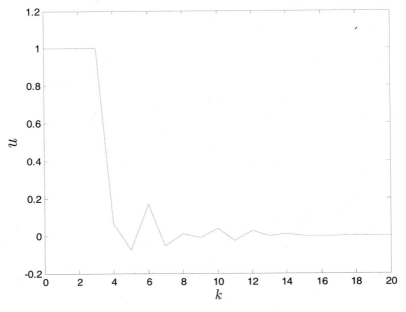

图7.3　闭环系统（7.27）和（7.28）的输入信号

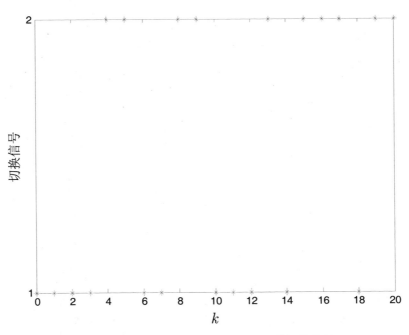

图7.4　闭环系统（7.27）和（7.28）的切换信号

另一方面，值得注意的是：如果令抗饱和补偿器增益 $E_{c1} = E_{c2} = 0$ ，那么相应获得的优化解是 $\gamma = 0.0402$ 。这说明通过设计抗饱和补偿器的确扩大了闭环系统（7.27）和（7.28）的吸引域估计。

# 7.6  小结

本章研究了一类具有执行器饱和的不确定离散线性切换系统的稳定性分析与抗饱和设计问题。利用切换 Lyapunov 函数方法和扇形条件，给出了抗饱和补偿器的设计方法，所设计的抗饱和补偿器不但能保证闭环系统的稳定性，而且使得闭环系统的吸引域估计最大化。抗饱和补偿器的设计问题和吸引域的估计问题可描述为求解带有线性矩阵不等式约束的凸优化问题。

# 8 基于切换Lyapunov函数方法的离散饱和切换系统的$L_2$-增益分析与抗饱和设计

## 8.1 引言

上一章我们利用切换 Lyapunov 函数方法研究了具有执行器饱和的离散切换系统的稳定性分析与抗饱和设计问题。实际上，切换 Lyapunov 函数方法不仅可用于切换系统的稳定性分析与设计，也可以利用此方法分析切换系统的干扰抑制问题。文献［207］结合线性矩阵不等式和切换 Lyapunov 函数技术，研究了不确定离散时间切换系统的 $L_2$- 增益分析与控制综合问题。文献［208］利用切换 Lyapunov 函数方法研究了一类系统矩阵中具有凸有界参数不确定性的线性切换系统的 $L_2$- 增益分析和控制综合问题。文献［209］基于切换 Lyapunov 函数技术处理一类带有参数不确定的离散时间切换系统的$H_\infty$动态输出反馈控制问题。利用切换 Lyapunov 函数和广义系统方法，通过无记忆状态反馈，文献［210］建立了具有模型相关的时滞不确定离散切换系统鲁棒稳定性、镇定和$H_\infty$控制的新的时滞相关判据。基于切换 Lyapunov 函数方法，文献［211］研究了一类具有时滞的线性离散切换系统的$H_\infty$输出反馈控制问题。文献［212］利用切换 Lyapunov 泛函方法，研究了一类系统矩阵中具有凸有界参数不确定性的切换时滞系统的 $L_2$- 增益分析和控制综合问题。针对非线性离散时间切换系统，文献［213］考虑了任意切换条件下的稳定性分析与镇定控制律的设计问题。

另外，通过设计抗饱和补偿器研究非切换系统的干扰抑制问题的成果已有不少。文献［154］提出了非线性 $L_2$ 抗饱和的框架，还给出了非线性动态抗饱和综合，能够解决一类非指数不稳定的系统的全局抗饱和问题。文献［156］针对开环稳定系统，采用 $H_2$，$H_\infty$ 控制综合的方法设计了补偿器，并用优化算法得到了 $L_2-$ 增益的界。文献［156，160］运用动态抗饱和控制器研究了一般执行器饱和线性系统的区域稳定性和 $L_2$ 性能。文献［214］进一步考虑了抗饱和系统的性能，给出了动态抗饱和补偿器的一种构造性算法，得到了受限 $L_2-$ 增益的最小上界。最近，文献［166-168］运用一种改进的扇形非线性条件给出了设计抗饱和补偿器的方法，来增强闭环系统的容许干扰能力和干扰抑制能力，所有结果都通过解带有线性矩阵不等式的凸优化问题来解决。相比于传统的扇形非线性的处理方法，采用这种处理饱和的思想，得到的结果具有较低的保守性。以上文献都是针对非切换饱和系统，运用抗饱和技术对干扰抑制问题进行研究。但是，据我们所知，基于切换 Lyapunov 函数技术的饱和切换系统的抗饱和设计以及干扰抑制的结果尚鲜有报道。

本章利用切换 Lyapunov 函数方法并结合一个扇形非线性条件研究了一类具有执行器饱和和外部干扰的离散线性切换系统的 $L_2-$ 增益分析与抗饱和设计问题。首先，在抗饱和补偿器事先给定的前提下，给出了确保闭环系统在外部干扰作用下的状态轨迹有界的充分条件。然后在此基础上，分析闭环系统的受限 $L_2-$ 增益。进一步，设计了抗饱和补偿器来保证系统的容许干扰能力最大化和受限 $L_2-$ 增益上界的最小化。所有优化问题可转化为具有线性矩阵不等式约束的凸优化问题。最后给出一个数值例子进行仿真以说明所提出方法的有效性。

## 8.2　问题描述与预备知识

我们考虑具有执行器饱和和外部干扰的离散线性切换系统

$$\begin{cases} x(k+1) = A_\sigma x(k) + B_\sigma \mathrm{sat}(u(k)) + E_\sigma w(k), \\ y(k) = C_{\sigma 1} x(k), \\ z(k) = C_{\sigma 2} x(k). \end{cases} \tag{8.1}$$

其中，$k \in Z^+ = \{0, 1, 2, \cdots\}$，$x(k) \in \mathrm{R}^n$ 是系统的状态，$u(k) \in \mathrm{R}^m$ 为控制输入，$y(k) \in \mathrm{R}^p$ 为测量输出，$z(k) \in \mathrm{R}^l$ 表示被控输出，$w(k) \in \mathrm{R}^q$ 为外部干扰输入。$\sigma$ 是在 $I_N = \{1, \cdots, N\}$ 中取值的切换信号，$\sigma = i$ 意味着第 $i$ 个子系统被激活。$A_i$，$B_i$，$E_i$，$C_{i1}$ 和 $C_{i2}$ 为适当维数的常数矩阵。同样的，对外部干扰输入的规定如

式（5.2）所示。

**假设 8.1** 对系统（8.1），考虑每个子系统有 $n_c$ 阶线性动态控制器

$$\begin{cases} x_c(k+1) = A_{ci}x_c(k) + B_{ci}u_c(k), \\ \quad v_c(k) = C_{ci}x_c(k) + D_{ci}u_c(k), \\ \forall i \in I_N. \end{cases} \tag{8.2}$$

其中，$x_c(k) \in \mathbf{R}^{n_c}$，$u_c(k) = y(k)$ 和 $v_c(k) = u(k)$ 分别为动态控制器的状态向量、输入向量以及输出向量。我们假定这些动态控制器已经设计好，并且满足不考虑执行器饱和的系统某些性能指标要求。

跟上一章类似，为了尽可能消除由于执行器饱和给系统带来的不良影响，我们在动态控制器（8.2）上添加反馈补偿项。所增加的修正项的具体形式为 $E_{ci}(\mathrm{sat}(v_c(k)) - v_c(k))$。所以，经过修正后的控制器为

$$\begin{cases} x_c(k+1) = A_{ci}x_c(k) + B_{ci}u_c(k) + E_{ci}(\mathrm{sat}(v_c(k)) - v_c(k)), \\ v_c(k) = C_{ci}x_c(k) + D_{ci}u_c(k), \ \forall i \in I_N. \end{cases} \tag{8.3}$$

然后结合式（8.1）和（8.3），则闭环系统可以写为

$$\begin{cases} x(k+1) = A_ix(k) + B_i\mathrm{sat}(v_c(k)) + E_iw(k), \\ y(k) = C_{i1}x(k), \\ z(k) = C_{i2}x(k), \\ x_c(k+1) = A_{ci}x_c(k) + B_{ci}C_{i1}x(k) + E_{ci}(\mathrm{sat}(v_c(k)) - v_c(k)), \\ v_c(k) = C_{ci}x_c(k) + D_{ci}C_{i1}x(k), \forall i \in I_N. \end{cases} \tag{8.4}$$

接着，我们定义新的状态向量和一些矩阵：

$$\zeta(k) = \begin{bmatrix} x(k) \\ x_c(k) \end{bmatrix} \in \mathbf{R}^{n+n_c}, \tag{8.5}$$

$$\tilde{A}_i = \begin{bmatrix} A_i + B_iD_{ci}C_{i1} & B_iC_{ci} \\ B_{ci}C_{i1} & A_{ci} \end{bmatrix}, \tilde{B}_i = \begin{bmatrix} B_i \\ 0 \end{bmatrix},$$

$$G = \begin{bmatrix} 0 \\ I_{n_c} \end{bmatrix}, K_i = \begin{bmatrix} D_{ci}C_{i1} & C_{ci} \end{bmatrix},$$

$$\tilde{E}_i = \begin{bmatrix} E_i \\ 0 \end{bmatrix}, \tilde{C}_{i2} = \begin{bmatrix} C_{i2} & 0 \end{bmatrix}.$$

考虑（8.4）和（8.5），得到的闭环系统为

$$\begin{cases} \zeta(k+1) = \tilde{A}_i\zeta(k) - (\tilde{B}_i + GE_{ci})\psi(v_c) + \tilde{E}_i w(k), \\ z(k) = \tilde{C}_{i2}\zeta(k), \forall i \in I_N. \end{cases} \qquad (8.6)$$

其中，$v_c = K_i\zeta(k)$，$\psi(v_c) = v_c - \mathrm{sat}(v_c)$。

接下来，我们定义切换指示函数为

$$\eta(k) = \begin{bmatrix} \eta_1(k), & \cdots, & \eta_N(k) \end{bmatrix}^{\mathrm{T}}.$$

其中，当第 $i$ 个子系统被激活时，$\eta_i(k) = 1$；否则 $\eta_i(k) = 0$。因此，闭环系统（8.6）又可表示为

$$\begin{cases} \zeta(k+1) = \displaystyle\sum_{i=1}^{N} \eta_i(k)\left[ \tilde{A}_i\zeta(k) - (\tilde{B}_i + GE_{ci})\psi(v_c) + \tilde{E}_i w(k) \right], \\ z(k) = \displaystyle\sum_{i=1}^{N} \eta_i(k)\tilde{C}_{i2}\zeta(k), \ \forall i \in I_N. \end{cases} \qquad (8.7)$$

**定义 8.1**[188]  给定 $\gamma > 0$，则在任意切换律下，对满足所有非零 $w(k) \in W_\beta^2$ 和初始状态 $x_0 = 0$，使得不等式

$$\sum_{k=0}^{\infty} z^{\mathrm{T}}(k)z(k) < \gamma^2 \sum_{k=0}^{\infty} w^{\mathrm{T}}(k)w(k) \qquad (8.8)$$

成立，则系统（8.7）称为具有从干扰输入 $w$ 到控制输出 $z$ 小于 $\gamma$ 的受限 $L_2$– 增益。

# 8.3  容许干扰

在本节，利用切换 Lyapunov 函数方法，在假定抗饱和补偿器 $E_{ci}$ 已知的前提下给出了保证闭环系统（8.7）在外部干扰作用下的状态轨迹有界的充分条件。然后将估计容许干扰能力的问题转化为一个带有线性矩阵不等式约束的凸优化问题。所得结果将被用于下两节的 $L_2$– 增益分析与抗饱和设计问题研究中。

**定理 8.1**  若存在正定矩阵 $P_i$、矩阵 $H_i$ 以及正定对角矩阵 $J_i$，使得下面的矩阵不等式成立：

$$\begin{bmatrix} -P_i & H_i^{\mathrm{T}} J_i & 0 & \tilde{A}_i^{\mathrm{T}} P_r \\ * & -2J_i & 0 & \begin{matrix} -(\tilde{B}_i \\ +GE_{ci})^{\mathrm{T}} P_r \end{matrix} \\ * & * & -I & \tilde{E}_i^{\mathrm{T}} P_r \\ * & * & * & -P_r \end{bmatrix} < 0, \tag{8.9}$$

$$\forall (i,r) \in I_N \times I_N,$$

并且满足

$$\Omega(P_i,\beta) \subset L(K_i,H_i), \forall i \in I_N, \tag{8.10}$$

那么在任意切换规则下，对于 $\forall w \in W_\beta^2$，闭环系统（8.7）从原点出发的状态轨迹始终保持在集合 $\bigcup_{i=1}^{N} \Omega(P_i,\beta)$ 内。

**证明** 由条件（8.10）可知，若 $\forall \zeta \in \Omega(P_i,\beta)$，则 $\zeta \in L(K_i,H_i)$。因此，根据引理 2.5，对于 $\forall \zeta \in \Omega(P_i,\beta)$，$\psi(K_i\zeta(k)) = K_i\zeta(k) - \mathrm{sat}(K_i\zeta(k))$ 满足扇形条件（2.43）。

定义如下函数作为为系统（8.7）的切换 Lyapunov 函数：

$$V(\zeta(k)) = \zeta^{\mathrm{T}}(k)\left(\sum_{i=1}^{N} \eta_i(k)P_i\right)\zeta(k). \tag{8.11}$$

然后我们计算 Lyapunov 函数 $V(\zeta(k))$（8.11）沿着系统（8.7）轨线的差分，其满足不等式

$$\begin{aligned} \Delta V(x(k)) &= \zeta^{\mathrm{T}}(k+1)\left(\sum_{r=1}^{N} \eta_r(k+1)P_r\right)\zeta(k+1) - \zeta^{\mathrm{T}}(k)\left(\sum_{i=1}^{N} \eta_i(k)P_i\right)\zeta(k) \\ &= \left\{\sum_{i=1}^{N} \eta_i(k)\left[\tilde{A}_i\zeta(k) - (\tilde{B}_i + GE_{ci})\psi(K_i\zeta(k)) + \tilde{E}_i w(k)\right]^{\mathrm{T}}\right\} \\ &\quad \times \left(\sum_{r=1}^{N} \eta_r(k+1)P_r\right)\left\{\sum_{i=1}^{N} \eta_i(k)\left[\tilde{A}_i\zeta(k) - (\tilde{B}_i + GE_{ci})\right.\right. \\ &\quad \left.\left. \times \psi(K_i\zeta(k)) + \tilde{E}_i w(k)\right]\right\} - \zeta^{\mathrm{T}}(k)\left(\sum_{i=1}^{N} \eta_i(k)P_i\right)\zeta(k). \end{aligned} \tag{8.12}$$

对于 $\forall \zeta(k) \in \Omega(P_i,\beta)$，结合引理 2.5 和条件（8.10），有下式成立：

$$\Delta V(x(k)) \leqslant \left\{\sum_{i=1}^{N} \eta_i(k)\left[\tilde{A}_i\zeta(k) - (\tilde{B}_i + GE_{ci})\psi(K_i\zeta(k)) + \tilde{E}_i w(k)\right]^{\mathrm{T}}\right\}$$

$$\times\left(\sum_{r=1}^{N}\eta_r(k+1)P_r\right)\left\{\sum_{i=1}^{N}\eta_i(k)\left[\tilde{A}_i\zeta(k)-(\tilde{B}_i+GE_{ci})\right.\right.$$

$$\left.\left.\times\psi(K_i\zeta(k))+\tilde{E}_iw(k)\right]\right\}-\zeta^{\mathrm{T}}(k)\left(\sum_{i=1}^{N}\eta_i(k)P_i\right)\zeta(k)$$

$$-2\psi^{\mathrm{T}}(K_i\zeta(k))J_i\left[\psi(K_i\zeta(k))-H_i\zeta(k)\right].$$

或等价于

$$\Delta V(x(k))\leqslant\begin{bmatrix}\zeta\\\psi\\w\end{bmatrix}^{\mathrm{T}}\begin{bmatrix}\tilde{A}_i^{\mathrm{T}}P_r\tilde{A}_i-P_i\\ *\\ *\end{bmatrix}$$

$$\begin{bmatrix}-\tilde{A}_i^{\mathrm{T}}P_r(\tilde{B}_i+GE_{ci})+H_i^{\mathrm{T}}J_i & \tilde{A}_i^{\mathrm{T}}P_r\tilde{E}_i\\ (\tilde{B}_i+GE_{ci})^{\mathrm{T}}P_r(\tilde{B}_i+GE_{ci})-2J_i & -(\tilde{B}_i+GE_{ci})^{\mathrm{T}}P_r\tilde{E}_i\\ * & \tilde{E}_i^{\mathrm{T}}P_r\tilde{E}_i\end{bmatrix}\begin{bmatrix}\zeta\\\psi\\w\end{bmatrix}.\tag{8.13}$$

$$\forall(i,\ r)\in I_N\times I_N.$$

利用引理 2.3，式（8.9）显然等价于

$$\begin{bmatrix}\tilde{A}_i^{\mathrm{T}}P_r\tilde{A}_i-P_i & \begin{matrix}-\tilde{A}_i^{\mathrm{T}}P_r(\tilde{B}_i\\ +GE_{ci})+H_i^{\mathrm{T}}J_i\end{matrix} & \tilde{A}_i^{\mathrm{T}}P_r\tilde{E}_i\\ * & \begin{matrix}(\tilde{B}_i+GE_{ci})^{\mathrm{T}}P_r(\tilde{B}_i\\ +GE_{ci})-2J_i\end{matrix} & \begin{matrix}-(\tilde{B}_i\\ +GE_{ci})^{\mathrm{T}}P_r\tilde{E}_i\end{matrix}\\ * & * & \tilde{E}_i^{\mathrm{T}}P_r\tilde{E}_i-I\end{bmatrix}<0.\tag{8.14}$$

然后，对式（8.14）两端分别左乘 $[x^{\mathrm{T}}\ \psi^{\mathrm{T}}\ w^{\mathrm{T}}]$ 和右乘 $[x^{\mathrm{T}}\ \psi^{\mathrm{T}}\ w^{\mathrm{T}}]^{\mathrm{T}}$，我们得到

$$\Delta V(k)=V(k+1)-V(k)<w^{\mathrm{T}}(k)w(k),\tag{8.15}$$

因此有下式成立：

$$V(k+1)<V(0)+\sum_{n=0}^{k}w^{\mathrm{T}}(n)w(n),\forall k\geqslant 0.$$

又因为 $x(0)=0$，$\sum_{k=0}^{\infty}w^{\mathrm{T}}(k)w(k)\leqslant\beta$，所以有

$$V(k+1)<\beta.\tag{8.16}$$

由约束条件（8.10）和（8.16），我们很容易地得到如下结论：

① 当 $\sigma(k) = i$，$\sigma(k+1) = i$ 时，第 $i$ 个子系统从原点出发的状态轨迹将在集合 $\Omega(P_i, \beta)$ 内。

② 当 $\sigma(k) = i$，$\sigma(k+1) = r$ 时，第 $r$ 个子系统的状态轨迹将在集合 $\Omega(P_r, \beta)$ 内。

因此，闭环系统（8.7）从原点出发的状态轨迹将始终保持在有界集合 $\bigcup_{i=1}^{N} \Omega(P_i, \beta)$ 内。证毕。

**注 8.1** 如果外部干扰 $w = 0$，则在任意切换规则下，闭环系统（8.7）的原点是渐近稳定的，并且集合 $\bigcup_{i=1}^{N} \Omega(P_i, \beta)$ 被包含在吸引域之中。

接下来，根据上面得到的结果，我们估计闭环系统（8.7）的容许干扰能力。最大容许干扰水平可通过解如下优化问题获得：

$$
\begin{aligned}
&\sup_{P_i, H_i, J_i} \beta, \\
&\text{s.t. } (a)\ \text{inequality}\,(8.9), \forall (i, r) \in I_N \times I_N, \\
&\quad\quad (b)\ \Omega(P_i, \beta) \subset L(K_i, H_i), \forall i \in I_N.
\end{aligned} \tag{8.17}
$$

为了使上面的优化问题转化为带有线性矩阵不等式约束的凸优化问题，从而易于求解，因此我们需要将上面的优化问题做如下处理：

对式（8.9）两端分别左乘和右乘对角矩阵 $\{P_i^{-1}, J_i^{-1}, I, P_r^{-1}\}$ 并且令 $P_i^{-1} = X_i$，$H_i P_i^{-1} = M_i$，$J_i^{-1} = S_i$，我们得到

$$
\begin{bmatrix}
-X_i & M_i^{\mathrm{T}} & 0 & X_i \tilde{A}_i^{\mathrm{T}} \\
* & -2S_i & 0 & -S_i(\tilde{B}_i + GE_{ci})^{\mathrm{T}} \\
* & * & -I & \tilde{E}_i^{\mathrm{T}} \\
* & * & * & -X_r
\end{bmatrix} < 0. \tag{8.18}
$$

用 $K_i^j$，$H_i^j$ 分别表示矩阵 $K_i$ 和 $H_i$ 的第 $j$ 行，那么根据文献 [165]，约束条件 $\Omega(P_i, \beta) \subset L(K_i, H_i)$ 可由如下矩阵不等式式表达：

$$
P_i - \beta(K_i^j - H_i^j)^{\mathrm{T}}(K_i^j - H_i^j) \geqslant 0. \tag{8.19}
$$

利用引理2.3，矩阵不等式（8.19）等价于线性矩阵不等式

$$
\begin{bmatrix}
P_i & (K_i^j - H_i^j)^{\mathrm{T}} \\
* & \mu
\end{bmatrix} \geqslant 0, \tag{8.20}
$$

其中 $\mu = \beta^{-1}$。

对不等式（8.20）两端分别左乘和右乘对角矩阵 $\{P_i^{-1}, I\}$，我们得到

$$\begin{bmatrix} X_i & * \\ K_i^j X_i - M_i^j & \mu \end{bmatrix} \geqslant 0, \tag{8.21}$$

这样，优化问题（8.17）就转化为如下带有线性矩阵不等式约束的凸优化问题：

$$\begin{aligned} &\inf_{X_i, M_i, S_i} \mu, \\ &\text{s.t.}\,(a)\, \text{inequality}\,(8.18), \forall (i, r) \in I_N \times I_N, \\ &\quad\ \ (b)\, \text{inequality}\,(8.21), \forall i \in I_N, \forall j \in Q_m. \end{aligned} \tag{8.22}$$

# 8.4  $L_2-$ 增益分析

在这一部分，利用切换 Lyapunov 函数方法，给出闭环系统（8.7）的受限 $L_2-$ 增益存在的充分条件。前提是假设抗饱和补偿增益矩阵 $E_{ci}$ 事先给定且相应的容许干扰最大值 $\beta^*$ 已经得到。然后，闭环系统（8.7）的受限 $L_2-$ 增益的最小上界通过解一个带有线性矩阵不等式约束的凸优化问题获得。

**定理 8.2**  考虑闭环系统（8.7），对给定常数 $\beta \in (0, \beta^*]$ 和 $\gamma > 0$，如果存在个正定矩阵 $P_i$、矩阵 $H_i$ 和正定对角矩阵 $J_i$，使得下列矩阵不等式成立：

$$\begin{bmatrix} -P_i & H_i^{\mathrm{T}} J_i & 0 & \tilde{A}_i^{\mathrm{T}} P_r & \tilde{C}_{i2}^{\mathrm{T}} \\ * & -2J_i & 0 & \begin{matrix}-(\tilde{B}_i \\ +GE_{ci})^{\mathrm{T}} P_r\end{matrix} & 0 \\ * & * & -I & \tilde{E}_i^{\mathrm{T}} P_r & 0 \\ * & * & * & -P_r & 0 \\ * & * & * & * & -\gamma^2 I \end{bmatrix} < 0, \tag{8.23}$$

$$\forall (i, r) \in I_N \times I_N,$$

并且有

$$\Omega(P_i, \beta) \subset L(K_i, H_i), \forall i \in I_N, \tag{8.24}$$

那么，对所有的 $w \in W_\beta^2$，闭环系统（8.7）在任意切换规则下从 $w$ 到 $z$ 的受限 $L_2-$ 增益小于 $\gamma$。

**证明**  与定理 7.1 类似，为系统（8.7）选取下面的函数作为切换 Lyapunov

函数：

$$V(\zeta(k)) = \zeta^{\mathrm{T}}(k)\left(\sum_{i=1}^{N}\eta_i(k)P_i\right)\zeta(k). \tag{8.25}$$

那么，Lyapunov 函数 $V(\zeta(k))$（8.25）沿着系统（8.7）轨线的差分满足

$$\begin{aligned}
\Delta V(x(k)) &= \zeta^{\mathrm{T}}(k+1)\left(\sum_{r=1}^{N}\eta_r(k+1)P_r\right)\zeta(k+1) - \zeta^{\mathrm{T}}(k)\left(\sum_{i=1}^{N}\eta_i(k)P_i\right)\zeta(k) \\
&= \left\{\sum_{i=1}^{N}\eta_i(k)\left[\tilde{A}_i\zeta(k) - (\tilde{B}_i + GE_{ci})\psi(K_i\zeta(k)) + \tilde{E}_i w(k)\right]^{\mathrm{T}}\right\} \\
&\quad \times\left(\sum_{r=1}^{N}\eta_r(k+1)P_r\right)\left\{\sum_{i=1}^{N}\eta_i(k)\left[\tilde{A}_i\zeta(k) - (\tilde{B}_i + GE_{ci})\right.\right. \\
&\quad \left.\left. \times\psi(K_i\zeta(k)) + \tilde{E}_i w(k)\right]\right\} - \zeta^{\mathrm{T}}(k)\left(\sum_{i=1}^{N}\eta_i(k)P_i\right)\zeta(k).
\end{aligned} \tag{8.26}$$

因而，利用引理2.5和条件（8.24），对 $\forall \zeta(k) \in \Omega(P_i, \beta)$，满足不等式

$$\begin{aligned}
\Delta V(x(k)) &\leqslant \left\{\sum_{i=1}^{N}\eta_i(k)\left[\tilde{A}_i\zeta(k) - (\tilde{B}_i + GE_{ci})\psi(K_i\zeta(k)) + \tilde{E}_i w(k)\right]^{\mathrm{T}}\right\} \\
&\quad \times\left(\sum_{r=1}^{N}\eta_r(k+1)P_r\right)\left\{\sum_{i=1}^{N}\eta_i(k)\left[\tilde{A}_i\zeta(k) - (\tilde{B}_i + GE_{ci})\right.\right. \\
&\quad \left.\left. \times\psi(K_i\zeta(k)) + \tilde{E}_i w(k)\right]\right\} - \zeta^{\mathrm{T}}(k)\left(\sum_{i=1}^{N}\eta_i(k)P_i\right)\zeta(k) \\
&\quad - 2\psi^{\mathrm{T}}(K_i\zeta(k))J_i\left[\psi(K_i\zeta(k)) - H_i\zeta(k)\right],
\end{aligned}$$

上式可等价写成

$$\Delta V(x(k)) \leqslant \begin{bmatrix}\zeta\\\psi\\w\end{bmatrix}^{\mathrm{T}}\begin{bmatrix}\tilde{A}_i^{\mathrm{T}}P_r\tilde{A}_i - P_i \\ * \\ *\end{bmatrix}$$

$$\begin{matrix}
-\tilde{A}_i^{\mathrm{T}}P_r(\tilde{B}_i + GE_{ci}) + H_i^{\mathrm{T}}J_i & \tilde{A}_i^{\mathrm{T}}P_r\tilde{E}_i \\
(\tilde{B}_i + GE_{ci})^{\mathrm{T}}P_r(\tilde{B}_i + GE_{ci}) - 2J_i & -(\tilde{B}_i + GE_{ci})^{\mathrm{T}}P_r\tilde{E}_i \\
* & \tilde{E}_i^{\mathrm{T}}P_r\tilde{E}_i
\end{matrix}\begin{bmatrix}\zeta\\\psi\\w\end{bmatrix}, \tag{8.27}$$

$$\forall (i, r) \in I_N \times I_N.$$

利用引理2.3，不等式（8.23）等价于

$$
\begin{bmatrix}
\begin{bmatrix} \tilde{A}_i^{\mathrm{T}} P_r \tilde{A}_i - P_i \\ + \gamma^{-2} \tilde{C}_{i2}^{\mathrm{T}} \tilde{C}_{i2} \end{bmatrix} & \begin{bmatrix} -\tilde{A}_i^{\mathrm{T}} P_r (\tilde{B}_i + \\ GE_{ci}) + H_i^{\mathrm{T}} J_i \end{bmatrix} & \tilde{A}_i^{\mathrm{T}} P_r \tilde{E}_i \\
* & \begin{bmatrix} (\tilde{B}_i + GE_{ci})^{\mathrm{T}} P_r \\ \times (\tilde{B}_i + GE_{ci}) - 2J_i \end{bmatrix} & -(\tilde{B}_i + GE_{ci})^{\mathrm{T}} P_r \tilde{E}_i \\
* & * & \tilde{E}_i^{\mathrm{T}} P_r \tilde{E}_i - I
\end{bmatrix} < 0. \quad (8.28)
$$

对式（8.28）两端分别左乘 $[x^{\mathrm{T}} \ \psi^{\mathrm{T}} \ w^{\mathrm{T}}]$ 和右乘 $[x^{\mathrm{T}} \ \psi^{\mathrm{T}} \ w^{\mathrm{T}}]^{\mathrm{T}}$，可得

$$
\begin{aligned}
\Delta V(k) &= V(k+1) - V(k) \\
&< w^{\mathrm{T}}(k)w(k) - \gamma^{-2} z^{\mathrm{T}}(k)z(k).
\end{aligned} \quad (8.29)
$$

进一步，可得

$$
V(\infty) < V(0) + \sum_{k=0}^{\infty} w^{\mathrm{T}}(k)w(k) - \gamma^{-2} \sum_{k=0}^{\infty} z^{\mathrm{T}}(k)z(k). \quad (8.30)
$$

又由于 $V(0) = 0$，$V(\infty) \geqslant 0$，因此有下式成立：

$$
\sum_{k=0}^{\infty} z^{\mathrm{T}}(k)z(k) < \gamma^2 \sum_{k=0}^{\infty} w^{\mathrm{T}}(k)w(k). \quad (8.31)
$$

根据定义（8.1），对所有的 $w \in W_\beta^2$，在任意切换规则下闭环系统（8.7）从 $w$ 到 $z$ 的受限 $L_2-$ 增益小于 $\gamma$。证毕。

现在，根据定理（8.2），对每个给定 $\beta \in (0, \beta^*]$，闭环系统（8.7）的受限 $L_2-$ 增益的上界可以由下面的优化问题来估计：

$$
\begin{aligned}
&\inf_{P_i, H_i, J_i} \gamma^2, \\
&\text{s.t.} \ (a) \ \text{inequality (8.23)}, \forall (i, r) \in I_N \times I_N, \\
&\quad\quad (b) \ \Omega(P_i, \beta) \subset L(K_i, H_i), \forall i \in I_N.
\end{aligned} \quad (8.32)
$$

为了将上面的优化问题转化为易于求解的具有线性矩阵不等式约束的优化问题，我们采用从优化问题（8.17）到优化问题（8.22）的处理方法。因此，式（8.23）等价于

$$
\begin{bmatrix}
-X_i & M_i^{\mathrm{T}} & 0 & X_i \tilde{A}_i^{\mathrm{T}} & X_i \tilde{C}_{i2}^{\mathrm{T}} \\
* & -2S_i & 0 & -S_i(\tilde{B}_i + GE_{ci})^{\mathrm{T}} & 0 \\
* & * & -I & \tilde{E}_i^{\mathrm{T}} & 0 \\
* & * & * & -X_r & 0 \\
* & * & * & * & -\theta I
\end{bmatrix} < 0. \quad (8.33)
$$

其中 $\theta = \gamma^2$。

约束条件 $\Omega(P_i, \beta) \subset L(K_i, H_i)$ 等价于

$$\begin{bmatrix} X_i & * \\ K_i^j X_i - M_i^j & \beta^{-1} \end{bmatrix} \geqslant 0. \tag{8.34}$$

那么优化问题（8.32）可重新描述成

$$\begin{aligned} &\inf_{X_i, M_i, S_i} \theta, \\ &\text{s.t.} \, (a) \, \text{inequality (8.33)}, \forall (i, r) \in I_N \times I_N, \\ &\quad (b) \, \text{inequality (8.34)}, \forall i \in I_N, \forall j \in Q_m. \end{aligned} \tag{8.35}$$

## 8.5　抗饱和补偿器设计与优化

在本节，我们把抗饱和补偿器增益 $E_{ci}$ 视为未知变量进行设计，通过解带有线性矩阵不等式约束的优化问题，使得闭环系统（8.7）的性能进一步得到改善。

令 $N_i = E_{ci}S_i$，则矩阵不等式（8.18）和（8.33）分别等价于

$$\begin{bmatrix} -X_i & M_i^{\mathrm{T}} & 0 & X_i \tilde{A}_i^{\mathrm{T}} \\ * & -2S_i & 0 & -S_i \tilde{B}_i^{\mathrm{T}} - N_i^{\mathrm{T}} G^{\mathrm{T}} \\ * & * & -I & \tilde{E}_i^{\mathrm{T}} \\ * & * & * & -X_r \end{bmatrix} < 0 \tag{8.36}$$

和

$$\begin{bmatrix} -X_i & M_i^{\mathrm{T}} & 0 & X_i \tilde{A}_i^{\mathrm{T}} & X_i \tilde{C}_{i2}^{\mathrm{T}} \\ * & -2S_i & 0 & -S_i \tilde{B}_i^{\mathrm{T}} - N_i^{\mathrm{T}} G^{\mathrm{T}} & 0 \\ * & * & -I & \tilde{E}_i^{\mathrm{T}} & 0 \\ * & * & * & -X_r & 0 \\ * & * & * & * & -\theta I \end{bmatrix} < 0. \tag{8.37}$$

因此，估计闭环系统（8.7）容许干扰能力的问题可描述为优化问题

$$\begin{aligned} &\inf_{X_i, M_i, N_i, S_i} \mu, \\ &\text{s.t.} (a) \, \text{inequality (8.36)}, \forall (i, r) \in I_N \times I_N, \\ &\quad (b) \, \text{inequality (8.23)}, \forall i \in I_N, \forall j \in Q_m. \end{aligned} \tag{8.38}$$

然后，闭环系统（8.7）的受限 $L_2-$ 增益的最小上界可通过解如下一个优化问题获得：

$$\inf_{X_i, M_i, N_i, S_i} \theta,$$
$$\text{s.t.} (a) \text{ inequality (8.37)}, \forall (i, r) \in I_N \times I_N,$$
$$(b) \text{ inequality (8.36)}, \forall i \in I_N, \forall j \in Q_m. \tag{8.39}$$

这样，通过引入变量 $N_i = E_{ci}S_i$，优化问题（8.38）和（8.39）同样适用于抗饱和补偿器的设计问题，抗饱和补偿器增益可以通过计算 $E_{ci} = N_i S_i^{-1}$ 得出。

## 8.6 数值例子

在本节，我们给出一个数值例子以说明所提方法的有效性与可行性。考虑具有执行器饱和以及外部干扰的线性离散切换系统

$$\begin{cases} x(k+1) = A_i x(k) + B_i \text{sat}(v_c(k)) + E_i w(k), \\ y(k) = C_{i1} x(k), \\ z(k) = C_{i2} x(k) \end{cases} \tag{8.40}$$

以及带有补偿环节的动态控制器

$$\begin{cases} x_c(k+1) = A_{ci} x_c(k) + B_{ci} C_{i1} x(k) + E_{ci}(\text{sat}(v_c(k)) - v_c(k)), \\ v_c(k) = C_{ci} x_c(k) + D_{ci} C_i x(k). \end{cases} \tag{8.41}$$

其中 $\sigma \in I_2 = \{1, 2\}$，$x(0) = [0 \ 0]^T$，$x_c(0) = [0 \ 0]^T$，

$$A_1 = \begin{bmatrix} 1 & -0.3 \\ 1 & 0 \end{bmatrix}, A_2 = \begin{bmatrix} 0.806 & 0.2418 \\ 0.806 & 0 \end{bmatrix},$$

$$B_1 = \begin{bmatrix} 0.48 \\ -0.4 \end{bmatrix}, B_2 = \begin{bmatrix} 0.13 \\ -1.3 \end{bmatrix}, E_1 = \begin{bmatrix} 0.3 & 0.02 \\ 0.44 & 0.04 \end{bmatrix},$$

$$E_2 = \begin{bmatrix} 0.6 & 0.35 \\ 0.55 & 0.1 \end{bmatrix}, C_{11} = \begin{bmatrix} 0.345 \\ 0.69 \end{bmatrix}^T, C_{21} = \begin{bmatrix} 0.17 \\ -0.3 \end{bmatrix}^T, C_{12} = \begin{bmatrix} 0.058 \\ 0.030 \end{bmatrix}^T,$$

$$C_{22} = \begin{bmatrix} -0.019 \\ 0.017 \end{bmatrix}^T, A_{c1} = \begin{bmatrix} 0.1133 & -0.016 \\ 0.0138 & -0.1143 \end{bmatrix},$$

$$A_{c2} = \begin{bmatrix} -0.0515 & -0.1398 \\ 0.0043 & -0.0309 \end{bmatrix}, B_{c1} = \begin{bmatrix} -0.0209 \\ -0.0904 \end{bmatrix},$$

$$B_{c2} = \begin{bmatrix} -0.0525 \\ 0.0286 \end{bmatrix}, C_{c1} = \begin{bmatrix} 2.3191 \\ -0.4768 \end{bmatrix}^{\mathrm{T}},$$

$$C_{c2} = \begin{bmatrix} -2.9468 \\ -1.5688 \end{bmatrix}^{\mathrm{T}}, D_{c1} = -0.5437, D_{c2} = -1.5199.$$

首先，为了获得最大容许干扰水平，解优化问题（8.38），得到

$$\mu^* = 0.0299, \beta^* = \mu^{*-1} = 33.4777,$$

$$S_1 = 51.6152, S_2 = 40.4689,$$

$$X_1 = \begin{bmatrix} 74.0717 & 39.7313 & 0.5983 & -5.4451 \\ * & 177.0145 & 19.1305 & -7.1874 \\ * & * & 19.3109 & 17.6049 \\ * & * & * & 79.1807 \end{bmatrix},$$

$$X_2 = \begin{bmatrix} 76.9149 & 19.7542 & -3.1292 & -0.9924 \\ * & 186.7349 & 13.0498 & 3.4999 \\ * & * & 22.6719 & -31.5588 \\ * & * & * & 58.6445 \end{bmatrix},$$

$$P_1 = \begin{bmatrix} 0.0155 & -0.0039 & 0.0034 & -0.0000 \\ * & 0.0077 & -0.0099 & 0.0026 \\ * & * & 0.0779 & -0.0180 \\ * & * & * & 0.0169 \end{bmatrix},$$

$$P_2 = \begin{bmatrix} 0.0145 & -0.0027 & 0.0160 & 0.0090 \\ * & 0.0071 & -0.0191 & -0.0107 \\ * & * & 0.2329 & 0.1267 \\ * & * & * & 0.0860 \end{bmatrix},$$

$$N_1 = \begin{bmatrix} 0.3809 \\ 0.2899 \end{bmatrix}, N_2 = \begin{bmatrix} -2.3893 \\ 2.6486 \end{bmatrix},$$

$$E_{c1} = \begin{bmatrix} 0.0074 \\ 0.0056 \end{bmatrix}, E_{c2} = \begin{bmatrix} -0.0590 \\ 0.0654 \end{bmatrix}.$$

接下来，我们进行仿真，系统的外部扰动选为

$$w(k)=\begin{cases}3.3,\ k<10,\\0,\quad k\geqslant 10.\end{cases}\qquad（8.42）$$

闭环系统（8.40）和（8.41）在抗饱和补偿器作用下的状态响应曲线与动态控制器的状态响应曲线分别如图8.1和8.2所示。图8.3是闭环系统的切换信号。控制输入信号如图8.4所示，显示了执行器饱和的出现。图8.5是闭环系统的Lyapunov函数值的变化曲线，表明了闭环系统的Lyapunov函数值一直小于 $\beta=33$，这说明闭环系统从原点出发的状态轨迹始终保持在这个有界集合内。

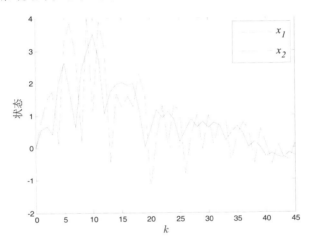

图8.1　闭环系统（8.40）和（8.41）的状态响应

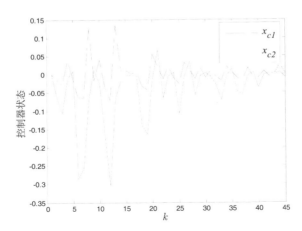

图8.2　闭环系统（8.40）和（8.41）控制器的状态响应

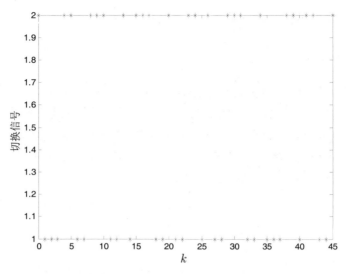

图8.3　闭环系统（8.40）和（8.41）的切换信号

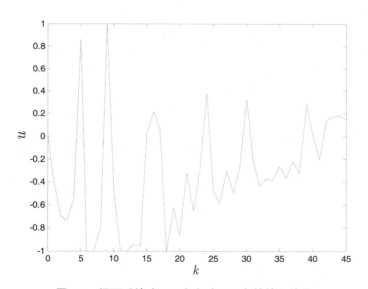

图8.4　闭环系统（8.40）和（8.41）的输入信号

此外，如果我们令 $E_{c1} = E_{c2} = 0$ ，那么所获得的优化解 $\beta^* = 1.0567$ 。这说明在抗饱和补偿器的作用下，增强了闭环系统的容许干扰能力。

基于上面的结果，对每个给定 $\beta \in (0, \beta^*]$ ，闭环系统的受限 $L_2-$ 增益的最小上界可通过解优化问题（8.39）获得。在本章，我们考虑如下一些情形：

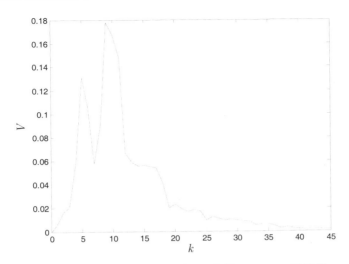

图8.5　闭环系统（8.40）和（8.41）的Lyapunov函数值

**情形 1**　如果 $\beta = 1$，有

$$\gamma = 3.095, E_{c1} = \begin{bmatrix} 0.1676 \\ 0.0267 \end{bmatrix}, E_{c2} = \begin{bmatrix} -0.0337 \\ 0.0522 \end{bmatrix}.$$

**情形 2**　如果 $\beta = 15$，有

$$\gamma = 3.9024, E_{c1} = \begin{bmatrix} 0.2143 \\ -0.0079 \end{bmatrix}, E_{c2} = \begin{bmatrix} -0.0600 \\ 0.2694 \end{bmatrix}.$$

**情形 3**　如果 $\beta = 30$，有

$$\gamma = 7.3632, E_{c1} = \begin{bmatrix} 0.1823 \\ 0.0424 \end{bmatrix}, E_{c2} = \begin{bmatrix} -0.0075 \\ 0.1627 \end{bmatrix}.$$

**情形 4**　如果 $\beta = 33$，有

$$\gamma = 19.3459, E_{c1} = \begin{bmatrix} 0.1590 \\ 0.1019 \end{bmatrix}, E_{c2} = \begin{bmatrix} 0.0085 \\ 0.1440 \end{bmatrix}.$$

同样选取如式（8.42）所示的外部干扰输入进行仿真。闭环系统在一段时间内的截断 $L_2-$ 增益变化曲线如图 8.6 所示。从图 8.6 可以看出，闭环系统的截断 $L_2-$ 增益始终小于 $\gamma = 19.3459$。图 8.7 为不同的 $\beta \in (0, \beta^*]$ 和闭环系统的受限 $L_2-$ 增益的最小上界 $\gamma$ 的对应关系曲线。从中我们可以得出这样的结论：闭环系统的受限 $L_2-$ 增益的最小上界 $\gamma$ 随着 $\beta$ 的增加而增加；当 $\beta$ 超过系统的最大容许干扰

能力 $\beta^*$ 时，闭环系统的受限 $L_2$– 增益的最小上界 $\gamma$ 将无解。

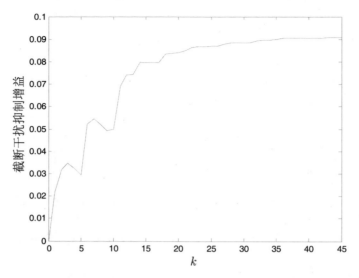

图8.6　闭环系统（8.40）和（8.41）的截断 $L_2$–增益

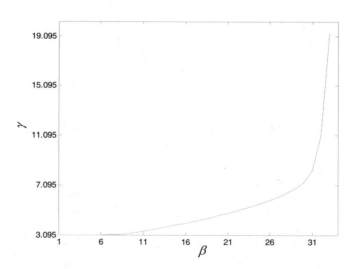

图8.7　对任意 $\beta \in (0, \beta^*]$ 闭环系统（8.40）和（8.41）的受限 $L_2$–增益

# 8.7　小结

　　本章我们利用切换 Lyapunov 函数方法和一个扇形非线性条件研究了一类具有执行器饱和的离散线性切换系统的 $L_2-$ 增益分析和抗饱和补偿器设计问题。首先，给出了确保闭环系统在外部干扰作用下状态轨迹有界的充分条件，然后基于这一条件对闭环系统进行 $L_2-$ 增益分析。进一步，通过设计抗饱和补偿器获得了闭环系统的最大容许干扰能力以及最小的受限 $L_2-$ 增益上界。所有有关问题转化为具有线性矩阵不等式约束的凸优化问题求解。

# 9 饱和切换系统的保成本控制

## 9.1 引言

从控制问题的角度看，前述章节中主要解决了关于饱和切换系统的两个主要控制问题：稳定性问题和干扰抑制问题。也就是在控制一个实际系统时，人们也希望设计一个不仅能使闭环系统稳定，而且能保证具有一定的性能指标的实际系统，比如干扰抑制等。解决这个问题的另一种方法是由文献［215］首先提出的所谓的保成本控制技术。这种方法的优点是它提供了给定性能指标的上界。换句话说，系统性能将达到一个不大于该上界的指标[216]。基于这一思想，在过去的几十年中，对于切换系统已经获得了许多关于保成本控制问题的重要成果[217-220]。文献［217］设计了切换策略和状态反馈控制器，目的是指数镇定具有范数有界不确定性的连续时间切换线性系统的同时，使得闭环系统具有保成本性能上界。文献［218］针对具有时滞、干扰和执行器故障的多阶段间歇过程，提出了鲁棒混合复合迭代学习容错保成本控制器的设计方法。对于一类具有故障和扰动的多阶段间歇过程，文献［219］提出了一种混合迭代学习容错保成本控制方案的鲁棒设计方案。文献［220］研究了线性切换参数变化系统的保成本控制问题。由于执行器饱和在实际中经常遇到，因此在研究切换系统的保成本控制问题时考虑执行性饱和显然也是合理的。然而，据我们所知，饱和切换系统保成本控制的研究成果相对较少，这也是本章的研究动机。

本章研究具有执行器饱和的切换系统的保成本控制与抗饱和设计问题。本章共分为两个部分，第一部分研究了一类带有执行器饱和的连续时间切换系统的保成本控制和抗饱和设计问题。为了保证闭环系统的渐近稳定，并获得成本函数的最小上界，设计了切换策略和抗饱和补偿器。利用多李雅普诺夫函数方法，给出了保成本抗饱和补偿器存在的充分条件。在此基础上，通过求解线性矩阵不等式约束下的优化问题，获得成本函数的最小上界。最后，通过算例验证了该方法的有效性。

第二部分考虑了一类离散时间饱和切换系统的保成本控制和抗饱和补偿器设计问题。设计了切换策略和抗饱和补偿器，以保证所考虑的系统是渐近稳定的，同时得到最小的成本函数上界。利用多 Lyapunov 函数方法，我们得到了保成本抗饱和补偿增益存在的充分条件。进而，成本函数的最小上界可通过求解具有线性矩阵不等式约束的优化问题来确定。最后，通过数值例子验证了该方法的有效性。

## 9.2　连续时间饱和切换系统的保证成本控制和抗饱和设计

### 9.2.1　问题描述与预备知识

我们考虑以下一类带执行器饱和的切换系统：

$$\begin{cases} \dot{x} = A_\sigma x + B_\sigma \,\mathrm{sat}\left(u_\sigma\right), \\ y = C_\sigma x, \\ x(0) = x_0. \end{cases} \tag{9.1}$$

其中 $x(t) \in \mathrm{R}^n$ 是系统的状态向量，$u(t) \in \mathrm{R}^m$ 是控制输入向量，$y \in R^p$ 是测量的输出向量。函数 $\mathrm{R}^m \to \mathrm{R}^m$ 是向量值标准饱和度，定义为

$$\mathrm{sat}(u) = \left[ \mathrm{sat}\left(u^1\right), \ldots, \mathrm{sat}\left(u^m\right) \right]^{\mathrm{T}},$$

$$\mathrm{sat}\left(u^j\right) = \mathrm{sign}\left(u^j\right) \min\left\{1, \left|u^j\right|\right\},$$

$$j \in Q_m = \{1, \ldots, m\}.$$

函数 $\sigma(t)$ 表示在有限集 $I_N = \{1, \ldots, N\}$ 中选取的切换律；$\sigma(t) = i$ 表示第 $i$ 个子系统被激活。$A_i, B_i$ 是具有适当维数的常数矩阵，即标称系统集。假设为系统（9.1）设计一组如下形式的 $n_c$ 阶动态输出反馈控制器：

$$\begin{cases} \dot{x}_c = A_{ci} x_c + B_{ci} u_c, \\ v_c = C_{ci} x_c + D_{ci} u_c, \forall i \in I_N. \end{cases} \tag{9.2}$$

其中 $x_c \in R^{n_c}, u_c = y$ 和 $v_c = u$ 分别为控制器的状态、输入和输出。在这里，同样假设动态控制器是在执行器不饱和的情况下已经设计好的，也就是各参数矩阵已知[165]。为了减少执行器饱和破坏性作用，将抗饱和补偿器环节加到控制器的动

态中。具体来说，引入的校正项为 $E_{ci}(\mathrm{sat}(v_c)-v_c)$。则修改后的控制器结构形式为

$$\begin{cases} \dot{x}_c = A_{ci}x_c + B_{ci}u_c + E_{ci}(\mathrm{sat}(v_c)-v_c), \\ v_c = C_{ci}x_c + D_{ci}u_c, \forall i \in I_N. \end{cases} \tag{9.3}$$

显然，尽管引入了矫正项，动态控制器（9.3）在不存在执行器饱和情况下将继续在闭环系统的线性区域内工作。然后，当执行器饱和发生时，利用抗饱和补偿器的校正作用对系统的控制器状态进行修正，使闭环系统的标称性能尽可能地恢复。那么，采用上述动态输出反馈控制器和抗饱和策略，得到闭环系统

$$\begin{cases} \dot{x} = A_i x + B_i \mathrm{sat}(v_c), \\ y = C_i x, \\ \dot{x}_c = A_{ci}x_c + B_{ci}C_i x + E_{ci}(\mathrm{sat}(v_c)-v_c), \\ v_c = C_{ci}x_c + D_{ci}C_i x, \forall i \in I_N \\ x(0) = x_0. \end{cases} \tag{9.4}$$

现在，我们定义新的状态向量

$$\zeta = \begin{bmatrix} x \\ x_c \end{bmatrix} \in R^{n+n_c} \tag{9.5}$$

和矩阵

$$\tilde{A} = \begin{bmatrix} A_i + B_i D_{ci} C_i & B_i C_{ci} \\ B_{ci} C_i & A_{ci} \end{bmatrix},$$

$$\tilde{B}_i = \begin{bmatrix} B_i \\ 0 \end{bmatrix}, \quad G = \begin{bmatrix} 0 \\ I_{n_c} \end{bmatrix},$$

$$K_i = [D_{ci}C_{i1} \quad C_{ci}].$$

因此，结合（9.4）和（9.5），闭环系统可以概括为

$$\begin{cases} \dot{\zeta} = \tilde{A}_i \zeta - (\tilde{B}_i + GE_{ci})\psi(v_c), \\ \zeta(0) = \zeta_0, \forall i \in I_N. \end{cases} \tag{9.6}$$

其中 $v_c = K_i \zeta$，$\psi(v_c) = v_c - \mathrm{sat}(v_c)$。

闭环系统（9.1）的成本函数由下式描述：

$$J = \int_0^\infty \left[ \zeta^T Q \zeta + \mathrm{sat}^T(v_c) R \mathrm{sat}(v_c) \right] \mathrm{d}t, \tag{9.7}$$

其中 $Q$ 和 $R$ 是给定的正定权值矩阵。

**定义 9.1**[216, 217] 对于切换系统（9.6），在切换律 $\sigma$ 作用下，如果存在动态控制器 $v_c^*$ 和一个正定标量 $J^*$，使得闭环系统（9.6）渐近稳定，且成本函数的值（9.7）满足 $J \leqslant J^*$，那么将 $J^*$ 定义为成本函数上界，将控制器 $u^*$ 称为保成本控制器。

在本节中，我们的目的是通过设计一组抗饱和补偿器和切换律，在使闭环系统（9.6）渐近稳定的同时，获得成本函数（9.7）的最小上界。

### 9.2.2 主要结果

在本节中，对于闭环控制系统（9.6），在假设抗饱和补偿器 $E_{ci}$ 给定的条件下，利用多李雅普诺夫函数法得到了解决保成本控制问题的充分条件，并以成本函数上界最小为目标，提出了一种抗饱和补偿器的设计方法。

**定理 9.1** 考虑到系统（9.6），如果存在正定矩阵 $P_i$、对角正定矩阵 $J_i$、矩阵 $H_i$ 和一组标量 $\beta_{ir} \geqslant 0$，使下列不等式成立：

$$
\begin{bmatrix}
\tilde{A}_i^T P_i + P_i \tilde{A}_i + Q + K_i^T R K_i & -P_i\left(\tilde{B}_i + G E_{ci}\right) \\
+ \sum_{r=1,r\neq i}^{N} \beta_{ir}\left(P_r - P_i\right) & + H_i^T J_i - K_i^T R \\
* & -2J_i + R
\end{bmatrix} < 0 \qquad (9.8)
$$

$\forall i \in I_N$,

并且满足

$$
\Omega(P_i,\beta) \bigcap \Phi_i \subset L(K_i,H_i), \forall i \in I_N \qquad (9.9)
$$

和

$$
\zeta_0^T P_i \zeta_0 \leqslant \beta, \quad \forall i \in I_N \qquad 9.10)
$$

其中 $\Phi_i = \left\{\zeta \in R^{n+n_c} : \zeta^T\left(P_r - P_i\right)\zeta \geqslant 0, \forall r \in I_N, r \neq i\right\}$，则在切换律

$$
\sigma = \arg\min\left\{\zeta^T P_i \zeta, i \in I_N\right\} \qquad (9.11)
$$

作用下，原点为闭环控制系统（9.6）的渐近稳定平衡点，且集合 $\bigcup_{i=1}^{N}\left(\Omega(P_i,\beta) \bigcap \Phi_i\right)$ 内包含的吸引区域内，$E_{ci}$ 可称为系统（9.6）具有保成本的抗饱和补偿增益矩阵，所推导出的成本函数（9.7）满足 $J < \beta$。

**证明** 根据条件（9.9），如果 $\forall \zeta \in \Omega(P_i,\beta) \bigcap \Phi_i$，则 $\zeta \in L(K_i, H_i)$。因此，

利用引理 2.5，对于 $\forall \zeta \in \Omega(P_i,\beta)\bigcap \Phi_i$；可以推导出 $\psi(K_i\zeta)=K_i\zeta-sat(K_i\zeta)$ 满足扇区条件（2.43）。根据切换定律（9.11），对于 $\forall \zeta \in \Omega(P_i,\beta)\bigcap \Phi_i \subset L(K_i,H_i)$，第 $i$ 个子系统被激活。

为系统（9.6）选取多 Lyapunov 候选函数

$$V(\zeta)=V_{\sigma(\zeta)}(\zeta)=\zeta^T P_{\sigma(\zeta)}\zeta. \tag{9.12}$$

当 $\sigma(\zeta)=i$，对于 $\forall \zeta \in \Omega(P_i,\beta)\bigcap \Phi_i \subset L(H_i)$，我们得到

$$
\begin{aligned}
&\dot V+\zeta^T Q\zeta+sat^T(v_c)Rsat(v_c)\\
&=\dot\zeta^T P_i\zeta+\zeta^T P_i\dot\zeta+\zeta^T Q\zeta+\left[v_c-\psi(v_c)\right]^T R\left[v_c-\psi(v_c)\right]\\
&=\left[\tilde A_i\zeta-\left(\tilde B_i+GE_{ci}\right)\psi(v_c)\right]^T P_i\zeta+\zeta^T P_i\left[\tilde A_i\zeta-\left(\tilde B_i+GE_{ci}\right)\psi(v_c)\right]\\
&\quad +\zeta^T Q\zeta+\zeta^T K_i^T R K_i\zeta-\zeta^T K_i^T R\psi(v_c)-\psi^T(v_c)RK_i\zeta+\psi^T(v_c)R\psi(v_c)\\
&\leqslant \left[\tilde A_i\zeta-\left(\tilde B_i+GE_{ci}\right)\psi(v_c)\right]^T P_i\zeta+\zeta^T P_i\left[\tilde A_i\zeta-\left(\tilde B_i+GE_{ci}\right)\psi(v_c)\right]\\
&\quad +\zeta^T Q\zeta+\zeta^T K_i^T R K_i\zeta-\zeta^T K_i^T R\psi(v_c)-\psi^T(v_c)RK_i\zeta+\psi^T(v_c)R\psi(v_c)\\
&\quad -2\psi^T(v_c)J_i\left[\psi(v_c)-H_i\zeta\right],
\end{aligned}\tag{9.13}
$$

或者上式等价得到

$$
\begin{aligned}
&\dot V+\zeta^T Q\zeta+\mathrm{sat}^T(v_c)R\,\mathrm{sat}(v_c)\\
&\leqslant \begin{bmatrix}\zeta\\ \psi\end{bmatrix}^T
\begin{bmatrix}
\tilde A_i^T P_i+P_i\tilde A_i+Q & -P_i\left(\tilde B_i+GE_{ci}\right)\\
+K_i^T R K_i & -K_i^T R+H_i^T J_i\\
* & -2J_i+R
\end{bmatrix}
\begin{bmatrix}\zeta\\ \psi\end{bmatrix}.
\end{aligned}\tag{9.14}
$$

那么，根据切换律（9.11），有如下关系式成立：

$$\dot V+\zeta^T Q\zeta+\mathrm{sat}^T(v_c)Rsat(v_c)<0. \tag{9.15}$$

由于前面定义的矩阵 $Q$ 和 $R$ 是正定矩阵，所以下面的不等式成立：

$$\dot V<0. \tag{9.16}$$

上式说明在切换律（9.11）作用下，闭环系统（9.6）的原点在集合 $\bigcup_{i=1}^N\left(\Omega(P_i,\beta)\bigcap \Phi_i\right)$ 内渐近稳定，并且该集合包含在吸引区域内。

接下来，我们将证明闭环系统（9.6）成本函数的上界是符合定义的。根据不等式（9.15），我们得到

$$J < -\sum_{k \in Z^+} \int_{t_k}^{t_{k+1}} \dot{V}_{i_k} \, \mathrm{d}t = -[V(\zeta(\infty)) - V(\zeta(0)). \tag{9.17}$$

由于 $V(\infty) \geqslant 0$，不难得到

$$J < V(\zeta(0)) = \zeta_0^T P_i \zeta_0 \leqslant \beta. \tag{9.18}$$

定理9.1的证明完成。

需要注意的是，定理9.1中条件（9.8）、（9.9）和（9.13）中的所有参数都不容易求解，因为这些关系不是通过线性矩阵不等式的方法建立的。因此，下一步我们利用定理9.1，针对闭环系统（9.6），提出了一种基于线性矩阵不等式技术的抗饱和补偿器设计方法，且该方法满足保成本控制。

定理9.2　对于闭环系统（9.6），如果存在正定矩阵 $X_i$、对角正定矩阵 $S_i$、矩阵 $M_i$、矩阵 $N_i$ 和一组标量 $\beta_{ir} \geqslant 0$ 和 $\delta_{ir} \geqslant 0$，使下列矩阵不等式成立：

$$\begin{bmatrix} X_i \tilde{A}_i^T + \tilde{A}_i X_i \\ -\sum_{r=1, r \neq i}^{N} \beta_{ir} X_i & -\tilde{B}_i S_i - GM_i \\ +N_i^T & -X_i K_i^T & X_i & X_i & X_i & X_i \\ * & -2S_i & S_i & 0 & 0 & 0 & 0 \\ * & * & -\beta R^{-1} & 0 & 0 & 0 & 0 \\ * & * & * & -\beta Q^{-1} & 0 & 0 & 0 \\ * & * & * & * & -\beta_{i1}^{-1} X_1 & 0 & 0 \\ * & * & * & * & * & \ddots & 0 \\ * & * & * & * & * & * & -\beta_{iN}^{-1} X_N \end{bmatrix} < 0, \tag{9.19}$$

$$\begin{bmatrix} X_i + \sum_{r=1, r \neq i}^{N} \delta_{ir} X_i & X_i K_i^{jT} - N_i^{jT} & X_i & X_i & X_i \\ * & 1 & 0 & 0 & 0 \\ * & * & \delta_{i1}^{-1} X_1 & 0 & 0 \\ * & * & * & \ddots & 0 \\ * & * & * & * & \delta_{iN}^{-1} X_N \end{bmatrix} \geqslant 0, \tag{9.20}$$

$$\begin{bmatrix} 1 & \zeta_0^T \\ * & X_i \end{bmatrix} \geqslant 0, \quad \forall i \in I_N, \tag{9.21}$$

则在切换律

$$\sigma = \arg\min\left\{ \zeta^T X_i^{-1} \zeta, i \in I_N \right\} \tag{9.22}$$

作用下，原点为闭环控制系统（9.6）的渐近稳定平衡点，且集合 $\bigcup_{i=1}^{N}\left(\Omega(P_i,\beta)\bigcap\Phi_i\right)$ 包含在吸引区域内。其中 $N_i^j$ 为矩阵 $N_i$ 的第 $j$ 行，$X_i=\beta P_i^{-1}, M_i=E_{ci}S_i, S_i=\beta J_i^{-1}, N_i=H_iX_i$。进而，系统（9.6）具有保成本的抗饱和补偿增益矩阵 $E_{ci}$ 可计算为 $M_iS_i^{-1}$，且成本函数（9.7）满足

$$J < \beta. \tag{9.23}$$

**证明** 不等式（9.8）的左右两边同时乘以 $\begin{bmatrix} \beta^{\frac{1}{2}}P_i^{-1} & 0 \\ 0 & \beta^{\frac{1}{2}}J_i^{-1} \end{bmatrix}$，我们可以得到

不等式

$$\begin{bmatrix} \begin{array}{c} \beta P_i^{-1}\tilde{A}_i^T + \tilde{A}_i\beta P_i^{-1} + \beta P_i^{-1}\beta^{-1}Q\beta P_i^{-1} \\ +\beta P_i^{-1}K_i^T\beta^{-1}RK_i\beta P_i^{-1} \\ +\beta\sum_{r=1,r\neq i}^{N}\beta_{ir}\left(P_i^{-1}P_rP_i^{-1}-P_i^{-1}\right) \end{array} & \begin{array}{c} -\tilde{P}_i\left(\tilde{B}_i+GE_{ci}\right)\beta J_i^{-1}+\beta P_i^{-1}H_i^T \\ -\beta P_i^{-1}K_i^T\beta^{-1}R\beta J_i^{-1} \end{array} \\ * & -2\beta J_i^{-1}+\beta J_i^{-1}\beta^{-1}R\beta J_i^{-1} \end{bmatrix} < 0. \tag{9.24}$$

令 $X_i=\beta P_i^{-1}, M_i=E_{ci}S_i, S_i=\beta J_i^{-1}, N_i=H_iX_i$。根据引理2.3，不难知道不等式（9.24）等价于不等式（9.19）。

然后，通过使用与不等式（9.8）转化为不等式（9.19）类似的处理方法，将条件（9.9）、不等式（9.10）和切换律（9.11）分别等价地转化为不等式（9.20）、不等式（9.21）和不等式（9.22）。定理9.2得到证明。

定理9.2给出了解决保成本控制问题的充分条件，保证成本控制的性能指标满足 $J < \beta$。保成本控制问题可以用线性矩阵不等式来解决。但是，有许多可行的解都满足闭环系统（9.6）成本函数的上界。因而，本节的目标是获得成本函数的最小上界。为此，这个问题可以通过下面的优化问题来解决：

$$\inf_{X_i,M_i,N_i,\beta_{ir},\delta_{ir}} \beta,$$

s.t.  (a) inequality (9.19),  $\forall i \in I_N,$

(b) inequality (9.20),  $\forall i \in I_N, \forall j \in Q_M,$  (9.25)

(c) inequality (9.21),  $\forall i \in I_N.$

一旦上面的优化问题有解，相应的就得到了最小成本上界。在此基础上，具有保成本的抗饱和补偿器计算公式为 $E_{ci}\quad M_iS_i$。因此，对于闭环系统（9.6）而言，基于抗饱和技术的保成本控制问题就得到了解决。

### 9.2.3　数值例子

在此部分，考虑以下具有执行器饱和的线性切换系统，以说明 9.2.2 节中所提方法的有效性。

$$\begin{cases} \dot{x} = A_\sigma x + B_\sigma \, \mathrm{sat}\left(F_i x\right), \\ y = C_i x \\ x(0) = \begin{bmatrix} 0.5 & -0.7 \end{bmatrix}^T. \end{cases} \qquad (9.26)$$

带有抗饱和补偿器环节的动态输出反馈控制器如下

$$\begin{cases} \dot{x}_c = A_{ci} x_c + B_{ci} C_{i1} x + E_{ci}\left(\mathrm{sat}\left(v_c\right) - v_c\right), \\ v_c = C_{ci} x_c + D_{ci} C_i x, \\ x_c(0) = \begin{bmatrix} -0.3 & 0.8 \end{bmatrix}^T. \end{cases} \qquad (9.27)$$

其中 $\sigma(k) \in I_2 = \{1, 2\}$，

$$A_1 = \begin{bmatrix} -2.7 & 1.6 \\ 0.4 & 1.8 \end{bmatrix}, \quad A_2 = \begin{bmatrix} 3.2 & 1.2 \\ 2.1 & -3.9 \end{bmatrix}, \quad C_1 = \begin{bmatrix} -0.8 \\ 1.5 \end{bmatrix}^T, \quad C_2 = \begin{bmatrix} 1.2 \\ -1.5 \end{bmatrix}^T,$$

$$B_1 = \begin{bmatrix} 7 \\ 3 \end{bmatrix}, \quad B_2 = \begin{bmatrix} 0 \\ -4 \end{bmatrix}, \quad x_0 = \begin{bmatrix} 6 \\ 2 \end{bmatrix}, \quad A_{c1} = \begin{bmatrix} 0.9 & 0.2 \\ -0.5 & -1.2 \end{bmatrix}, \quad A_{c2} = \begin{bmatrix} -1.3 & 0.3 \\ -0.4 & 0.8 \end{bmatrix}$$

$$B_{c1} = \begin{bmatrix} -0.6 \\ -0.8 \end{bmatrix}, \quad B_{c2} = \begin{bmatrix} -0.4 \\ 0.7 \end{bmatrix}, \quad C_{c1} = \begin{bmatrix} 2.4 \\ -1.7 \end{bmatrix}^T, \quad C_{c2} = \begin{bmatrix} -2.8 \\ 1.6 \end{bmatrix}^T,$$

$$D_{c1} = 3.1, D_{c2} = -2.6, \quad Q = \begin{bmatrix} 1 & 0 & 0 & 0 \\ 0 & 1 & 0 & 0 \\ 0 & 0 & 1 & 0 \\ 0 & 0 & 0 & 1 \end{bmatrix}, \quad R = 1.$$

现在，为了使具有执行器饱和的闭环系统（9.26）和（9.27）渐近稳定的同时使成本函数的上界最小化，我们设计切换律和具有保成本的抗饱和补偿器。令 $\beta_1 = \beta_2 = 9, \delta_1 = \delta_2 = 3.5$。然后，通过求解优化问题（9.25），我们可以得到

$$\beta^* = 11.3825, S_1 = 65.7824, S_2 = 24.3596,$$

$$X_1 = \begin{bmatrix} 37.5872 & -4.2576 & -3.7542 & -4.4741 \\ * & 68.65747 & -6.7596 & 1.3582 \\ * & * & 8.3785 & 0.6085 \\ * & * & * & 53.7087 \end{bmatrix},$$

$$X_1 = \begin{bmatrix} 39.2437 & -3.1326 & -3.7796 & -4.4967 \\ * & 78.6550 & -6.7692 & 2.2186 \\ * & * & 8.5442 & 0.7630 \\ * & * & * & 35.7067 \end{bmatrix}$$

$$N_1 = \begin{bmatrix} -4.8452 & -27.8635 & 8.6258 & -0.8627 \end{bmatrix},$$

$$N_2 = \begin{bmatrix} -2.7912 & -10.7538 & -19.2849 & 1.2094 \end{bmatrix},$$

$$M_1 = \begin{bmatrix} -8.2863 \\ 3.5796 \end{bmatrix}, \quad M_2 = \begin{bmatrix} 6.4681 \\ -2.2354 \end{bmatrix}.$$

然后，就可以计算具有保成本的抗饱和补偿器的增益矩阵，结果如下：

$$E_{c1} = M_1 S_1^{-1} = \begin{bmatrix} -0.1260 \\ 0.0544 \end{bmatrix}, E_{c2} = M_2 S_2^{-1} = \begin{bmatrix} 0.2655 \\ -0.0918 \end{bmatrix}.$$

图 9.1 所示为在所设计的抗饱和补偿增益下切换系统（9.26）和（9.27）的状态响应。图 9.2 表示的是动态输出反馈控制器的状态响应。通过图 9.3 不难看出，在初始阶段，执行器达到饱和，而最终在抗饱和补偿器的作用下，执行器退出饱和。

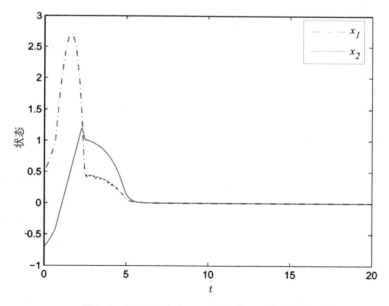

图9.1 闭环系统（9.26）和（9.27）的状态响应

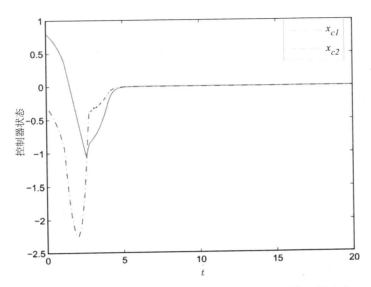

图9.2  闭环系统（9.26）至（9.27）动态控制器状态的响应

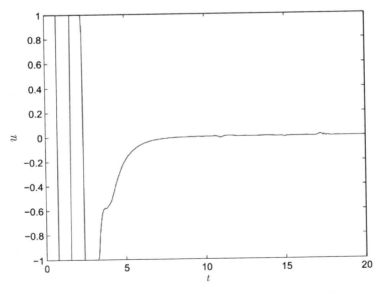

图9.3  闭环切换系统（9.26）至（9.27）的输入信号

另外，如果我们令 $E_{c1} = E_{c2} = 0$，所获得的优化问题的解为 $\beta^* = 25.4673$，这意味着闭环系统在抗饱和补偿器的作用下，成本函数的上界变小了，即抗饱和补偿器能够改善饱和切换系统的性能。

# 9.3　离散时间饱和切换系统的保证成本控制和抗饱和设计

### 9.3.1　问题描述和预备知识

考虑以下一类具有输入饱和的离散时间切换系统：

$$\begin{cases} x(k+1) = A_\sigma x(k) + B_\sigma sat(u(k)), \\ y(k) = C_\sigma x(k), \\ x(0) = x_0. \end{cases} \tag{9.28}$$

其中 $k \in Z^+$，$x(k) \in R^n$ 是系统状态向量，$u(k) \in R^m$ 控制输入向量，$y \in R^p$ 是测量输出向量。函数 $sat : R^m \to R^m$ 为向量值标准饱和函数，定义为：

$$sat(u) = \left[ sat(u^1), ..., sat(u^m) \right]^T,$$
$$sat(u^j) = sign(u^j) \min \left\{ 1, |u^j| \right\},$$
$$j \in Q_m = \{1, ..., m\}.$$

函数 $\sigma(k)$ 是指在 $I_N = \{1, ..., N\}$ 中取值的切换信号，$\sigma(k) = i$ 意味着第 $i$ 个子系统被激活。$A_i$ 和 $B_i$ 为适当维数的常数矩阵，它们表示标称系统集合。

类似的，对于系统（9.28），我们假设一组 $n_c$ 阶动态输出反馈控制器，具有以下形式：

$$x_c(k+1) = A_{ci} x_c(k) + B_{ci} u_c(k),$$
$$v_c(k) = C_{ci} x_c(k) + D_{ci} u_c(k), \forall i \in I_N. \tag{9.29}$$

其中，$x_c(k) \in R^{n_c}$，$u_c(k) = y(k)$ 和 $v_c(k) = u(k)$ 分别是动态控制器的状态向量、输入向量和输出向量。根据前述描述，这里依然假定动态控制器是在没有执行器饱和的情况下，已经设计好了的[164]。

为了尽可能消除由于执行器饱和给系统带来的不良影响，我们在原来的动态输出反馈控制器上添加反馈补偿项，其具体形式为 $E_{ci}(sat(v_c(k)) - v_c(k))$。然后，修改后的带补偿环节的动态控制器形式为：

$$x_c(k+1) = A_{ci} x_c(k) + B_{ci} u_c(k) + E_{ci}(sat(v_c(k) - v_c(k)),$$
$$v_c(k) = C_{ci} x_c(k) + D_{ci} u_c(k) \ \forall i \in I_N. \tag{9.30}$$

很明显，在不发生执行器饱和时，尽管添加了这样的校正项，动态控制器（9.30）将依然继续在线性区域中运行，即不影响系统的标称性能。然后，当发生执行器饱和时，通过引入抗饱和补偿器来修正所考虑闭环系统的控制器状态，使其尽快恢复系统的标称。

然后，采用上述动态控制器和抗饱和策略，我们得到闭环系统。

$$
\begin{cases}
x(k+1) = A_\sigma x(k) + B_\sigma sat(u(k)), \\
y(k) = C_\sigma x(k) \\
x(0) = x_0. \\
x_c(k+1) = A_i x_c(k) + B_i u_c(k) + E_i(sat(v_c(k) - v_c(k)), \\
v_c(k) = C_i x_c(k) + D_i u_c(k) \ \forall i \in I_N.
\end{cases}
\tag{9.31}
$$

现在，我们定义新的状态向量

$$
\xi(k) = \begin{bmatrix} x(k) \\ x_c(k) \end{bmatrix} \in R^{n+n_c}
\tag{9.32}
$$

以及矩阵

$$
\widetilde{A}_i = \begin{bmatrix} A_i + B_i D_{ci} C_i & B_i C_{ci} \\ B_{ci} C_i & A_{ci} \end{bmatrix}, \widetilde{B}_i = \begin{bmatrix} B_i \\ 0 \end{bmatrix}, G = \begin{bmatrix} 0 \\ I_{nc} \end{bmatrix},
$$

$$
K_i = \begin{bmatrix} D_{ci} C_{il} & C_{ci} \end{bmatrix}.
$$

因此，结合（9.31）和（9.32），闭环系统可重写为

$$
\begin{cases}
\xi(k+1) = \widetilde{A}_i \xi(k) - (\widetilde{B}_i + G E_{ci}) \psi(v_c) \\
\xi(0) = \xi_0, \ \forall i \in IN.
\end{cases}
\tag{9.33}
$$

其中 $v_c = K_i \xi, \psi(v_c) = v_c - sat(v_c)$。

与系统（9.33）相关联的成本函数为

$$
J = \sum_{k=0}^{\infty} \left[ x^T(k) Q x(k) + (sat(u(k)))^T R sat(u(k)) \right].
\tag{9.34}
$$

其中 $Q$ 和 $R$ 是指给定的正定加权矩阵。

**定义 9.2**　对于具有执行器饱和的切换系统（9.33），如果存在动态控制律 $v^*_c$ 和正标量 $J^*$，使得在切换律作用下系统（9.33）是渐近稳定的并且成本函数值（9.34）满足 $J \le J^*$，那么 $J^*$ 称为保成本，$u^*$ 称为保成本控制律。

本节的目的是在系统（9.33）的动态输出反馈控制器已经设计好的前提下，设计一组抗饱和补偿器和切换律，保证所得系统（9.33）在状态空间的原点渐近稳定，且成本函数上界（9.34）最小。

### 9.3.2 主要结果

在这一节中，对于所考虑的闭环系统（9.33），使用多 Lyapunv 函数方法，推导出了在给定抗饱和增益矩阵 $E_{ci}$ 情形下，保成本控制问题可解的充分条件，然后提出了一个抗饱和补偿器的设计方法，目的是使成本函数的上界最小。

**定理 9.3** 对于闭环系统（9.33），假定存在正定对称矩阵 $P_i$、矩阵 $H_i$、正定对角矩阵 $J_i$ 和一组非负标量参数 $\beta_{ir} \geq 0$，使得下列关系成立：

$$
\begin{bmatrix}
\widetilde{A}_i^T P_i \widetilde{A}_i - P_i + Q & -\widetilde{A}_i^T P_i(\widetilde{B}_i + GE_{ci}) \\
+ K_i^T R K_i + \sum_{r=1, r \neq i}^N \beta_{ir}(P_r - P_i) & -K_i^T R + H_i^T J_i \\
* & (\widetilde{B}_i + GE_{ci})^T P_i(\widetilde{B}_i + GE_{ci}) \\
& + R - 2J_i
\end{bmatrix} < 0 \qquad （9.35）
$$

$$
\Omega(P_i, \beta) \bigcap \Phi_i \subset L(K_i, H_i), \forall i \in I_N \qquad （9.36）
$$

$$
\zeta_0^T P_i \zeta_0 \leqslant \beta, \forall i \in I_N \qquad （9.37）
$$

其中 $\Phi_i = \left\{ \zeta \in R^{n+nc} : \zeta^T (P_r - P_i) \zeta \geq 0, \forall r \in I_N, r \neq i \right\}$，那么在切换律

$$
\sigma = \arg\min\left\{ \zeta^T P_i \zeta, i \in I_N \right\} \qquad （9.38）
$$

作用下，闭环系统（9.33）在原点处渐近稳定，并且集合 $\bigcup_{i=1}^N (\Omega(P_i, \beta) \bigcap \Phi_i)$ 包含在吸引域内。特别的，对于闭环系统（9.33），$E_{ci}$ 是指具有保成本的抗饱和补偿增益，成本函数（9.34）的上界满足 $J < \beta$。

**证明** 根据条件（9.36），若 $\forall \zeta \in \Omega(P_i, \beta) \bigcap \Phi_i$，那么 $\zeta \in L(K_i, H_i)$。因此根据引理 2.5，对于 $\forall \zeta \in \Omega(P_i, \beta) \bigcap \Phi_i$，$\psi(K_i \zeta) = K_i \zeta - sat(K_i \zeta)$ 符合扇形条件（2.43）。

根据切换律（9.38），对于 $\forall \zeta \in \Omega(P_i, \beta) \bigcap \Phi_i \subset L(K_i, H_i)$ 第 i 个子系统激活。然后为系统（9.33）选择多李雅普诺夫候选函数

$$
V(\zeta) = V_{\sigma(\zeta)}(\zeta) = \zeta^T P_{\sigma(\zeta)} \zeta . \qquad （9.39）
$$

我们分成以下两种情形对定理 9.3 进行证明。

**情形 1** 当 $\sigma(\zeta_{k+1}) = \sigma(\zeta_k) = i$，对于 $\forall \zeta \in \Omega(P_i, \beta) \bigcap \Phi_i \subset L(K_i, H_i)$，我们得到

$$
\Delta V + \zeta^T Q \zeta + sat^T(v_c) R sat(v_c)
$$

$$
= V_i(k+1) - V_i(k) + \zeta^T(k) Q \zeta(k) + sat^T(v_c) R sat(v_c)
$$

$$
= \zeta^T(k+1) P_i \zeta(k+1) - \zeta^T(k) P_i \zeta(k) + \zeta^T(k) Q \zeta(k)
$$

$$+[v_c - \psi(v_c)]^T R[v_c - \psi(v_c)]$$

$$= \left[\widetilde{A}_i\zeta(k) - (\widetilde{B}_i + GE_{ci})\psi(v_c)\right]^T P_i\left[\widetilde{A}_i\zeta(k) - (\widetilde{B}_i + GE_{ci})\psi(v_c)\right] - \zeta^T(k)P_i\zeta(k)$$

$$+ \zeta^T(k)Q\zeta(k) + [v_c - \psi(v_c)]^T R[v_c - \psi(v_c)]$$

$$\leqslant \zeta(k)^T \widetilde{A}_i^T P_i \widetilde{A}_i \zeta(k) - \zeta^T \widetilde{A}_i^T P_i(\widetilde{B}_i + GE_{ci})\psi(v_c) - \psi^T(v_c)(\widetilde{B}_i + GE_{ci})^T P_i \widetilde{A}_i \zeta(k)$$

$$+ \psi^T(v_c)(\widetilde{B}_i + GE_{ci})^T P_i(\widetilde{B}_i + GE_{ci})\psi(v_c) - \zeta^T(k)P_i\zeta(k) \quad (9.40)$$

$$+ \zeta^T(k)Q\zeta(k) + \zeta^T(k)K_i^T RK_i\zeta(k) - \zeta^T(k)K_i^T R\psi(v_c)$$

$$- \psi^T(v_c)RK_i\zeta(k) + \psi^T(v_c)R\psi(v_c)$$

$$- 2\psi^T(v_c)J_i\left[\psi(v_c) - H_i\zeta(k)\right],$$

或者等价地得到

$$\Delta V + \zeta^T Q\zeta + sat^T(v_c)Rsat(v_c)$$

$$\leqslant \begin{bmatrix} \zeta \\ \psi \end{bmatrix}^T$$

$$\times \begin{bmatrix} \widetilde{A}_i^T P_i \widetilde{A}_i - P_i + Q + K_i^T RK_i & -\widetilde{A}_i^T P_i(\widetilde{B}_i + GE_{ci}) - K_i^T R + H_i^T J_i \\ * & (\widetilde{B}_i + GE_{ci})^T P_i(\widetilde{B}_i + GE_{ci}) + R - 2J_i \end{bmatrix} \quad (9.41)$$

$$\times \begin{bmatrix} \zeta \\ \psi \end{bmatrix}.$$

对矩阵不等式（9.35）两端分别左乘 $\begin{bmatrix} \zeta^T & \psi^T \end{bmatrix}$ 和右乘 $\begin{bmatrix} \zeta^T & \psi^T \end{bmatrix}^T$，我们可以得到

$$\begin{bmatrix} \zeta \\ \psi \end{bmatrix}^T \begin{bmatrix} \widetilde{A}_i^T P_i \widetilde{A}_i - P_i + Q + K_i^T RK_i & -\widetilde{A}_i^T P_i(\widetilde{B}_i + GE_{ci}) - K_i^T R + H_i^T J_i \\ * & (\widetilde{B}_i + GE_{ci})^T P_i(\widetilde{B}_i + GE_{ci}) + R - 2J_i \end{bmatrix}$$

$$\times \begin{bmatrix} \zeta \\ \psi \end{bmatrix} + \sum_{r=1, r\neq i}^{N} \zeta^T \beta_{ir}(P_r - P_i)\zeta < 0.$$

因此易知下式成立：

$$\Delta V + \zeta^T Q\zeta + sat^T(v_c)Rsat(v_c)$$

$$\leqslant \begin{bmatrix} \zeta \\ \psi \end{bmatrix}^T$$

$$\times \begin{bmatrix} \widetilde{A}_i^T P_i \widetilde{A}_i - P_i + Q + K_i^T RK_i & -\widetilde{A}_i^T P_i(\widetilde{B}_i + GE_{ci}) - K_i^T R + H_i^T J_i \\ * & (\widetilde{B}_i + GE_{ci})^T P_i(\widetilde{B}_i + GE_{ci}) + R - 2J_i \end{bmatrix}$$

$$\times \begin{bmatrix} \zeta \\ \psi \end{bmatrix}$$

$$< -\sum_{r=1, r\neq i}^{N} \zeta^T \beta_{ir}(P_r - P_i)\zeta.$$

也就是说以下不等式成立：

$$\Delta V + \zeta^T Q \zeta + sat^T(v_c) R sat(v_c)$$

$$< -\sum_{r=1, r \neq i}^{N} \zeta^T \beta_r (P_r - P_i) \zeta.$$

进一步，根据切换律（9.38），易知下式成立

$$\sum_{r=1, r \neq i}^{N} \zeta^T \beta_r (P_r - P_i) \zeta < 0.$$

上式表明

$$\Delta V + \zeta^T Q \zeta + sat^T(v_c) R sat(v_c) < 0. \tag{9.42}$$

如前所述，可知矩阵 $Q$，$R$ 都为正定对称矩阵，因此下式显然成立：

$$\Delta V < 0. \tag{9.43}$$

**情形 2**    当 $\sigma(\zeta_{k+1}) = r, \sigma(\zeta_k) = i, i \neq r$ 时，对于 $\forall \zeta \in \Omega(P_i, \beta) \bigcap \Phi_i \subset$ $L(K_i, H_i)$，利用切换律（9.38）可以得到

$$\Delta V + \zeta^T Q \zeta + sat^T(v_c) R sat(v_c)$$

$$= V_r(k+1) - V_i(k) + \zeta^T Q \zeta + sat^T(v_c) R sat(v_c)$$

$$< V_i(k+1) - V_i(k) + \zeta^T Q \zeta + sat^T(v_c) R sat(v_c)$$

$$< -\sum_{r=1, r \neq i}^{N} \zeta^T \beta_r (P_r - P_i) \zeta.$$

再次根据切换律（9.38）我们获得

$$\sum_{r=1, r \neq i}^{N} \xi^T \beta_r (P_r - P_i) \xi > 0.$$

进而我们可知下式成立：

$$\Delta V + \xi^T Q \xi + sat^T(v_c) R sat(v_c) < 0. \tag{9.44}$$

上式也同样表明

$$\Delta V < 0. \tag{9.45}$$

（9.43）和（9.45）表明：在切换律（9.38）作用下，所考虑的闭环切换系统（9.33）在原点处渐近稳定，并且集合 $\bigcup_{i=1}^{N}(\Omega(P_i, \beta) \bigcap \Phi_i)$ 包含在吸引域内。

接下来我们将证明系统（9.33）满足成本函数的上界。根据不等式（9.42）和（9.44），我们得到

$$J < -\sum_{k=0}^{\infty}\left[V(\zeta(k+1)-V(\zeta(k)\right]$$

$$= -\left[V(\zeta(\infty)-V(\zeta(0)\right]. \tag{9.46}$$

由于 $V(\infty) \geqslant 0$ 一定成立，不难得出

$$J < V(\zeta(0) = \zeta_0^T P_i \zeta_0 \leqslant \beta. \tag{9.47}$$

定理 9.3 证明完毕。

值得注意的是，定理 9.3 中的关系式（9.35）至（9.37）中所有的参数都无法简单地获得，原因是它们不是基于线性举证不等式方法建立的。因此，下一步通过利用定理 9.3 已知结论，针对闭环系统（9.33），提出基于 LMI 的抗饱和补偿器设计方法，且该方法达到保成本控制。

**定理 9.4** 对于所考虑的系统（9.33），假定存在正定对称矩阵 $X_i$、矩阵 $M_i$、$N_i$，对角正定矩阵 $S_i$ 和一组非负标量 $\beta_{ir} \geqslant 0$ 和 $\delta_{ir} \geqslant 0$ 使得下列矩阵不等式成立：

$$\begin{bmatrix} -X_i \\ -\sum_{r=1,r\neq i}^{N}\beta_{ir}X_i & N_i^T & X_i\widetilde{A}_i^T & X_i & -X_iK_i^T & X_i & X_i & X_i \\ * & -2S_i & \begin{matrix}-X_i\widetilde{B}_i^T \\ -M_i^TG_i^T\end{matrix} & 0 & S_i & 0 & 0 & * \\ * & * & -X_i & 0 & 0 & 0 & 0 & * \\ * & * & * & -\beta Q^{-1} & 0 & 0 & 0 & * \\ * & * & * & * & -\beta R^{-1} & 0 & 0 & * \\ * & * & * & * & * & -\beta_{i1}^{-1}X_1 & 0 & * \\ * & * & * & * & * & * & \cdots & * \\ * & * & * & * & * & * & * & -\beta_{iN}^{-1}X_N \end{bmatrix} < 0 \tag{9.48}$$

$$\begin{bmatrix} X_i+\sum_{r=1,r\neq i}^{N}\delta_{ir}X_i & X_iK_i^{jT}-N_i^{jT} & X_i & X_i & X_i \\ * & 1 & 0 & 0 & 0 \\ * & * & \delta_{i1}^{-1}X_1 & 0 & 0 \\ * & * & * & \cdots & 0 \\ * & * & * & * & \delta_{iN}^{-1}X_N \end{bmatrix} \geqslant 0 \tag{9.49}$$

以及

$$\begin{bmatrix} 1 & \zeta_0^T \\ * & X_i \end{bmatrix} \geqslant 0, \forall i \in I_N. \tag{9.50}$$

那么在切换律

$$\sigma = \arg\min\left\{\zeta^T X_i^{-1}\zeta, i \in I_N\right\} \tag{9.51}$$

作用下，集合 $\bigcup_{i=1}^{N}(\Omega(X_i,1)\bigcap \Phi_i)$ 在系统（9.33）的吸引域内，系统（9.33）的保成本的抗饱和补偿增益等于 $E_{ci} = M_i S_i^{-1}$，且相应的系统性能指标为

$$J < \beta \tag{9.52}$$

其中，$N_i^{\,j}$ 是 $N_i$ 的第 $j$ 行，$X_i = \beta P_i^{-1}, M_i = E_{ci}S_i, S_i = \beta J_i^{-1}, N_i = H_i X_i$。

**证明：** 根据引理 2.3，（9.39）等价于

$$\begin{bmatrix} -P_i + Q + K_i^T R K_i + \sum_{r=1,r\neq i}^{N}\beta_{ir}(P_r - P_i) & -K_i^T R + H_i^T J_i & \tilde{A}_i^T P_i \\ * & R - 2J_i & -(\tilde{B}_i + GE_{ci})^T P_i \\ * & * & -P_i \end{bmatrix} < 0. \tag{9.53}$$

然后对不等式（9.53）作用两边分别乘以

$$\begin{bmatrix} \beta^{\frac{1}{2}}P_i^{-1} & 0 & 0 \\ * & \beta^{\frac{1}{2}}J_i^{-1} & * \\ * & * & \beta^{\frac{1}{2}}P_i^{-1} \end{bmatrix}.$$

由此得出

$$\begin{bmatrix} \begin{aligned} &-\beta P_i^{-1} + \beta P_i^{-1}Q P_i^{-1} \\ &+\beta P_i^{-1}K_i^T R K_i P_i^{-1} \\ &+\beta\sum_{r=1,r\neq i}^{N}\beta_{ir}(P_i^{-1}P_r P_i^{-1} - P_i^{-1}) \end{aligned} & \begin{aligned} &-\beta P_i^{-1}K_i^T R J_i^{-1} \\ &+\beta P_i^{-1}H_i^T \end{aligned} & \beta P_i^{-1}\tilde{A}_i^T \\ * & \begin{aligned} &\beta J_i^{-1}R J_i^{-1} \\ &-2\beta J_i^{-1} \end{aligned} & -\beta J_i^{-1}(\tilde{B}_i + GE_{ci})^T \\ * & * & -\beta P_i^{-1} \end{bmatrix} < 0. \tag{9.54}$$

令 $X_i = \beta P_i^{-1}, M_i = E_{ci}S_i, S_i = \beta J_i^{-1}, N_i = H_i X_i$。然后再一次根据引理 2.3，容易得出不等式（9.54）可等价地转化为不等式（9.48）。

同理，接着应用前述章节所采用的类似方法，条件（9.36）可转换为不等式

$$P_i - \sum_{r=1, r\neq i}^{N} \delta_{ir}(P_r - P_i) - \beta(K_i^j - H_i^j)^T(K_i^j - H_i^j) \geq 0. \qquad （9.55）$$

其中 $K_i^j$，$H_i^j$ 分别是矩阵 $K_i$，$H_i$ 的第 $j$ 行且 $\delta_{ir} > 0$。

进而对不等式（9.55）两端分别左乘和右乘 $\beta^{\frac{1}{2}} P^{-1}$，我们就等价地得到

$$\beta P_i^{-1} - \sum_{r=1, r\neq i}^{N} \delta_{ir}(\beta P_i^{-1} \beta^{-1} P_r \beta P_i^{-1} - \beta P_i^{-1}) - \beta P_i^{-1}(K_i^j - H_i^j)^T(K_i^j - H_i^j)P_i^{-1} \geq 0$$
$$（9.56）$$

或

$$X_i - \sum_{r=1, r\neq i}^{N} \delta_{ir}(X_i X_r^{-1} X_i - X_i) - (X_i K_i^{jT} - N_i^{jT})(K_i^j X_i - N_i^j) \geq 0. \qquad （9.57）$$

然后又一次根据引理2.3，不等式（9.57）可等价地转换为矩阵不等式

$$\begin{bmatrix} X_i + \sum_{r=1, r\neq i}^{N} \delta_{ir} X_i & X_i K_i^{jT} - N_i^{jT} & X_i & X_i & X_i \\ * & 1 & 0 & 0 & 0 \\ * & * & \delta_{i1}^{-1} X_1 & 0 & 0 \\ * & * & * & ... & 0 \\ * & * & * & * & \delta_{iN}^{-1} X_N \end{bmatrix} \geq 0 \quad （9.58）$$

上式其实就是矩阵不等式（9.49）。

接下来不难知道关系式（9.37）等价于如下不等式

$$1 - \zeta_0^T X_i^{-1} \zeta_0 \geq 0. \qquad （9.59）$$

然后对不等式（9.59）运用引理2.3，就可等价地得到线性矩阵不等式（9.50）。

由于 $X_i^{-1} = \beta^{-1} P_i$，则切换律（9.51）等价于（9.38）。定理9.4得证。

在定理9.4中，提供了所考虑的系统保成本控制问题可解的一个充分条件，且其性能指标满足 $J < \beta$。应用线性矩阵不等式及时就可以获得保成本控制问题的解。但是，也许有许多可行的解满足系统（9.33）的成本上界。因而，本节的目的是获得成本函数的最小上界。为此，这个问题可由如下优化问题描述：

$$\inf_{X_i, M_i, N_i, \beta_{ir}, \delta_{ir}} \beta$$
$$\begin{aligned} s.t \quad & (a) inequality(9.48), \forall i \in I_N \\ & (b) inequality(9.49), \forall i \in I_N, \forall j \in Q_M \\ & (c) inequality(9.50), \forall i \in I_N. \end{aligned} \qquad （9.60）$$

一旦优化问题（9.60）可解，就可以得到最小成本上限 $\beta^*$。然后，在此基础上，具有保成本的抗饱和补偿器计算为 $E_{ci} = M_i S_i^{-1}$。因此，针对系统（9.33），基于抗饱和技术的保成本控制问题就得以解决。

### 9.3.3　数值例子

在这个小节中，我们考虑以下带有执行器饱和的离散时间切换系统，以说明在 9.3.2 节中提出的方法的有效性和合理性。

$$
\begin{cases}
x(k+1) = A_i x(k) + B_i sat(u(k)), \\
y(k) = C_i x(k), \\
x(0) = x_0.
\end{cases}
\tag{9.61}
$$

并且并给出具有抗饱和补偿环节的动态输出反馈控制器，结构如下：

$$
\begin{cases}
x_c(k+1) = A_{ci} x_c(k) + B_{ci} u_c(k) + E_{ci}(sat(v_c(k)) - v_c(k)), \\
v_c(k) = C_{ci} x_c(k) + D_{ci} u_c(k), \forall i \in I_N.
\end{cases}
\tag{9.62}
$$

其中 $i \in I_2 = \{1,2\}$，

$$
A_1 = \begin{bmatrix} -1.7 & 1.6 \\ 0 & 0.8 \end{bmatrix}, \quad A_2 = \begin{bmatrix} 1.2 & 0 \\ 0.1 & -0.9 \end{bmatrix},
$$

$$
C_1 = \begin{bmatrix} -1.8 \\ 0.5 \end{bmatrix}^T, \quad C_2 = \begin{bmatrix} 1 \\ -0.5 \end{bmatrix}^T
$$

$$
B_1 = \begin{bmatrix} 5 \\ 0 \end{bmatrix}, \quad B_2 = \begin{bmatrix} 0 \\ -3 \end{bmatrix}, \quad x_0 = \begin{bmatrix} 5 \\ 3.1 \end{bmatrix}
$$

$$
A_{c1} = \begin{bmatrix} -0.8 & 0.4 \\ 1.5 & 1.6 \end{bmatrix}, \quad A_{c2} = \begin{bmatrix} 1.7 & -0.3 \\ 1.4 & -0.9 \end{bmatrix},
$$

$$
B_{c1} = \begin{bmatrix} 0.8 \\ 1.2 \end{bmatrix}, \quad B_{c2} = \begin{bmatrix} 1.4 \\ -0.7 \end{bmatrix},
$$

$$
C_{c1} = \begin{bmatrix} -2.4 \\ 1.1 \end{bmatrix}^T, \quad C_{c2} = \begin{bmatrix} 2.4 \\ -1.6 \end{bmatrix}^T
$$

$$
D_{c1} = -2.1, D_{c2} = 1.6
$$

$$Q = \begin{bmatrix} 1 & 0 \\ 0 & 1 \end{bmatrix}, \quad R = 1.$$

现在，将设计具有保成本的切换律和抗饱和补偿器，以镇定具有输入饱和的闭环系统（9.61）和（9.62）的同时，获得最小成本函数的上界。令 $\beta_1 = \beta_2 = 12$，$\delta_1 = \delta_2 = 4.5$。然后，通过解决优化问题（9.60），我们获得如下优化解：

$$\beta^* = 13.6274, \quad S_1 = 45.3275, S_2 = 34.6508$$

$$X_1 = \begin{bmatrix} 47.4138 & -5.7425 & -4.2548 & -3.5349 \\ * & 64.25377 & -5.2517 & 1.6839 \\ * & * & 18.6316 & 0.9536 \\ * & * & * & 36.3926 \end{bmatrix}$$

$$X_2 = \begin{bmatrix} 49.8563 & -4.8754 & -2.3364 & -5.5143 \\ * & 68.3568 & -5.2108 & 3.7625 \\ * & * & 12.4657 & 1.2470 \\ * & * & * & 36.3942 \end{bmatrix}$$

$$N_1 = \begin{bmatrix} 5.2647 & -23.1565 & -8.3842 & 1.6473 \end{bmatrix}$$

$$N_2 = \begin{bmatrix} 3.2188 & 13.2565 & 18.8261 & -2.8016 \end{bmatrix}$$

$$M_1 = \begin{bmatrix} 9.8247 \\ -5.5314 \end{bmatrix}, M_2 = \begin{bmatrix} -5.6429 \\ 3.8756 \end{bmatrix}.$$

进而相应的具有保成本的抗饱和补偿器增益矩阵为

$$E_{c1} = M_1 S_1^{-1} = \begin{bmatrix} 0.2167 \\ -0.1220 \end{bmatrix}, E_{c2} = M_2 S_2^{-1} = \begin{bmatrix} 0.2167 \\ -0.1220 \end{bmatrix}.$$

另一方面，如果令 $E_{c1} = E_{c2} = 0$，我们发现所得到的优化问题解为 $\beta^* = 28.6537$，这表明在抗饱和补偿器的影响下，所考虑的系统的成本函数的上界可以更小。

## 9.4 小结

本章利用多 Lyapunov 函数方法研究了具有执行器饱和的切换系统保成本控制与抗饱和补偿器设计问题。首先，研究了一类连续时间饱和切换系统的保成本控制与抗饱和设计问题。推导出了闭环系统同时具有保成本控制的性能指标和可镇定的充分条件，在此基础上，通过求解具有矩阵不等式约束下的优化问题，得到了以成本函数上界最小为目标的切换律和抗饱和补偿器。然后，研究了一类离散时间饱和切换系统的保成本控制问题，给出了同时满足闭环系统镇定和具有保成本控制的性能指标的充分条件，提出了旨在获得成本函数最小上界的切换律和抗饱和补偿器的设计方法。

# 10　非线性饱和切换的非脆弱控制

## 10.1　引言

在前述各章节中，我们对具有执行器饱和的切换系统进行了比较深入的研究。但是都忽略了一个事实，那就是控制器参数可能发生变化的情况。这些参数可能受到计算机字长限制、元件老化、计算截断误差等因素的影响。正如文献［221］所述，如果闭环系统的控制器是不确定的或者控制器的参数发生细微变化，系统的稳定性和其他特性将受到极大的影响。这样的控制器被称为脆弱的或无弹性的。为了克服这种脆弱性，学者们对此进行了大量的研究。文献［222］基于线性矩阵不等式和 Lyapunov 泛函方法，研究了一类具有执行器故障的离散时间区间值模糊系统的可靠非脆弱 $H_\infty$ 控制设计问题。文献［223］利用线性规划方法提出的线性共正 Lyapunov 函数，讨论了具有执行器故障的正切换系统的非脆弱可靠控制问题。对于非脆弱控制的研究，虽然学者们已经取得了相当大的进展，但还没有学者考虑带有执行器饱和的切换系统的非脆弱控制问题。这是由于切换和执行器饱和非线性之间的相互作用使系统难以稳定。如果再考虑控制器的脆弱性，系统的稳定性分析与综合将变得更加复杂。但是，我们知道稳定性是系统最本质、最基本的性能要求，所以饱和切换系统的非脆弱控制是本章要探讨的问题。

本章针对控制器参数变化情况，研究了具有执行器饱和的非线性切换系统的非脆弱控制问题。本章共分为两个部分，第一部分研究了一类具有执行器饱和的不确定非线性切换系统的非脆弱镇定问题。利用多 Lyapunov 函数方法，推导出了保证系统非脆弱鲁棒镇定的充分条件。然后，设计切换律和非脆弱状态反馈控制器，使闭环系统能够在原点鲁棒渐近稳定。最后，当在闭环系统的一些标量参数给定的情况下，旨在扩大闭环系统吸引域估计的非脆弱状态反馈控制器和切换律的设计问题转化为具有线性矩阵不等式约束下的凸优化问题，并通过数值算例验证了所提方法的有效性。

本章的第二部分针对非线性不确定切换系统，在考虑执行器饱和的情况下，研究了系统如何克服控制器脆弱性的问题。利用最小驻留时间法，导出了保证系统非脆性鲁棒指数镇定的充分条件。然后设计了基于时间的切换律和非脆弱状态反馈控制器，使闭环系统在原点处具有鲁棒指数镇定。接下来，将旨在扩大闭环系统吸引域估计的非脆弱状态反馈控制器的设计问题转化为具有线性矩阵不等式约束的凸优化问题。最后，给出一个实例验证了该方法的有效性。

## 10.2 带有执行器饱和非线性不确定切换系统的非脆弱鲁棒镇定

### 10.2.1 问题描述与预备知识

考虑一类带执行器饱和的非线性切换系统：

$$\dot{x} = (A_\sigma + \Delta A_\sigma)x + (B_\sigma + \Delta B_\sigma)\text{sat}(u_\sigma) + E_\sigma f_\sigma(x). \tag{10.1}$$

其中 $x \in \mathbb{R}^n$ 是系统的状态向量，$u \in \mathbb{R}^m$ 是控制输入向量，$f_\sigma(x)$ 是一个未知非线性函数。$A_\sigma$，$B_\sigma$，$E_\sigma$ 是具有适当维数的常数矩阵。$\Delta A_\sigma$ 和 $\Delta B_\sigma$ 表示系统矩阵中的时变不确定性，时变矩阵的形式为

$$\left[\Delta A_\sigma, \Delta B_\sigma\right] = C_\sigma \Gamma(t)\left[F_{1\sigma}, F_{2\sigma}\right]. \tag{10.2}$$

其中 $C_\sigma$，$F_{1\sigma}$ 和 $F_{2\sigma}$ 为具有适当维数的常数矩阵，它们表示不确定性结构。$\Gamma(t)$ 表示具有范数有界的时变不确定性，并且满足 $\Gamma^{\text{T}}(t)\Gamma(t) \leqslant I$。$\sigma:[0,\infty) \to I_N = \{1,\cdots,N\}$ 作为一个切换信号，它是一个依赖于时间或状态的分段常值函数。$\sigma = i$ 意味着第 $i$ 个子系统被激活，$\text{sat}:\mathbb{R}^m \to \mathbb{R}^m$ 为标准的向量值饱和函数，定义为

$$\begin{aligned} &\text{sat}(u) = \left[\text{sat}\left(u^1\right),\ldots,\text{sat}\left(u^m\right)\right]^{\text{T}}, \\ &\text{sat}\left(u^j\right) = \text{sign}\left(u^j\right)\min\left\{1,\left|u^j\right|\right\}, \\ &\forall j \in O_m = \{1,\ldots,m\}. \end{aligned} \tag{10.3}$$

显然，假设单位饱和限幅是不失一般性的，因为非标准饱和函数总可以通过采用适当的变换矩阵而得到。为简单起见，按文献中普遍采用的记号，我们采用的符

号 sat(·) 同时表示标量与向量饱和函数。

对系统（10.1）作以下假设：

**假设 10.1**[224] 存在 $N$ 个已知常数矩阵 $G_i$，使得对于 $\forall x \in \mathbb{R}^n$，存在一个未知非线性函数 $f_i(x)$ 满足约束条件

$$\left\|f_i(x)\right\| \leqslant \left\|G_i x\right\|, i \in \mathrm{I}_N . \tag{10.4}$$

**假设 10.2**[225] 考虑具有增益扰动的非脆弱控制器

$$u = \left(K_i + \Delta K_i\right) x, i \in \mathrm{I}_N,$$
$$\Delta K_i = M_{1i} \Theta(t) N_{1i}, \Theta_i^T(t) \Theta_i(t) \leqslant I . \tag{10.5}$$

其中 $M_{1i}$ 和 $N_{1i}$ 是适当维数的常数矩阵。那么系统（10.1）的闭环系统为

$$\dot{x} = \left(A_i + \Delta A_i\right) x + \left(B_i + \Delta B_i\right) \operatorname{sat}\left(\left(K_i + \Delta K_i\right) x\right) + E_i f_i(x), i \in \mathrm{I}_N . \tag{10.6}$$

为推导出本节的主要结果，接下来给出如下的数学工具和引理。

**引理 10.1**[226] 给定任意常数 $\lambda > 0$，任意具有相容维数的矩阵 $Y, \zeta, U$，对于所有 $x \in \mathbb{R}^n$，下式一定成立：

$$2x^T Y \zeta U x \leqslant \lambda x^T Y Y^T x + \lambda^{-1} x^T U^T U x . \tag{10.7}$$

其中 $\zeta$ 表示不确定矩阵，且满足 $\zeta^T \zeta \leqslant I$。

**引理 10.2**[224] 假设 $\Pi_1 \in \mathbb{R}^{p \times q}$，$\Pi_2 \in \mathbb{R}^{r \times q}$ 和 $\Delta \in \mathbb{R}^{q \times r}$ 表示给定的矩阵。如果 $\|\Delta\| \leqslant 1$，则存在标量 $\varepsilon > 0$，使下列矩阵不等式成立：

$$\Pi_1 \Delta \Pi_2 + \Pi_2^T \Delta^T \Pi_1^T \leqslant \varepsilon \Pi_1 \Pi_1^T + \varepsilon^{-1} \Pi_2^T \Pi_2 . \tag{10.8}$$

**引理 10.3**[224] 假设 $\Pi_1 \in \mathbb{R}^{p \times q}, \Pi_2 \in \mathbb{R}^{r \times q}, \Delta_1 \in \mathbb{R}^{q \times r}, \Delta_2 \in \mathbb{R}^{s \times r}$ 和 $\Pi_3 \in \mathbb{R}^{r \times s}$ 为给定矩阵。如果 $\|\Delta_1\| \leqslant 1$ 和 $\|\Delta_2\| \leqslant 1$，则存在 $\rho > 0$，使下列矩阵不等式成立：

$$\Pi_1 \Delta_1 \Pi_3 \Delta_2 \Pi_2 + \Pi_2^T \Delta_2^T \Pi_3^T \Delta_1^T \Pi_1^T \leqslant \rho \Pi_1 \Pi_1^T + \rho^{-1} \left\|\Pi_3\right\|^2 \Pi_2^T \Pi_2 . \tag{10.9}$$

**引理 10.4**[227] 令 $T_0, \ldots, T_k \in \mathbb{R}^{n \times n}$ 表示对称矩阵。对于矩阵 $T_0, \ldots, T_k$，我们考虑以下条件：对于所有 $\varsigma \neq 0$，$\varsigma^T T_0 \varsigma > 0$，则

$$\varsigma^T T_i \varsigma \geqslant 0, i = 1, \ldots, k . \tag{10.10}$$

显然，如果存在

$$\tau_1 \geqslant 0, \ldots, \tau_k \geqslant 0 , \text{使得} T_0 - \sum_{i=1}^{P} \tau_i T_i > 0, \tag{10.11}$$

则条件（10.10）必成立。

### 10.2.2 稳定性分析

在本小节中，我们假设给定非脆弱状态反馈控制律 $u_i = (K_i + \Delta K_i)x$，然后尝试利用多 Lyapunov 函数方法，推导出切换系统（10.1）可稳定性的充分条件。

**定理 10.1** 对于每个子系统，如果存在正定对称矩阵 $P_i$，矩阵 $H_i$，正数 $\lambda_i, \varepsilon_{1i}, \varepsilon_{2i}, \varepsilon_{3i}, \rho_i, \beta_{ir}$ 和给定向量 $K_i$，有下列矩阵不等式成立

$$
\begin{aligned}
&\left(A_i + B_i\Lambda_i\right)^T P_i + P_i\left(A_i + B_i\Lambda_i\right) + \lambda_i P_i E_i E_i^T P_i + \lambda_i^{-1} G_i^T G_i \\
&+ \varepsilon_{1i} P_i C_i C_i^T P_i + \varepsilon_{1i}^{-1} F_{1i}^T F_{1i} + \varepsilon_{2i} P_i C_i C_i^T P_i + \varepsilon_{2i}^{-1} \Lambda_i^T F_{2i}^T F_{2i}\Lambda_i \\
&+ \varepsilon_{3i} P_i B_i D_s M_{1i} M_{1i}^T D_s^T B_i^T P_i + \varepsilon_{3i}^{-1} N_{1i}^T N_{1i} + \rho_i P_i C_i C_i^T P_i + \\
&\rho_i^{-1} \left\| F_{2i} D_s M_{1i} \right\|^2 N_{1i}^T N_{1i} + \sum_{r=1, r \neq i}^{N} \beta_{ir}\left(P_r - P_i\right) < 0, i \in \mathrm{I}_N, s \in \mathrm{Y},
\end{aligned}
\tag{10.12}
$$

其中 $\Lambda_i = D_s K_i + D_s^- H_i$，以及有如下集合关系成立：

$$
\Omega(P_i) \bigcap \Phi_i \subset L(H_i).
\tag{10.13}
$$

其中 $\Phi_i = \left\{ x \in \mathbb{R}^n : x^T\left(P_r - P_i\right)x \geqslant 0, \forall r \in \mathrm{I}_N, r \neq i \right\}$，那么在如下状态依赖切换律作用下，

$$
\sigma = \arg\min\left\{ x^T P_i x, i \in I_N \right\},
\tag{10.14}
$$

闭环系统（10.1）在原点处对于所有初始状态 $x_0 \in \bigcup_{i=1}^{N}\left(\Omega(P_i) \bigcap \Phi_i\right)$ 都是鲁棒渐近稳定的，并且集合 $\bigcup_{i=1}^{N}\left(\Omega(P_i) \bigcap \Phi_i\right)$ 包含在吸引域内。

**证明：** 根据引理 2.2，对于 $x \in \Omega(P_i) \bigcap \Phi_i \subset L(H_i)$，存在

$$
\mathrm{sat}\left(\left(K_i + \Delta K_i\right)x\right) \in \mathrm{co}\left\{\left(D_s\left(K_i + \Delta K_i\right)x + D_s^- H_i x, s \in \mathrm{Y}\right\}\right.,
$$

令 $\xi_i = D_s(K_i + \Delta K_i) + D_s^- H_i$，可以得到

$$
\begin{aligned}
&\left(A_i + \Delta A_i\right)x + \left(B_i + \Delta B_i\right)\mathrm{sat}\left(\left(K_i + \Delta K_i\right)x\right) + E_i f_i(x) \\
&\in \mathrm{co}\left\{\left(A_i + \Delta A_i\right)x + \left(B_i + \Delta B_i\right)\xi_i x + E_i f_i(x), s \in \mathrm{Y}\right\}
\end{aligned}
$$

根据切换律（10.14），易知对于 $\forall x \in \Omega(P_i) \bigcap \Phi_i \subset L(H_i)$，第 $i$ 个子系统被激活。为闭环系统（10.1）选取 Lyapunov 备选函数

$$
V_i(x) = x^T P_i x, i \in I_N.
\tag{10.15}
$$

那么 $V_i(x)$ 沿闭环系统（10.1）轨迹的导数满足

$$\dot{V}_i(x) = \dot{x}^T P_i x + x^T P_i \dot{x}$$

$$= \sum_{s=1}^{2^m} \eta_{is} \begin{Bmatrix} x^T[(A_i + \Delta A_i) + (B_i + \Delta B_i)\xi_i]^T P_i x \\ + x^T P_i[(A_i + \Delta A_i) + (B_i + \Delta B_i)\xi_i]x \\ 2x^T P_i E_i f_i(x) \end{Bmatrix}$$

$$\leq \max_{s \in Q} x^T \begin{Bmatrix} (A_i + B_i \Lambda_i)^T P_i + P_i(A_i + B_i \Lambda_i) \\ + \Delta A_i^T P_i + P_i \Delta A_i \\ + (\Delta B_i \Lambda_i)^T + P_i \Delta B_i \Lambda_i \\ + (B_i D_s \Delta K_i)^T P_i + P_i B_i D_s \Delta K_i \\ + (\Delta B_i D_s \Delta K_i)^T P_i + P_i \Delta B_i D_s \Delta K_i \end{Bmatrix} x \qquad (10.16)$$

$$+ 2x^T P_i E_i f_i(x).$$

根据假设 10.1 和引理 10.1，我们得出

$$2x^T P_i E_i f_i(x) \leq \lambda_i x^T P_i E_i E_i^T P_i x + \lambda_i^{-1} x^T G_i^T G_i x. \qquad (10.17)$$

由假设 10.2 和条件（2），不难得到

$$\Delta A_i^T P_i + P_i \Delta A_i$$
$$= (C_i \Gamma(t) F_{1i})^T P_i + P_i C_i \Gamma(t) F_{1i}, \qquad (10.18)$$

$$(\Delta B_i \Lambda_i)^T P_i + P_i \Delta B_i \Lambda_i$$
$$= (C_i \Gamma(t) F_{2i} \Lambda_i)^T P_i + P_i C_i \Gamma(t) F_{2i} \Lambda_i, \qquad (10.19)$$

$$(B_i D_s \Delta K_i)^T P_i + P_i B_i D_s \Delta K_i$$
$$= (B_i D_s M_{1i} \Theta_i(t) N_{1i})^T P_i + P_i B_i D_s M_{1i} \Theta_i(t) N_{1i} \qquad (10.20)$$

和

$$(\Delta B_i D_s \Delta K_i)^T P_i + P_i \Delta B_i D_s \Delta K_i$$
$$= (C_i \Gamma(t) F_{2i} D_s M_{1i} \Theta_i(t) N_{1i})^T P_i \qquad (10.21)$$
$$+ P_i C_i \Gamma(t) F_{2i} D_s M_{1i} \Theta_i(t) N_{1i}.$$

因此根据引理 10.2，我们知道不等式（10.18）至（10.20）可以分别转化成

$$(C_i \Gamma(t) F_{1i})^T P_i + P_i C_i \Gamma(t) F_{1i}$$
$$\leq \varepsilon_{1i} P_i C_i C_i^T P_i + \varepsilon_{1i}^{-1} F_{1i}^T F_{1i}, \qquad (10.22)$$

$$(C_i \Gamma(t) F_{2i} \Lambda_i)^T P_i + P_i C_i \Gamma(t) F_{2i} \Lambda_i$$
$$\leq \varepsilon_{2i} P_i C_i C_i^T P_i + \varepsilon_{2i}^{-1} \Lambda_i^T F_{2i}^T F_{2i} \Lambda_i \qquad (10.23)$$

和

$$(B_i D_s M_{1i} \Theta_i(t) N_{1i})^T P_i + P_i B_i D_s M_{1i} \Theta_i(t) N_{1i} \tag{10.24}$$
$$\leq \varepsilon_{3i} P_i B_i D_s M_{1i} M_{1i}^T D_s^T B_i^T P_i + \varepsilon_{3i}^{-1} N_{1i}^T N_{1i}.$$

此外，由引理10.3，式（10.21）可推导为

$$(C_i \Gamma(t) F_{2i} D_s M_{1i} \Theta_i(t) N_{1i})^T P_i + P_i C_i \Gamma(t) F_{2i} D_s M_{1i} \Theta_i(t) N_{1i} \tag{10.25}$$
$$\leq \rho_i P_i C_i C_i^T P_i + \rho_i^{-1} \|F_{2i} D_s M_{1i}\|^2 N_{1i}^T N_{1i}.$$

因此，结合（10.17）和（10.22）至（10.25），（10.16）可以转换为

$$\dot{V}_i(x) \leq \max_{s \in Q} x^T \left\{ \begin{array}{c} (A_i + B_i \Lambda_i)^T P_i + P_i(A_i + B_i \Lambda_i) \\ + \lambda_i P_i E_i E_i^T P_i + \lambda_i^{-1} G_i^T G_i + \varepsilon_{1i} P_i C_i C_i^T P_i \\ + \varepsilon_{1i}^{-1} F_{1i}^T F_{1i} + \varepsilon_{2i} P_i C_i C_i^T P_i + \varepsilon_{2i}^{-1} \Lambda_i^T F_{2i}^T F_{2i} \Lambda_i \\ + \varepsilon_{3i} P_i B_i D_s M_{1i} M_{1i}^T D_s^T B_i^T P_i \\ + \varepsilon_{3i}^{-1} N_{1i}^T N_{1i} + \rho_i P_i C_i C_i^T P_i \\ + \rho_i^{-1} \|F_{2i} D_s M_{1i}\|^2 N_{1i}^T N_{1i} \end{array} \right\} x.$$

接下来，由矩阵不等式（10.12），我们有

$$x^T \left\{ \begin{array}{c} (A_i + B_i \Lambda_i)^T P_i + P_i(A_i + B_i \Lambda_i) + \lambda_i P_i E_i E_i^T P_i + \lambda_i^{-1} G_i^T G_i \\ + \varepsilon_{1i} P_i C_i C_i^T P_i + \varepsilon_{1i}^{-1} F_{1i}^T F_{1i} + \varepsilon_{2i} P_i C_i C_i^T P_i \\ + \varepsilon_{2i}^{-1} \Lambda_i^T F_{2i}^T F_{2i} \Lambda_i + \varepsilon_{3i} P_i B_i D_s M_{1i} M_{1i}^T D_s^T B_i^T P_i \\ + \varepsilon_{3i}^{-1} N_{1i}^T N_{1i} + \rho_i P_i C_i C_i^T P_i + \rho_i^{-1} \|F_{2i} D_s M_{1i}\|^2 N_{1i}^T N_{1i} \end{array} \right\} x$$
$$+ \sum_{r=1, r \neq i}^{N} \beta_{ir} x^T (P_r - P_i) x < 0.$$

进而根据切换律（10.14），很容易得出

$$\sum_{r=1, r \neq i}^{N} \beta_{ir} x^T (P_r - P_i) x > 0.$$

利用引理10.4，可得$\dot{V}_i(x) < 0$。因此，在切换时刻$t_k$，

$$V_{\sigma(t_k)}(x(t_k)) \leq \lim_{t \to t_k^-} V_{\sigma(t)}(x(t)).$$

那么，依据多Lyapunov函数技术原理可知，对任意初始状态$x_0 \in \bigcup_{i=1}^{N} (\Omega(P_i) \bigcap \Phi_i)$，闭环系统（10.1）在原点是渐近稳定的，证毕。

**注10.1** 多Lyapunov函数方法的原理可以解释为：当同一个子系统$i$被激

活时，如果保证 $V_i(x)$ 的终点值大于下一次激活时 $V_i(x)$ 的终点值，其中 $V_i(x)$ 定义在式（10.15）中，那么整个系统的能量将呈现下降趋势，使切换系统达到渐近稳定。

### 10.2.3 控制器设计

在本小节中，我们通过求解一组线性矩阵不等式来设计非脆弱状态反馈控制器，使闭环系统（10.1）具有鲁棒稳定。

**定理 10.2** 如果存在对称正定矩阵 $X_i = P_i^{-1}$，矩阵 $J_i = K_i X_i$，$L_i = H_i X_i$ 和正数 $\lambda_i, \varepsilon_{1i}, \varepsilon_{2i}, \varepsilon_{3i}, \rho_i, \beta_{ir}, \delta_{ir}$ 使下列矩阵不等式成立：

$$
\begin{bmatrix}
\Omega_i - \sum_{r=1, r \neq i}^{N} \beta_{ir} X_i & * & * & * & * & * & * & * & * \\
G_i X_i & -\lambda_i I & * & * & * & * & * & * & * \\
F_{1i} X_i & 0 & -\varepsilon_{1i} I & * & * & * & * & * & * \\
F_{2i}\left(D_s J_i + D_s^- L_i\right) & 0 & 0 & -\varepsilon_{2i} I & * & * & * & * & * \\
N_{1i} X_i & 0 & 0 & 0 & -\varepsilon_{3i} I & * & * & * & * \\
\|F_{2i} D_s M_{1i}\| N_{1i} X_i & 0 & 0 & 0 & 0 & -\rho_i I & * & * & * \\
X_i & 0 & 0 & 0 & 0 & 0 & -\beta_{i1}^{-1} X_1 & * & * \\
X_i & 0 & 0 & 0 & 0 & 0 & 0 & \ddots & * \\
X_i & 0 & 0 & 0 & 0 & 0 & 0 & 0 & -\beta_{iN}^{-1} X_N
\end{bmatrix} < 0,
$$

$i \in I_N, s \in Y$,

（10.26）

其中

$$
\Omega_i = X_i A_i^T + \left(D_s J_i + D_s^- L_i\right)^T B_i^T + A_i X_i + B_i \left(D_s J_i + D_s^- L_i\right) + \lambda_i E_i E_i^T
$$
$$
+ \varepsilon_{1i} C_i C_i^T + \varepsilon_{2i} C_i C_i^T + \varepsilon_{3i} B_i D_s M_{1i} M_{1i}^T D_s^T B_i^T + \rho_i C_i C_i^T,
$$

$$
\begin{bmatrix}
X_i + \sum_{r=1, r \neq i}^{N} \delta_{ir} X_i & * & * & * & * \\
L_i^j & 1 & * & * & * \\
X_i & 0 & \delta_{i1}^{-1} X_1 & * & * \\
X_i & 0 & 0 & \ddots & * \\
X_i & 0 & 0 & 0 & \delta_{iN}^{-1} X_N
\end{bmatrix} \geq 0, i \in I_N,
$$

（10.27）

其中 $L_i^j$ 表示为矩阵 $L_i$ 的第 $j$ 行。那么在状态依赖的切换律

$$\sigma = \arg\min\left\{x^T P_i x, i \in I_N\right\} \tag{10.28}$$

作用下，闭环系统（10.1）在原点处对于所有初始状态 $x_0 \in \bigcup_{i=1}^{N}\left(\Omega(P_i)\bigcap\Phi_i\right)$ 都是鲁棒渐近稳定的。非脆弱状态反馈控制器计算如下：

$$K_i = J_i X_i^{-1}. \tag{10.29}$$

**证明** 根据引理2.3，不等式（10.26）等价于

$$\begin{bmatrix} \Omega_i - \sum_{r=1,r\neq i}^{N}\beta_{ir}\left(X_i X_r^{-1}X_i - X_i\right) & * & * & * & * & * \\ G_i X_i & -\lambda_i I & * & * & * & * \\ F_{1i}X_i & 0 & -\varepsilon_{1i}I & * & * & * \\ F_{2i}\left(D_s J_i + D_s^- L_i\right) & 0 & 0 & -\varepsilon_{2i}I & * & * \\ N_{1i}X_i & 0 & 0 & 0 & -\varepsilon_{3i}I & * \\ \|F_{2i}D_s M_{1i}\|N_{1i}X_i & 0 & 0 & 0 & 0 & -\rho_i I \end{bmatrix} < 0.$$

再次使用引理2.3，将上述表达式进一步处理为以下等价形式：

$$\begin{aligned}
& X_i A_i^T + \left(D_s J_i + D_s^- L_i\right)^T B_i^T + A_i X_i + B_i\left(D_s J_i + D_s^- L_i\right) \\
& + \lambda_i E_i E_i^T + \lambda_i^{-1}X_i G_i^T G_i X_i + \varepsilon_{1i}C_i C_i^T + \varepsilon_{1i}^{-1}X_i F_{1i}^T F_{1i}X_i \\
& + \varepsilon_{2i}C_i C_i^T + \varepsilon_{2i}^{-1}\left(D_s J_i + D_s^- L_i\right)^T F_{2i}^T F_{2i}\left(D_s J_i + D_s^- L_i\right) \\
& + \varepsilon_{3i}B_i D_s M_{1i}M_{1i}^T D_s^T B_i^T + \varepsilon_{3i}^{-1}X_i N_{1i}^T N_{1i}X_i + \rho_i C_i C_i^T \\
& + \rho_i^{-1}X_i\|F_{2i}D_s M_{1i}\|^2 N_{1i}^T N_{1i}X_i - \sum_{r=1,r\neq i}^{N}\beta_{ir}\left(X_i X_r^{-1}X_i - X_i\right) < 0.
\end{aligned} \tag{10.30}$$

令 $X_i = P_i^{-1}, L_i = H_i P_i^{-1}$ 和 $J_i = K_i P_i^{-1}$，那么对矩阵不等式（10.30）的左右两边同时乘以 $P_i$，矩阵不等式（10.30）可以重新写成

$$\begin{aligned}
& \left(A_i + B_i\Lambda_i\right)^T P_i + P_i\left(A_i + B_i\Lambda_i\right) + \lambda_i P_i E_i E_i^T P_i + \lambda_i^{-1}G_i^T G_i \\
& + \varepsilon_{1i}P_i C_i C_i^T P_i + \varepsilon_{1i}^{-1}F_{1i}^T F_{1i} + \varepsilon_{2i}P_i C_i C_i^T P_i + \varepsilon_{2i}^{-1}\Lambda_i^T F_{2i}^T F_{2i}\Lambda_i \\
& + \varepsilon_{3i}P_i B_i D_s M_{1i}M_{1i}^T D_s^T B_i^T P_i + \varepsilon_{3i}^{-1}N_{1i}^T N_{1i} + \rho_i P_i C_i C_i^T P_i \\
& + \rho_i^{-1}\|F_{2i}D_s M_{1i}\|^2 N_{1i}^T N_{1i} + \sum_{r=1,r\neq i}^{N}\beta_{ir}\left(P_r - P_i\right) < 0.
\end{aligned}$$

上式就是定理10.1中的矩阵不等式（10.12）。

类似的处理方法应用在式（10.27）中，可以得到

$$\begin{bmatrix} 1 & H_i^j \\ * & P_i - \sum_{r=1,r\neq i}^{N} \delta_{ir}(P_r - P_i) \end{bmatrix} \geqslant 0. \qquad （10.31）$$

其中 $H_i^j$ 表示为矩阵 $H_i$ 的第 $j$ 行。令

$$T_i = P_i - \sum_{r=1,r\neq i}^{N} \delta_{ir}(P_r - P_i).$$

由于 $x^T T_i x \leqslant 1, H_i^j T_i^{-1} H_i^{jT} \leqslant 1$，并且根据引理 2.4，可得

$$2x^T H_i^{jT} \leqslant x^T T_i x + H_i^j T_i^{-1} H_i^{jT} \leqslant 2.$$

由上式可知，约束条件 $\Omega(P_i) \bigcap \Phi_i \subset L(H_i)$ 可用式（10.31）描述。

由于 $P_i = X_i^{-1}$，我们知道切换律（10.28）与定理 10.1 中的切换定律（10.14）完全相同。最终，对于 $\forall x_0 \in \bigcup_{i=1}^{N} (\Omega(P_i) \bigcap \Phi_i)$ 的所有初始状态，闭环系统（10.1）具有鲁棒渐近稳定性。定理 10.2 的证明完成。

如果控制器中（10.5）中的增益扰动 $\Delta K_i = 0$，我们得到如下推论。

**推论 10.1** 如果存在对称正定矩阵 $X_i = P_i^{-1}$，矩阵 $M_i = F_i X_i$，$N_i = H_i X_i$ 和正数 $\lambda_i, \varepsilon_{1i}, \varepsilon_{2i}$ $\beta_{ir}$ $_{ir}$，使得下列矩阵不等式成立：

$$\begin{bmatrix} \Omega_i' - \sum_{r=1,r\neq i}^{N} \beta_{ir} X_i & * & * & * & * & * & * \\ G_i X_i & -\lambda_i I & * & * & * & * & * \\ F_{1i} X_i & 0 & -\varepsilon_{1i} I & * & * & * & * \\ F_{2i}(D_s M_i + D_s^- N_i) & 0 & 0 & -\varepsilon_{2i} I & * & * & * \\ X_i & 0 & 0 & 0 & -\beta_{i1}^{-1} X_1 & * & * \\ X_i & 0 & 0 & 0 & 0 & \ddots & * \\ X_i & 0 & 0 & 0 & 0 & 0 & -\beta_{iN}^{-1} X_N \end{bmatrix} < 0, \qquad （10.32）$$

$i \in I_N, s \in Y,$

其中

$$\Omega_i' = X_i A_i^T + (D_s M_i + D_s^- N_i)^T B_i^T + A_i X_i + B_i(D_s M_i + D_s^- N_i) + \lambda_i E_i E_i^T + \varepsilon_{1i} C_i C_i^T + \varepsilon_{2i} C_i C_i^T,$$

$$\begin{bmatrix} X_i + \sum_{r=1, r \neq i}^{N} \delta_{ir} X_i & * & * & * & * \\ N_i^j & 1 & * & * & * \\ X_i & 0 & \delta_{i1}^{-1} X_1 & * & * \\ X_i & 0 & 0 & \ddots & * \\ X_i & 0 & 0 & 0 & \delta_{iN}^{-1} X_N \end{bmatrix} \geq 0, i \in I_N. \qquad (10.33)$$

其中 $N_i^j$ 表示为矩阵 $N_i$ 的第 $j$ 行。那么在状态依赖切换律

$$\sigma = \arg\min \left\{ x^T X_i^{-1} x, i \in I_N \right\}, \qquad (10.34)$$

作用下，闭环系统（10.1）在 $\Delta K_i = 0$ 时，对于所有初始状态满足 $\forall x_0 \in \bigcup_{i=1}^{N} (\Omega(P_i) \bigcap \Phi_i)$ 都是鲁棒渐近稳定的，并且常规的状态反馈控制器为

$$F_i = M_i X_i^{-1}.$$

**注 10.2** 我们给出推论 10.1 的目的是验证本节设计的非脆弱状态反馈控制器的优点。因此，在数值例子中，我们选择本节设计的非脆弱状态反馈控制器与前述 2.2 节设计的常规状态反馈控制器进行比较。

### 10.2.4 吸引域的估计

定理 10.1 和定理 10.2 提供了确保集合 $\bigcup_{i=1}^{N} (\Omega(P_i) \bigcap \Phi_i)$ 包含在吸引域内的充分条件。然而，我们的目标是如何使吸引域估计最大化。因此，在此部分中，我们通过设计非脆弱状态反馈控制器和切换律，使得闭环系统（10.1）的吸引域估计最大化，也即使集合 $\bigcup_{i=1}^{N} (\Omega(P_i) \bigcap \Phi_i)$ ) 最大。

与前述章节类似，我们用一个包含原点的凸集 $\Psi_R \subset \mathbb{R}^n$ 来作为测量集合大小的参考集。对于一个包含原点的集合 $\Xi \subset \mathbb{R}^n$，定义[130]：

$$\alpha_R(\Xi) := \sup \left\{ \alpha > 0 : \alpha \Psi_R \subset \Xi \right\}.$$

如果 $\alpha_R(\Xi) \geq 1$，则 $\Psi_R \subset \Xi$。易知 $\alpha_R(\Xi)$ 能够反映集合 $\Xi$ 的大小。进而，在其他条件相同的情况下，$\alpha_R(\Xi)$ 值越大，说明对吸引域的估计越准确或越接近真实的吸引域。

两种典型的形状参考集类型分别为椭球体：

$$\Psi_R = \left\{ x \in \mathbb{R}^n : x^T R x \leq 1, R > 0 \right\}$$

以及多面体：

$$\Psi_R = \text{co}\{x_1, x_2, \cdots, x_l\}.$$

其中，$x_1, x_2, \cdots, x_l$ 为事先给定的 $R^n$ 空间中的点，$\text{co}\{\bullet\}$ 这组向量集凸包。

因此，如何使得集合 $\bigcup\limits_{i=1}^{N}(\Omega(P_i) \bigcap \Phi_i)$ 最大化的问题可以转化为以下的约束优化问题 Pb.1 和 Pb.2。

*Pb.*1

$$\sup_{X_i, L_i, J_i, \beta_{ir}, \delta_{ir}, \lambda_i, \varepsilon_{1i}, \varepsilon_{2i}, \varepsilon_{3i}, \rho_i} \alpha_1,$$

$$\text{s.t.} (a)\, \alpha_1 \Psi_R \subset \Omega(X_i^{-1}), i \in I_N, \tag{10.35}$$

$$(b)\, \text{inequality } (10.26), i \in I_N, s \in Y,$$

$$(c)\, \text{inequality } (10.27), i \in I_N, j \in Q_m.$$

优化问题（10.35）是一个考虑控制器增益摄动并应用非脆弱状态反馈控制器得到的约束优化问题。

*Pb.*2

$$\sup_{X_i, M_i, N_i, \beta_{ir}, \delta_{ir}, \lambda_i, \varepsilon_{1i}, \varepsilon_{2i}} \alpha_2,$$

$$\text{s.t.} (a)\, \alpha_2 \Psi_R \subset \Omega(X_i^{-1}), i \in I_N, \tag{10.36}$$

$$(b)\, \text{inequality } (10.32), i \in I_N, s \in Y,$$

$$(c)\, \text{inequality } (10.33), i \in I_N, j \in Q_m.$$

与优化问题（10.35）不同的是，优化问题（10.36）是通过忽略控制器增益扰动并应用常规状态反馈控制器得到的约束优化问题。

如果选择 $\Psi_R$ 为椭球，那么（a）等价于

$$\begin{bmatrix} \dfrac{1}{\alpha_{1,2}^2} R & I \\ I & X_i \end{bmatrix} \geq 0.$$

如果选择 $\Psi_R$ 为多面体，那么（a）等价于

$$\begin{bmatrix} \dfrac{1}{\alpha_{1,2}^2} & x_k^{\text{T}} \\ x_k & X_i \end{bmatrix} \geq 0, k \in [1, h].$$

令 $\dfrac{1}{\alpha_{1,2}^2} = \gamma_{1,2}$，如果选择 $\Psi_R$ 为椭球，那么优化问题 Pb.1 和 Pb.2 可重新写成

$$\inf_{i,L_i,J_i,\beta_{ir},\delta_{ir},\lambda_i,\varepsilon_{1i},\varepsilon_{2i},\varepsilon_{3i},\rho_i} \gamma_1,$$

$$s.t. \ (a) \begin{bmatrix} \gamma_1 R & I \\ I & X_i \end{bmatrix} \geq 0, i \in I_N,$$

$$(b) inequality(10.26), i \in I_N, s \in Y,$$

$$(c) inequality(10.27), i \in I_N, j \in O_m \tag{10.37}$$

和

$$\inf_{X_i,M_i,N_i,\beta_{ir},\delta_{ir},\lambda_i,\varepsilon_{1i},\varepsilon_{2i}} \gamma_2,$$

$$s.t. \ (a) \begin{bmatrix} \gamma_2 R & I \\ I & X_i \end{bmatrix} \geq 0, i \in I_N,$$

$$(b) inequality(10.32), i \in I_N, s \in Y,$$

$$(c) inequality(10.33), i \in I_N, j \in O_m \tag{10.38}$$

同理，如果选择 $\Psi_R$ 为多面体，那么优化问题 Pb.1 和 Pb.2 又可重新写成

$$\inf_{X_i,L_i,J_i,\beta_{ir},\delta_{ir},\lambda_i,\varepsilon_{1i},\varepsilon_{2i},\varepsilon_{3i},\rho_i} \gamma_1,$$

$$s.t. \ (a) \begin{bmatrix} \gamma_1 & x_k^T \\ x_k & X_i \end{bmatrix} \geq 0, k \in [1,h], i \in I_N,$$

$$(b) inequality(10.26), i \in I_N, s \in Y,$$

$$(c) inequality(10.27), i \in I_N, j \in O_m \tag{10.39}$$

和

$$\inf_{X_i,M_i,N_i,\beta_{ir},\delta_{ir},\lambda_i,\varepsilon_{1i},\varepsilon_{2i}} \gamma_2,$$

$$s.t. \ (a) \begin{bmatrix} \gamma_2 & x_k^T \\ x_k & X_i \end{bmatrix} \geq 0, k \in [1,h], i \in I_N,$$

$$(b) inequality(10.32), i \in I_N, s \in Y,$$

$$(c) inequality(10.33), i \in I_N, j \in O_m. \tag{10.40}$$

### 10.2.5　数值例子

在本节，通过此数值算例验证所提方法的有效性。考虑具有两个子系统的执行器饱和非线性不确定切换系统

$$\dot{x} = (A_i + \Delta A_i) x + (B_i + \Delta B_i) \text{sat}(u_i) + E_i f_i(x), i = 1, 2. \tag{10.41}$$

其中

$$A_1 = \begin{bmatrix} 1 & 0.5 \\ 0 & 0.2 \end{bmatrix}, A_2 = \begin{bmatrix} 1 & 0 \\ 0.5 & 1 \end{bmatrix}, B_1 = \begin{bmatrix} 2 \\ 0 \end{bmatrix}, B_2 = \begin{bmatrix} 0 \\ 8 \end{bmatrix},$$

$$x(0) = \begin{bmatrix} 0.4 \\ -0.4 \end{bmatrix}, C_1 = \begin{bmatrix} 0.1 & 0 \\ 0 & 0.2 \end{bmatrix}, C_2 = \begin{bmatrix} 0.3 & 0 \\ 0 & 0.2 \end{bmatrix},$$

$$F_{11} = \begin{bmatrix} 0.2 & 0 \\ 0 & 0.3 \end{bmatrix}, F_{12} = \begin{bmatrix} 0.4 & 0 \\ 0 & 0.1 \end{bmatrix}, F_{21} = \begin{bmatrix} 0.5 \\ 0.8 \end{bmatrix}, F_{22} = \begin{bmatrix} 0.3 \\ 0.5 \end{bmatrix},$$

$$E_1 = \begin{bmatrix} 0.2 & 0 \\ 0 & 0.4 \end{bmatrix}, E_2 = \begin{bmatrix} 0.3 & 0 \\ 0 & 0.5 \end{bmatrix}, G_1 = \begin{bmatrix} 0.2 & 0 \\ 0 & 0.3 \end{bmatrix},$$

$$G_2 = \begin{bmatrix} 0.3 & 0 \\ 0 & 0.5 \end{bmatrix}, \Gamma(t) = \begin{bmatrix} \cos(t) & 0 \\ 0 & \sin(t) \end{bmatrix},$$

$$f_1(x) = \begin{bmatrix} 0.1\sin x_1 \\ 0.1\sin x_2 \cos x_2 \end{bmatrix}, f_2(x) = \begin{bmatrix} 0.1x_1 \cos x_1 \\ 0.1\sin x_2 \end{bmatrix}.$$

首先，我们尽可能选择与前述 2.2 节中相同的数据，在不考虑控制器摄动的情况下，求出常规状态反馈控制器的增益。

如果 $R = \begin{bmatrix} 1 & 0 \\ 0 & 1 \end{bmatrix}, \beta_1 = \beta_2 = 30, \delta_1 = \delta_2 = 1$，控制器增益通过求解优化问题（10.38）得到

$$F_1 = \begin{bmatrix} -84.3144 & -12.4389 \end{bmatrix}, \quad F_2 = \begin{bmatrix} -11.4382 & -5.1578 \end{bmatrix}.$$

式中 $F_i$ 表示无参数扰动的状态反馈控制器的增益。

然后，我们考虑控制器的增益存在扰动情形，这时如果令

$$R = \begin{bmatrix} 1 & 0 \\ 0 & 1 \end{bmatrix}, \beta_1 = \beta_2 = 30, \delta_1 = \delta_2 = 1,$$

$$M_{11} = \begin{bmatrix} 1.25 & 1.6 \end{bmatrix}, M_{12} = \begin{bmatrix} 1.25 & 2 \end{bmatrix},$$

$$N_{11} = \begin{bmatrix} 2 & 0 \\ 0 & 1.5625 \end{bmatrix}, N_{12} = \begin{bmatrix} 3.2 & 0 \\ 0 & 2 \end{bmatrix},$$

$$\Theta_1(t) = \begin{bmatrix} \sin(t) & 0 \\ 0 & \sin(t) \end{bmatrix}, \Theta_2(t) = \begin{bmatrix} \cos(t) & 0 \\ 0 & \cos(t) \end{bmatrix}.$$

通过求解优化问题（10.37），我们可以得到优化解

$$\gamma_1 = 12.1855,$$
$$K_1 = [-255.0864 \ -9.6290]$$
$$K_2 = [-10.5492 \ -30.2800].$$

其中 $K_i$ 表示为非脆弱状态反馈控制器的增益。

接下来，我们将 $F_1$ 和 $F_2$ 代入优化问题（10.37）中相应环节，求解优化问题

$$\inf_{X_i, L_i, J_i, \beta_{ir}, \delta_{ir}, \lambda_i, \varepsilon_{1i}, \varepsilon_{2i}, \varepsilon_{3i}, \rho_i} \hat{\gamma}_1,$$

$$s.t. \ (a) \begin{bmatrix} \hat{\gamma}_1 R & I \\ I & X_i \end{bmatrix} \geq 0, i \in I_N, \qquad (10.42)$$

$$(b) inequality(10.26), i \in I_N, s \in Y,$$

$$(c) inequality(10.27), i \in I_N, j \in O_m,$$

得到

$$\hat{\gamma}_1 = 13.1822.$$

显然，$\gamma_1 < \hat{\gamma}_1$，这说明当闭环系统（10.41）存在控制器参数摄动时，与常规状态反馈控制器相比，本节所设计的非脆弱状态反馈控制器可以扩大吸引域的估计。

闭环系统（10.41）各子系统的状态响应曲线如图 10.1 和图 10.2 所示。可以肯定的是，这两个子系统都不是可稳定的，而且这两个子系统都不能单独依靠状态反馈控制器来镇定系统。但是，如图 10.3 中实线所示，通过设计切换律和非脆弱状态反馈控制器，闭环系统（10.41）可以渐近稳定。此外，在常规状态反馈控制器作用下，闭环系统（10.41）的状态响应曲线如图 10.3 中虚线所示。通过对比可以看出，本节设计的非脆弱状态反馈控制器在控制器受到扰动时能使系统的整体性能更好，而使用常规状态反馈控制器则使系统的收敛时间变长。最后，切换系统（10.41）的 Lyapunov 函数值和控制器中的扰动 $\Delta K_i$ 变化曲线分别如图 10.4 和图 10.5 所示。

**注 10.3** 在本节中，我们假设标量参数 $\beta_{ir}, \delta_{ir}$ 是预先给定的。实际上，这些参数会影响系统吸引域的估计。因此，如何选择这些参数使系统吸引域的估计最大化是一个非常有趣的研究方向。一些智能优化算法，如遗传算法、蚁群算法等，可能是寻找这些参数最优解的一种很好的方法，这值得进一步研究。

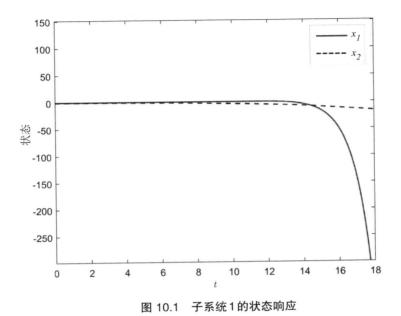

图 10.1　子系统 1 的状态响应

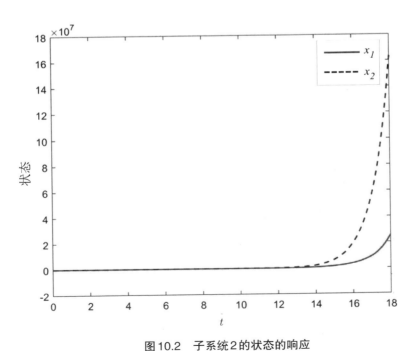

图 10.2　子系统 2 的状态的响应

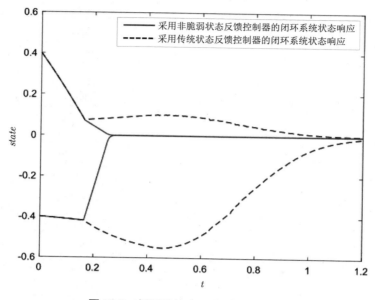

图10.3 闭环系统（10.41）的状态响应

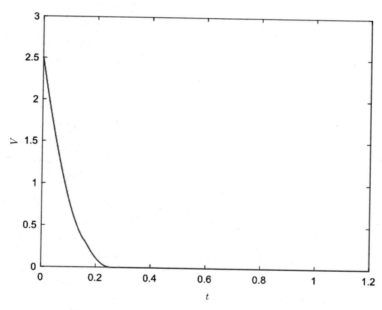

图10.4 闭环系统（10.41）的Lyapunov函数值

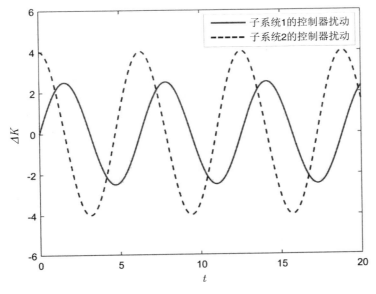

图10.5　控制器产生的扰动

## 10.3　具有执行器饱和的非线性不确定切换系统的非脆弱鲁棒指数镇定

### 10.3.1　问题描述和预备知识

考虑具有执行器饱和的非线性切换系统

$$\dot{x} = (A_\sigma + \Delta A_\sigma)x + (B_\sigma + \Delta B_\sigma)sat(u_\sigma) + E_\sigma f_\sigma(x). \tag{10.43}$$

其中 $x \in \mathbb{R}^n$ 是状态向量，$u \in \mathbb{R}^m$ 是控制输入向量，$f_\sigma(x)$ 是未知的非线性函数且其满足约束条件同假设10.1完全相同。$A_\sigma, B_\sigma, E_\sigma$ 是具有适当维数的常数矩阵。$\Delta A_\sigma$ 和 $\Delta B_\sigma$ 表示系统矩阵中的不确定项，表示为不确定时变矩阵

$$[\Delta A_\sigma, \Delta B_\sigma] = E_{1\sigma}\Gamma(t)[F_{1\sigma}, F_{2\sigma}]. \tag{10.44}$$

其中，描述不确定项结构的 $E_{1\sigma}$，$F_{1\sigma}$ 和 $F_{2\sigma}$ 是具有适当维数的常数矩阵，$\Gamma(t)$ 是范数有界的时变不确定项，满足

$$\Gamma^T(t)\Gamma(t) \le I.$$

$\sigma : [0, +\infty) \to I_N = \{1, 2, \cdots, N\}$ 代表切换信号，是依赖时间或状态的分段常值函数。

$\sigma = i$ 表示第 $i$ 个子系统是激活的。

显然，假定单位饱和限制并没有丧失一般性，因为对矩阵进行适当的变换，非标准饱和函数总能得到单位饱和函数。可以用符号 $sat(\cdot)$ 来同时表示标量和矢量饱和函数。

接下来，我们考虑非脆弱状态反馈控制器

$$u = (K_i + \Delta K_i)x, i \in I_N .\tag{10.45}$$

其中，$K_i$ 是控制器增益矩阵；$\Delta K_i$ 是满足 $\Delta K_i = M_{1i}F_{3i}(t)N_{1i}$ 的控制器增益摄动，其中 $M_{1i}$ 和 $N_{1i}$ 是适当维数的常数矩阵，$F_{3i}(t)$ 是满足 $F_{3i}^T(t)F_{3i}(t) \le I$ 的未知时变矩阵。

显然，闭环系统在采用控制器（10.45）后，可以描述为

$$\begin{aligned}\dot{x} &= (A_i + \Delta A_i)x + (B_i + \Delta B_i)sat((K_i + \Delta K_i)x)\\&+ E_i f_i(x), i \in I_N .\end{aligned}\tag{10.46}$$

**注 10.4** 在上述描述中，$\Delta K_i$ 是控制器中存在的不确定性。实际上，目前大多数的控制综合的成果是在 $u = Kx$ 形式下的常规状态反馈控制策略下产生的。然而，当系统受到复杂的外部变量和不确定因素时，由于常规状态反馈控制器的脆弱性，容易受到意外因素的影响，系统的稳定性和鲁棒性可能会丧失。因此，在设计控制器时考虑微小的摄动，不仅能够有效提高系统的性能，而且能够使控制器更加灵活。

### 10.3.2 稳定性分析

在这一部分，我们假设非脆弱状态反馈控制律 $u_i = (K_i + \Delta K_i)x$ 给定，并尝试推导出切换系统（10.46）指数稳定的充分条件。所获得的结果基于最小驻留时间切换律，即 $t_{k+1} - t_k \ge \tau_\alpha, k = 0, 1, 2 \ldots$，其中 $t_0 < t_1 < \cdots < t_k < \cdots$ 是切换时间序列，$\tau_a$ 代表最小驻留时间。

**定理 10.3** 如果有正定对称矩阵 $P_i$，矩阵 $H_i$ 和正数 $\lambda_0$，$\lambda_{1i}$，$\lambda_{2i}$，$\lambda_{3i}$，$\lambda_{4i}$，$\mu \ge 1$，使得如下矩阵不等式成立：

$$\begin{aligned}&(A_i + B_i\Lambda_1)^T P_i + P_i(A_i + B_i\Lambda_1)\\&+ \lambda_{1i}P_iE_iE_i^T P_i + \lambda_{1i}^{-1}G_i^T G_i\\&+ \lambda_{2i}P_iE_{1i}E_{1i}^T P_i + \lambda_{2i}^{-1}(F_{1i} + F_{2i}\Lambda_1)^T(F_{1i} + F_{2i}\Lambda_1)\\&+ \lambda_{3i}P_iB_iD_sM_{1i}M_{1i}^T D_s^T B_i^T P_i + \lambda_{3i}^{-1}N_{1i}^T N_{1i}\\&+ \lambda_{4i}P_iE_{1i}E_{1i}^T P_i + \lambda_{4i}^{-1}\left\|F_{2i}D_sM_{1i}\right\|^2 N_{1i}^T N_{1i}\\&+ 2\lambda_0 P_i < 0, \quad i \in I_N, s \in Q,\end{aligned}\tag{10.47}$$

其中 $\Lambda_1 = D_s K_i + D_s^- H_i$。且有如下两个条件成立

$$\Omega(P_i) \subset L(H_i) \qquad (10.48)$$

和

$$P_i \leqslant \mu P_j, \forall i, j \in I_N. \qquad (10.49)$$

令

$$\tau_\alpha \geqslant \tau_\alpha^* = \frac{\ln \mu}{2\lambda}, \lambda \in (0, \lambda_0). \qquad (10.50)$$

那么，对于任意的切换律满足 $\sigma \in S[\tau_\alpha]$，闭环系统（10.46）在原点是鲁棒指数稳定的并且集合 $\bigcup_{i=1}^N (\Omega(P_i))$ 包含在吸引域中。符号 $\sigma \in S[\tau_\alpha]$ 代表具有最小驻留时间 $\tau_\alpha$ 的所有切换信号的集合。

**证明** 根据引理 2.2，对于任意 $x \in \Omega(P_i) \subset L(H_i)$，存在 $sat((K_i + \Delta K_i)x) \in co\{D_s(K_i + \Delta K_i)x + D_s^- H_i x, s \in Q\}$。

令

$$\Lambda_2 = D_s(K_i + \Delta K_i) + D_s^- H_i,$$

那么可得

$$(A_i + \Delta A_i)x + (B_i + \Delta B_i)sat((K_i + \Delta K_i)x) + E_i f_i(x)$$
$$\in co\{(A_i + \Delta A_i)x + (B_i + \Delta B_i)\Lambda_2 x + E_i f_i(x), s \in Q\}.$$

选择闭环系统（10.46）的 Lyapunov 候选函数为

$$V_i(x) = x^T P_i x, i \in I_N.$$

接下来，易知下面的公式一定成立：

$$a\|x\|^2 \leqslant V_i(x) \leqslant b\|x\|^2, \qquad (10.51)$$

其中，

$$a = \inf_{i \in I_N} \lambda_{\min}(P_i), b = \sup_{i \in I_N} \lambda_{\max}(P_i).$$

则 $V_i(x)$ 沿闭环系统（10.46）轨迹的导数满足：

$$\dot{V}_i(x) = \dot{x}^T P_i x + x^T P_i \dot{x}$$
$$= \sum_{s=1}^{2^m} \eta_{is} \left\{ \begin{array}{l} x^T \left[(A_i + \Delta A_i) + (B_i + \Delta B_i)\Lambda_2\right]^T P_i x \\ + x^T P_i \left[(A_i + \Delta A_i) + (B_i + \Delta B_i)\Lambda_2\right]x \\ + x^T P_i E_i f_i(x) + f_i^T(x) E_i^T P_i x \end{array} \right\}$$

$$\leqslant \max_{s \in Q} x^T \left\{ \begin{array}{l} [(A_i + \Delta A_i) + (B_i + \Delta B_i)\Lambda_2]^T P_i \\ + P_i[(A_i + \Delta A_i) + (B_i + \Delta B_i)\Lambda_2] \end{array} \right\} x$$
$$+ x^T P_i E_i f_i(x) + f_i^T(x) E_i^T P_i x.$$

由于下式成立

$$x^T \left\{ \begin{array}{l} [(A_i + \Delta A_i) + (B_i + \Delta B_i)\Lambda_2]^T P_i \\ + P_i[(A_i + \Delta A_i) + (B_i + \Delta B_i)\Lambda_2] \end{array} \right\} x$$
$$+ x^T P_i E_i f_i(x) + f_i^T(x) E_i^T P_i x$$
$$= x^T \left\{ \begin{array}{l} (A_i + B_i \Lambda_1)^T P_i + P_i(A_i + B_i \Lambda_1) \\ + (B_i D_s \Delta K_i)^T P_i + P_i B_i D_s \Delta K_i \\ + (\Delta B_i \Lambda_1)^T P_i + P_i \Delta B_i \Lambda_1 + \Delta A_i^T P_i + P_i \Delta A_i \\ + (\Delta B_i D_s \Delta K_i)^T P_i + P \Delta B_i D_s \Delta K_i \end{array} \right\} x$$
$$+ x^T P_i E_i f_i(x) + f_i^T(x) E_i^T P_i x.$$

根据假设10.1和引理10.3，我们得到

$$x^T P_i E_i f_i(x) + f_i^T(x) E_i^T P_i x$$
$$\leqslant \lambda_{1i} x^T P_i E_i E_i^T P_i x + \lambda_{1i}^{-1} x^T G_i^T G_i x.$$

由等式条件（2）和条件（4）中的说明，不难得到

$$\Delta A_i^T P_i + P_i \Delta A_i = (E_{1i} \Gamma(t) F_{1i})^T P_i + P_i E_{1i} \Gamma(t) F_{1i}$$

$$(\Delta B_i \Lambda_1)^T P_i + P_i \Delta B_i \Lambda_1$$
$$= (E_{1i} \Gamma(t) F_{2i} \Lambda_1)^T P_i + P_i E_{1i} \Gamma(t) F_{2i} \Lambda_1,$$

$$(B_i D_s \Delta K_i)^T P_i + P_i B_i D_s \Delta K_i$$
$$= (B_i D_s M_{1i} F_{3i}(t) N_{1i})^T P_i + P_i B_i D_s M_{1i} F_{3i}(t) N_{1i},$$

和

$$(\Delta B_i D_s \Delta K_i)^T P_i + P \Delta B_i D_s \Delta K_i$$
$$= (E_{1i} \Gamma(t) F_{2i} D_s M_{1i} F_{3i}(t) N_{1i})^T P_i$$
$$+ P_i E_{1i} \Gamma(t) F_{2i} D_s M_{1i} F_{3i}(t) N_{1i}.$$

所以由引理10.3可知以下各式成立

$$[E_{1i} \Gamma(t)(F_{1i} + F_{2i} \Lambda_1)]^T P_i + P_i E_{1i} \Gamma(t)(F_{1i} + F_{2i} \Lambda_1)$$
$$\leqslant \lambda_{2i} P_i E_{1i} E_{1i}^T P_i + \lambda_{2i}^{-1}(F_{1i} + F_{2i} \Lambda_1)^T(F_{1i} + F_{2i} \Lambda_1),$$

$$(B_i D_s M_{1i} F_{3i}(t) N_{1i})^T P_i + P_i B_i D_s M_{1i} F_{3i}(t) N_{1i}$$
$$\leqslant \lambda_{3i} P_i B_i D_s M_{1i} M_{1i}^T D_s^T B_i^T P_i + \lambda_{3i}^{-1} N_{1i}^T N_{1i},$$

以及

$$
\begin{aligned}
&\left(E_{1i}\Gamma(t)F_{2i}D_s M_{1i}F_{3i}(t)N_{1i}\right)^T P_i \\
&+ P_i E_{1i}\Gamma(t)F_{2i}D_s M_{1i}F_{3i}(t)N_{1i} \\
&\leqslant \lambda_{4i}P_i E_{1i}E_{1i}^T P_i + \lambda_{4i}^{-1}\left\|F_{2i}D_s M_{1i}\right\|^2 N_{1i}^T N_{1i}.
\end{aligned}
$$

因此可得

$$
\dot{V}_i(x) \leqslant \max_{s\in Q} x^T
\left\{
\begin{array}{l}
\left(A_i + B_i\Lambda_1\right)^T P_i + P_i\left(A_i + B_i\Lambda_1\right) \\
+ \lambda_{1i}P_i E_i E_i^T P_i + \lambda_{1i}^{-1}G_i^T G_i \\
+ \lambda_{2i}P_i E_{1i}E_{1i}^T P_i \\
+ \lambda_{2i}^{-1}\left(F_{1i}+F_{2i}\Lambda_1\right)^T\left(F_{1i}+F_{2i}\Lambda_1\right) \\
+ \lambda_{3i}P_i B_i D_s M_{1i}M_{1i}^T D_s^T B_i^T P_i \\
+ \lambda_{3i}^{-1}N_{1i}^T N_{1i} + \lambda_{4i}P_i E_{1i}E_{1i}^T P_i \\
+ \lambda_{4i}^{-1}\left\|F_{2i}D_s M_{1i}\right\|^2 N_{1i}^T N_{1i}
\end{array}
\right\} x
\tag{10.52}
$$

$$
< -2\lambda_0 V_i(x).
$$

对于 $\forall t > 0$，令 $0 = t_0 < t_1 < \cdots < t_k = t_{N_\sigma(t,0)}$ 代表在时间区间 $(0,t)$ 上的切换序列，根据不等式（10.52）可得

$$
V_i(t) \leqslant V_i(t_k)e^{-2\lambda_0(t-t_k)}.
\tag{10.53}
$$

基于条件（10.49），可以做出推论

$$
\begin{aligned}
V(t) &\leqslant V_i(t_k)e^{-2\lambda_0(t-t_k)} \leqslant \mu V_j(t_k)e^{-2\lambda_0(t-t_k)} \\
&\leqslant \mu\left[V_j(t_{k-1})e^{-2\lambda_0(t_k-t_{k-1})}\right]e^{-2\lambda_0(t-t_k)} \\
&\leqslant \cdots \leqslant \mu^k e^{-2\lambda_0 t}V(0).
\end{aligned}
\tag{10.54}
$$

可以注意到，$k \leqslant (t-t_0)/\tau_\alpha$ 是由 $t_{k+1}-t_k \geqslant \tau_\alpha$，$k = 0, 1, 2\ldots$ 和 $\tau_\alpha \geqslant \tau_\alpha^* = \dfrac{\ln\mu}{2\lambda}$ 决定的，由此可见（10.54）导致下式成立：

$$
\begin{aligned}
V(t) &\leqslant e^{-2\lambda_0 t + \frac{t}{\tau_\alpha}\ln\mu}V(0) \leqslant e^{-2\lambda_0 t + 2\lambda t}V(0) \\
&= e^{-2(\lambda_0-\lambda)t}V(0).
\end{aligned}
\tag{10.55}
$$

根据式（10.55）和不等式（10.51），可以推导出

$$
a\|x(t)\|^2 \leqslant V(t) \leqslant e^{-2(\lambda_0-\lambda)t}V(0) \leqslant b\|x_0\|^2 e^{-2(\lambda_0-\lambda)t}.
\tag{10.56}
$$

因此有如下关系式成立：

$$
a\|x(t)\|^2 \leqslant b\|x_0\|^2 e^{-2(\lambda_0-\lambda)t}.
\tag{10.57}
$$

进一步的处理导致下式成立：

$$\|x(t)\| \leqslant \sqrt{\frac{b}{a}} e^{-(\lambda_0-\lambda)t} \|x_0\|. \tag{10.58}$$

接下来，我们需要说明在每个切换时刻，新激活子系统的 Lyapunov 函数值满足 $x^T P_i x \leqslant 1$。我们假设 $[t_{k-1}, t_k)$ 和 $[t_k, t_{k+1})$ 分别是子系统 $j$ 和 $i$ 的激活时间，那么根据条件（10.49）可得

$$\begin{aligned} V_i(x(t_k) &= x^T(t_k) P_i x(t_k) \\ &\leqslant \mu x^T(t_k) P_j x(t_k) = \mu V_j(x(t_k)), \end{aligned} \tag{10.59}$$

然后根据不等式（10.53），可以推导出

$$V_i(x(t_k) \leqslant \mu V_j(x(t_k) \leqslant \mu V_j(x(t_{k-1}) \, e^{-2\lambda_0(t_k-t_{k-1})}. \tag{10.60}$$

由于 $t_k - t_{k-1} \geqslant \tau_\alpha^* = \dfrac{\ln \mu}{2\lambda}$，可以得到

$$\begin{aligned} V_i(x(t_k) &\leqslant \mu V_j(x(t_{k-1}) \, e^{-2\lambda_0(t_k-t_{k-1})} \\ &\leqslant \mu V_j(x(t_{k-1}) \, e^{-2\lambda_0 \frac{h}{2\lambda} \mu} \\ &= V_j(x(t_{k-1}) \, e^{h \, \mu - \lambda_0 \frac{h}{\lambda} \mu} \\ &= V_j(x(t_{k-1}) \, e^{(1-\frac{\lambda_0}{\lambda}) h \, \mu}, \end{aligned} \tag{10.61}$$

其中 $\mu > 1, \lambda_0 > \lambda$。因此下式成立：

$$e^{(1-\frac{\lambda_0}{\lambda}) h \, \mu} < 1. \tag{10.62}$$

最后根据上述推导过程，可得

$$V_i(x(t_k) \leqslant V_j(x(t_{k-1}) \, e^{(1-\frac{\lambda_0}{\lambda}) h \, \mu} \leqslant 1. \tag{10.63}$$

根据不等式（10.58）和（10.63）可以看出，具有执行器饱和的闭环系统是指数稳定的且集合 $\bigcup\limits_{i=1}^{N}(\Omega(P_i))$ 包含在吸引域中。定理 10.3 得到了证明。

**注 10.5**　实际上，对于切换系统来说，有时为了避免抖振现象，两次连续切换之间需要有一个时间间隔是非常必要的。因此，引入条件 $t_{k+1} - t_k \geqslant \tau_\alpha, k = 0, 1, 2\ldots$ 来限制系统的切换频率[228, 229]。

### 10.3.3　控制器设计

在本小节中，通过求解一组带有约束的线性矩阵不等式，来设计非脆弱状态

反馈控制器，使得闭环系统（10.46）鲁棒指数稳定。

**定理 10.4** 如果有正定矩阵 $X_i$，矩阵 $J_i$，$L_i$ 和正数 $\lambda_0$，$\lambda_{1i}$，$\lambda_{2i}$，$\lambda_{3i}$，$\lambda_{4i}$，$\mu \geqslant 1$，使得如下矩阵不等式成立：

$$
\begin{bmatrix}
\Omega_{1i} & * & * & * & * \\
G_i X_i & -\lambda_{1i}I & * & * & * \\
\Omega_{2i} & 0 & -\lambda_{2i}I & * & * \\
N_{1i}X_i & 0 & 0 & -\lambda_{3i}I & * \\
\Omega_{3i} & 0 & 0 & 0 & -\lambda_{4i}I
\end{bmatrix} < 0, \tag{10.64}
$$

$$
\begin{bmatrix}
X_i & * \\
L_i^l & 1
\end{bmatrix} \geqslant 0 \tag{10.65}
$$

以及

$$
\begin{bmatrix}
\mu X_j & * \\
X_j & X_i
\end{bmatrix} \geqslant 0. \tag{10.66}
$$

其中

$$
\begin{aligned}
\Omega_{1i} &= X_i A_i^T + (D_s J_i + D_s^- L_i)^T B_i^T \\
&\quad + A_i X_i + B_i(D_s J_i + D_s^- L_i) \\
&\quad + \lambda_{1i} E_i E_i^T + \lambda_{2i} E_{1i} E_{1i}^T \\
&\quad + \lambda_{3i} B_i D_s M_{1i} M_{1i}^T D_s^T B_i^T + \lambda_{4i} E_{1i} E_{1i}^T + 2\lambda_0 X_i, \\
\Omega_{2i} &= F_{1i} X_i + F_{2i}(D_s J_i + D_s^- L_i) \\
\Omega_{3i} &= \| F_{2i} D_s M_{1i} \| N_{1i} X_i,
\end{aligned}
$$

$L_i^l$ 代表矩阵 $L_i$ 的第 $l$ 行，$X_i = P_i^{-1}$，$J_i = K_i X_i$，$L_i = H_i X_i$。那么，对于任意具有

$$
\tau_\alpha \geqslant \tau_\alpha^* = \frac{\ln \mu}{2\lambda}, \lambda \in (0, \lambda_0) \tag{10.67}
$$

的 $\sigma \in S[\tau_\alpha]$ 和非脆弱控制器

$$
K_i = J_i X_i^{-1}, \tag{10.68}
$$

具有初始条件 $\forall x_0 \in \bigcup_{i=1}^{N}(\Omega(P_i))$ 的闭环系统（10.46）是鲁棒指数稳定的。

**证明** 根据引理2.3，矩阵不等式（10.64）等价于

$$
\begin{aligned}
&\Omega_{1i} + \lambda_{1i}^{-1} X_i G_i^T G_i X_i + \lambda_{2i}^{-1} \Omega_{2i}^T \Omega_{2i} \\
&\quad + \lambda_{3i}^{-1} X_i N_{1i}^T N_{1i} X_i + \lambda_{4i}^{-1} \Omega_{3i}^T \Omega_{3i} + 2\lambda_0 X_i < 0.
\end{aligned} \tag{10.69}
$$

令 $X_i = P_i^{-1}$，$L_i = H_i P_i^{-1}$ 和 $J_i = K_i P_i^{-1}$，则对矩阵不等式（10.69）左右两边同时乘以 $P_i$，矩阵不等式（10.69）可以重新写为

$$
\begin{aligned}
&(A_i + B_i\Lambda_1)^T P_i + P_i(A_i + B_i\Lambda_1) \\
&+ \lambda_{1i} P_i E_i E_i^T P_i + \lambda_{1i}^{-1} G_i^T G_i + \lambda_{2i} P_i E_{1i} E_{1i}^T P_i \\
&+ \lambda_{2i}^{-1}(F_{1i} + F_{2i}\Lambda_1)^T (F_{1i} + F_{2i}\Lambda_1) \\
&+ \lambda_{3i} P_i B_i D_s M_{1i} M_{1i}^T D_s^T B_i^T P_i + \lambda_{3i}^{-1} N_{1i}^T N_{1i} \\
&+ \lambda_{4i} P_i E_{1i} E_{1i}^T P_i + \lambda_{4i}^{-1}\|F_{2i} D_s M_{1i}\|^2 N_{1i}^T N_{1i} + 2\lambda_0 P_i < 0.
\end{aligned}
$$

上式其实就是定理10.3中的矩阵不等式（10.47）。

对式（10.65）采用类似的处理方法可得

$$
\begin{bmatrix} 1 & H_i^l \\ * & P_i \end{bmatrix} \geq 0, \tag{10.70}
$$

其中 $H_i^l$ 代表矩阵 $H_i$ 的第 $l$ 行。由于 $x^T P_i x \leq 1$，$H_i^l P_i^{-1} H_i^{lT} \leq 1$，以及对于任意 $z, y \in \mathbb{R}^n$ 和正定矩阵 $X \in \mathbb{R}^{n \times n}$，有 $-2z^T y \leq z^T X^{-1} z + y^T X y$ 可得

$$
2x^T H_i^{lT} \leq x^T P_i x + H_i^l P_i^{-1} H_i^{lT} \leq 2.
$$

所以上式表明，约束条件 $\Omega(P_i) \subset L(H_i)$ 可以由式（10.70）表示。

此外，将不等式（10.66）左右两边分别乘以 $\begin{bmatrix} X_j^{-1} & * \\ 0 & X_i^{-1} \end{bmatrix}$，可得

$$
\begin{bmatrix} \mu X_j^{-1} & * \\ X_i^{-1} & X_i^{-1} \end{bmatrix} \geq 0.
$$

再次利用引理2.3，上述表达式进一步处理为等价形式

$$
\mu X_j^{-1} - X_i^{-1} \geq 0.
$$

由于 $X_i^{-1} = P_i$，上述表达式可以转化为与定理10.3中的条件（10.49）相同形式：$\mu P_j - P_i \geq 0$。

最后，可知切换律（10.67）与定理10.3中的切换律（10.50）是相同的。因此，$\forall x_0 \in \bigcup_{i=1}^N (\Omega(P_i))$ 作为初始状态，闭环系统（10.46）是鲁棒指数稳定的。定理10.4证明结束。

**注10.6** 如果所设计的控制器增益摄动 $\Delta K_i = 0$，那么定理10.3中的（10.47）和定理10.4中的（10.64）可以简化为不等式（35）。

$$
\begin{bmatrix} \Omega_{1i}^{'} & * & * \\ G X_i & -\lambda_{1i} I & * \\ \Omega_{2i} & 0 & -\lambda_{2i} I \end{bmatrix} < 0, \tag{10.71}
$$

其中，

$$\Omega'_{1i} = X_i A_i^T + (D_s J_i + D_s^- L_i)^T B_i^T + A_i X_i$$
$$+ B_i (D_s J_i + D_s^- L_i) + \lambda_{1i} E_i E_i^T + \lambda_{2i} E_{1i} E_{1i}^T + 2\lambda_0 X_i.$$

**注 10.7** 需要注意的是，（10.64）、（10.66）以及（10.71）不是线性矩阵不等式，并且不容易求解。如果参数 $\lambda_0$，$\mu$ 提前给定，那么状态反馈控制律和吸引域估计就可表述为一组有关于其他未知变量的线性矩阵不等式优化问题，并利用 MATLAB 的 feasp 求解器进行求解。虽然结果会有点保守，但是更容易进行求解。

### 10.3.4 吸引域估计

和前述章节类似，定理 10.3 和定理 10.4 仅仅提供了一个确保闭环系统渐近稳定的充分条件。但是我们的目的是尽可能使闭环系统的吸引域估计尽可能大。即通过设计非脆弱状态反馈控制器和切换律，使集合 $\bigcup_{i=1}^{N} (\Omega(P_i))$ 最大。

这里依然采用一个包含原点的凸集 $X_R \subset \mathbb{R}^n$ 作为测量集合大小的参考集合。针对包含原点的集合 $\Xi \subset R^n$，定义为

$$\alpha_R(\Xi) := \sup\{\alpha > 0 : \alpha X_R \subset \Xi\}.$$

两种典型的形状参考集是椭球体

$$X_R = \{x \in \mathbb{R}^n : x^T R x \le 1, R > 0\}$$

和多面体

$$X_R = \mathrm{co}\{x_1, x_2, \cdots, x_h\},$$

其中 $x_1, x_2, \cdots, x_h$ 是一个 $n$ 维的给定维数向量，$co\{\cdot\}$ 代表向量集的凸包。

因此，如何使集合 $\bigcup_{i=1}^{N} (\Omega(P_i))$ 最大化问题可以转化为如下约束优化问题：

Pb.1：

$$\sup_{X_i, L_i, J_i, \lambda_{1i}, \lambda_{2i}, \lambda_{3i}, \lambda_{4i}} \alpha_1,$$
$$\text{s.t.}(a)\alpha_1 X_R \subset \Omega(X_i^{-1}), i \in I_N, \tag{10.72}$$
$$(b)\text{inequalities}(10.64) - (10.66), i, j \in I_N, s \in Q, l \in Q_m.$$

这里优化问题 Pb.1 考虑了控制器增益摄动。

Pb.2：

$$\sup_{X_i, L_i, J_i, \lambda_{1i}, \lambda_{2i}} \alpha_2,$$
$$\text{s.t.}(a)\alpha_2 X_R \subset \Omega(X_i^{-1}), i \in I_N, \tag{10.73}$$
$$(b)\text{inequalities}(10.65) - (10.66)i, j \in I_N, l \in Q_m,$$
$$(c)\text{inequalities}(10.71), i \in I_N, s \in Q.$$

其中 Pb.2 没有考虑控制器增益摄动。

如果选择 $X_R$ 作为椭球体，那么（a）等价于

$$\begin{bmatrix} \dfrac{1}{\alpha_{1,2}^2}R & I \\ I & X_i \end{bmatrix} \geq 0.$$

如果选择 $X_R$ 作为多面体，那么（a）等价于

$$\begin{bmatrix} \dfrac{1}{\alpha_{1,2}^2} & x_q^T \\ x_q & X_i \end{bmatrix} \geq 0, k \in [1, h].$$

令 $\dfrac{1}{\alpha_{1,2}^2} = \gamma_{1,2}$，如果选择 $X_R$ 选为椭球体，那么优化问题 Pb.1 和 Pb.2 可以分别重新写为

$$\sup_{X_i, L_i, J_i, \lambda_{1i}, \lambda_{2i}, \lambda_{3i}, \lambda_{4i}} \gamma_1,$$

$$\text{s.t.(a)} \begin{bmatrix} \gamma_1 R & I \\ I & X_i \end{bmatrix} \geq 0, i \in I_N, \tag{10.74}$$

$$(b)\text{inequalities}(10.64)-(10.66), i, j \in I_N, s \in Q, l \in Q_m$$

和

$$\sup_{X_i, L_i, J_i, \lambda_{1i}, \lambda_{2i}} \gamma_2,$$

$$\text{s.t.(a)} \begin{bmatrix} \gamma_2 R & I \\ I & X_i \end{bmatrix} \geq 0, i \in I_N, \tag{10.75}$$

$$(b)\text{inequalities}(10.65)-(10.66) i, j \in I_N, l \in Q_m,$$

$$(c)\text{inequalities}(10.71), i \in I_N, s \in Q.$$

类似的，如果选择 $X_R$ 作为多面体，那么 Pb.1 和 Pb.2 可以分别重新写为

$$\sup_{X_i, L_i, J_i, \lambda_{1i}, \lambda_{2i}, \lambda_{3i}, \lambda_{4i}} \gamma_1,$$

$$\text{s.t.(a)} \begin{bmatrix} \gamma_1 & x_q^T \\ x_q & X_i \end{bmatrix} \geq 0, q \in [1, h], i \in I_N, \tag{10.76}$$

$$(b)\text{inequalities}(10.64)-(10.66), i, j \in I_N, s \in Q, l \in Q_m$$

和

$$\sup_{X_i, L_i, J_i, \lambda_{1i}, \lambda_{2i}} \gamma_2,$$

$$\text{s.t.(a)} \begin{bmatrix} \gamma_2 & x_q^T \\ x_q & X_i \end{bmatrix} \geq 0, q \in [1, h], i \in I_N, \tag{10.77}$$

$$(b) \text{inequalities}(10.65) - (10.66)i, j \in I_N, l \in Q_m,$$

$$(c) \text{inequalities}(10.71), i \in I_N, s \in Q.$$

### 10.3.5　数值例子

在这一部分，通过算例验证所提方法的有效性。考虑具有两个子系统的非线性饱和不确定切换系统

$$\dot{x} = (A_i + \Delta A_i)x + (B_i + \Delta B_i)sat(u_i) + E_i f_i(x), i = 1, 2 \tag{10.78}$$

其中，

$$A_1 = \begin{bmatrix} 0.6 & 0 & 0 \\ 0.8 & 0.5 & 0 \\ 0.6 & 0.4 & 1 \end{bmatrix}, A_2 = \begin{bmatrix} 0.2 & 0.6 & 1 \\ 0 & 0.4 & 0.5 \\ 0 & 0 & 0.2 \end{bmatrix},$$

$$B_1 = \begin{bmatrix} 8 & 2 \\ 10 & 2 \\ 2 & 12 \end{bmatrix}, B_2 = \begin{bmatrix} 6 & 9 \\ 16 & 1 \\ 12 & 4 \end{bmatrix},$$

$$x(0) = \begin{bmatrix} -0.1 \\ 0.4 \\ 2.3 \end{bmatrix}, E_{11} = \begin{bmatrix} 0.2 & 0 & 0 \\ 0 & 0.4 & 0 \\ 0 & 0 & 0.6 \end{bmatrix}, E_{12} = \begin{bmatrix} 0.3 & 0 & 0 \\ 0 & 0.5 & 0 \\ 0 & 0 & 0.6 \end{bmatrix}.$$

$$F_{11} = \begin{bmatrix} 0.2 & 0 & 0 \\ 0 & 0.3 & 0 \\ 0 & 0 & 0.5 \end{bmatrix}, F_{12} = \begin{bmatrix} 0.2 & 0 & 0 \\ 0 & 0.1 & 0 \\ 0 & 0 & 0.1 \end{bmatrix},$$

$$F_{21} = \begin{bmatrix} 0.1 & 0 \\ 0 & 0.2 \\ 0 & 0 \end{bmatrix}, F_{22} = \begin{bmatrix} 0 & 0 \\ 0.2 & 0 \\ 0 & 0.4 \end{bmatrix},$$

$$\Gamma(t) = \begin{bmatrix} \sin(t) & 0 & 0 \\ 0 & \cos(t) & 0 \\ 0 & 0 & \cos(t) \end{bmatrix}, f_1(x) = \begin{bmatrix} 0.1\sin x_1 \\ 0.1\sin x_2 \cos x_2 \\ 0.1 x_3 \cos x_3 \end{bmatrix},$$

$$f_2(x) = \begin{bmatrix} 0.1 x_1 \sin x_1 \\ 0.1\sin x_2 \\ 0.1\sin x_3 \cos x_3 \end{bmatrix},$$

$$E_1 = \begin{bmatrix} 0.1 & 0 & 0 \\ 0 & 0.2 & 0 \\ 0 & 0 & 0.3 \end{bmatrix}, E_2 = \begin{bmatrix} 0.1 & 0 & 0 \\ 0 & 0.3 & 0 \\ 0 & 0 & 0.3 \end{bmatrix},$$

$$G_1 = \begin{bmatrix} 0.2 & 0 & 0 \\ 0 & 0.2 & 0 \\ 0 & 0 & 0.3 \end{bmatrix}, G_2 = \begin{bmatrix} 0.5 & 0 & 0 \\ 0 & 0.2 & 0 \\ 0 & 0 & 0.3 \end{bmatrix},$$

当然，在最小驻留时间方法中，每个子系统需要指数稳定。然后，需要设计切换律和非脆弱状态反馈控制器，使系统（10.78）在原点处鲁棒指数稳定，并要求吸引域的估计尽可能大。

首先，假设在设计中不考虑控制器的增益摄动。如果

$$R = \begin{bmatrix} 1 & 0 & 0 \\ 0 & 1 & 0 \\ 0 & 0 & 1 \end{bmatrix}, \lambda_0 = 0.25, \lambda = 0.24, \mu = 1.1275,$$

通过求解优化问题（10.75）得到的控制器增益为

$$K_1^c = \begin{bmatrix} 0.6219 & -1.1017 & 0.0763 \\ -0.1322 & 0.2268 & -0.2279 \end{bmatrix}$$

以及

$$K_2^c = \begin{bmatrix} 0.7961 & -1.2120 & 0.0703 \\ -1.3952 & 1.7303 & -0.1489 \end{bmatrix}.$$

其中 $K_i^c$ 代表没有摄动的状态反馈控制器增益。

然后，考虑控制器增益存在摄动。如果

$$R = \begin{bmatrix} 1 & 0 & 0 \\ 0 & 1 & 0 \\ 0 & 0 & 1 \end{bmatrix}, \lambda_0 = 0.25, \mu = 1.1275, N_{11} = \begin{bmatrix} 0.05 & 0 & 0 \\ 0 & 0.09 & 0 \\ 0 & 0 & 0.04 \end{bmatrix},$$

$$M_{11} = \begin{bmatrix} 0.2 & 0 & 0 \\ 0 & 0.3 & 0 \end{bmatrix}, M_{12} = \begin{bmatrix} 0.2 & 0 & 0 \\ 0 & 0.1 & 0 \end{bmatrix}, N_{12} = \begin{bmatrix} 0.06 & 0 & 0 \\ 0 & 0.1 & 0 \\ 0 & 0 & 0.08 \end{bmatrix},$$

$$F_{31}(t) = \begin{bmatrix} \sin(t) & 0 & 0 \\ 0 & \sin(t) & 0 \\ 0 & 0 & \cos(t) \end{bmatrix}, F_{32}(t) = \begin{bmatrix} \sin(t) & 0 & 0 \\ 0 & \cos(t) & 0 \\ 0 & 0 & \sin(t) \end{bmatrix}.$$

求解优化问题（10.74），得到优化解

$$\gamma_1 = 0.7831,$$

$$K_1^{nc} = \begin{bmatrix} 4.2894 & -6.8923 & 0.7138 \\ -0.7490 & 1.6715 & -1.0427 \end{bmatrix},$$

$$K_2^{nc} = \begin{bmatrix} 9.7005 & -14.3808 & 1.1414 \\ -3.7088 & 4.9502 & -0.4330 \end{bmatrix}.$$

其中 $K_i^{nc}$ 代表非脆弱状态反馈控制器的增益。

接下来，将 $K_1^c$ 和 $K_2^c$ 带入式（10.74），然后来解如下优化问题：

$$\sup_{X_i, L_i, J_i, \lambda_{1i}, \lambda_{2i}, \lambda_{3i}, \lambda_{4i}} \hat{\gamma}_1,$$

$$\text{s.t.(a)} \begin{bmatrix} \hat{\gamma}_1 R & I \\ I & X_i \end{bmatrix} \geq 0, i \in I_N,$$

$$(b)\text{inequalities}(10.64) - (10.66), i, j \in I_N, s \in Q, l \in Q_m.$$

可得优化解

$$\hat{\gamma}_1 = 2.4159$$

然后，$\lambda_0$，$\mu$ 和 $R$ 取不同值时，重复上述步骤求解 $\gamma_1$ 和 $\hat{\gamma}_1$。（表10.1）显然，$\gamma_1 < \hat{\gamma}_1$，表明当闭环系统（10.78）存在控制器摄动时，与常规状态反馈控制器相比，本节设计的非脆弱状态反馈控制器可以扩大吸引域估计。

表 10.1  不同变量时 $\gamma_1$ 和 $\hat{\gamma}_1$ 的取值

| $\lambda_0$ | $\mu$ | $R$ | $\gamma_1$ | $\hat{\gamma}_1$ |
| --- | --- | --- | --- | --- |
| 0.5 | 1.5275 | $2I$ | 1.1634 | 1.7335 |
| 0.6 | 1.3596 | $3I$ | 1.5841 | 2.2826 |
| 0.7 | 2.4278 | $I$ | 4.0924 | 5.3142 |
| 0.8 | 3.1664 | $2I$ | 2.7124 | 3.6442 |
| 0.9 | 4.2569 | $3I$ | 2.3507 | 3.1612 |

当 $\lambda_0 = 0.25, \lambda = 0.24, \mu = 1.1275$ 以及最小驻留时间 $\tau_\alpha^* = \dfrac{\ln \mu}{2\lambda} = 0.25$ 时，图 10.6 和图 10.7 展示了分别采用非脆弱状态反馈控制器和常规状态反馈控制器时，切换系统的状态响应曲线。图 10.8 展示了切换系统的切换信号。通过比较很容易可以看出，采用非脆弱状态反馈控制器时系统的状态能指数收敛到平衡点，而采用常规状态反馈控制器时系统是不稳定的。这说明本节设计的非脆弱控制器是有效的

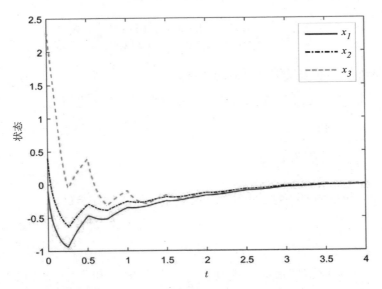

图10.6　采用非脆弱状态反馈控制器的闭环系统（10.78）的状态响应

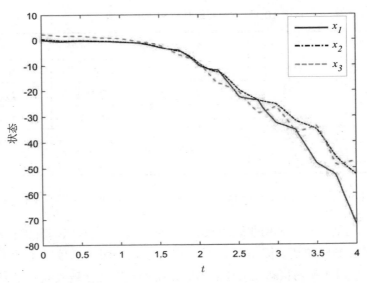

图 10.7　采用常规状态反馈控制器的闭环系统（10.78）的状态响应

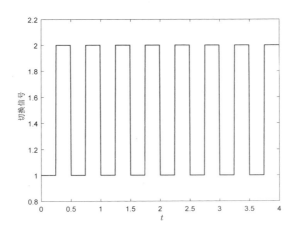

**图 10.8　切换系统（10.78）的切换信号**

此外，如图 10.9 所示，仿真中设置的初始状态 $x(0) = [-0.1\ 0.4\ 2.3]^T$ 包含在结合 $\bigcup_{i=1}^{2}(\Omega(P_i))$ 中。黄色曲面和绿色曲面分别代表子系统 1 和子系统 2 的两个椭球体集合 $\Omega(P_i,1), i=1,2$，两个集合的并集也就是整个切换系统的吸引域估计。最后，黑色实线是系统的相轨迹。通过此轨迹可以看出，实线严格运行在两个椭球域的并集内，这表明定理 10.3 和定理 10.4 中所证明的有关于整个切换系统的吸引域估计为各子系统稳定域的并集是合理的、正确的。

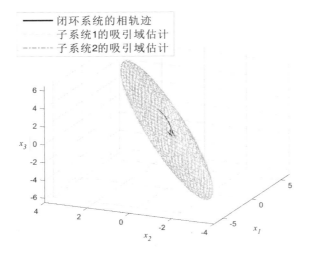

**图 10.9　吸引域 $\bigcup_{i=1}^{2}(\Omega(P_i))$**

# 10.4 小结

本章利用 Lyapunov 函数理论研究了带有执行器饱和的非线性切换系统的非脆弱鲁棒控制问题。首先利用多 Lyapunov 函数方法研究了一类具有执行器饱和的非线性不确定切换系统的非脆弱鲁棒镇定问题，给出了系统非脆弱鲁棒可镇定的充分条件，提出了切换律和非脆弱状态反馈控制器的设计方法，进而将非脆弱状态反馈控制器和切换律的设计问题转化为带 LMI 约束的凸优化问题，扩大了闭环系统吸引域的估计。然后利用最小驻留时间方法，研究了一类具有执行器饱和的非线性不确定切换系统的非脆弱鲁棒指数镇定问题，导出了系统非脆弱鲁棒指数镇定的充分条件，设计了切换律和非脆弱状态反馈控制器使得使闭环系统的吸引域估计最大化。

# 11　结论与展望

本书研究了几类具有执行器饱和的切换系统稳定性分析、镇定、吸引域估计、状态反馈控制器设计、干扰抑制、抗饱和补偿器设计、保成本控制及非脆弱控制等问题。主要工作体现在如下几方面：

①利用多 Lyapunov 函数方法，分别研究了具有执行器饱和的连续时间线性切换系统的鲁棒镇定与抗饱和补偿器设计问题。提出了闭环系统的状态反馈控制器和抗饱和补偿器的设计方案，以此来扩大闭环系统的吸引域估计。

②分别利用多 Lyapunov 函数方法和单 Lyapunov 函数方法，研究了具有执行器饱和的连续时间线性切换系统的 $L_2-$ 增益分析、状态反馈控制器设计及抗饱和补偿器设计问题。给出了确保闭环系统在外部干扰作用下状态轨迹有界以及受限 $L_2-$ 增益存在的充分条件。设计了状态反馈控制律和抗饱和补偿器使得系统获得最大的容许干扰水平和最小的受限 $L_2-$ 增益上界。

③针对具有执行器饱和的离散时间线性切换系统，利用多 Lyapunov 函数方法分别研究了对应系统的鲁棒镇定问题和抗饱和补偿器设计问题。提出了系统状态反馈控制律和抗饱和补偿器的设计方法，两种方法都能够保证系统是渐近稳定的，同时具有尽可能大的吸引域估计。

④针对一类具有执行器饱和和时滞的不确定离散线性切换系统，首次利用多 Lyapunov 函数方法研究了该类系统的 $L_2-$ 增益分析及综合问题。设计了切换律和状态反馈控制器，给出了系统容许干扰能力及干扰抑制能力的估计方法。

⑤利用多 Lyapunov 函数方法，对一类具有执行器饱和的离散时间切换系统研究了 $L_2-$ 增益分析和抗饱和补偿增益设计问题。获得了从原点出发的状态轨迹始终保持在一个有界集合内的充分条件，分析了受限的 $L_2-$ 增益。提出了抗饱和补偿增益和切换规律的设计方案，以保证获取最大容许干扰能力和最小受限 $L_2-$ 增益的上界。

⑥利用切换 Lyapunov 函数方法，研究了一类具有执行器饱和的不确定离散线性切换系统的稳定性分析与抗饱和设计问题。给出了系统渐近稳定的判据，提

出了使系统的吸引域估计最大化的抗饱和补偿器的设计方法。利用一个扇形条件，将吸引域的估计问题转化为带有线性矩阵不等式约束的凸优化问题。

⑦利用切换 Lyapunov 函数方法，研究了一类具有执行器饱和的离散线性切换系统的 $L_2-$ 增益分析和抗饱和补偿器设计问题。给出了抗饱和补偿器的设计方法，来增强系统的容许干扰能力和干扰抑制能力。所有优化问题都可转化为具有线性矩阵不等式约束的凸优化问题求解。

⑧利用多 Lyapunov 函数方法，分别研究了带有执行器饱和的连续时间和离散时间切换系统的保成本控制和抗饱和设计问题。目的是设计切换律和抗饱和补偿器，以保证闭环系统渐近稳定的同时获得成本函数的最小上界。给出了保成本抗饱和补偿器存在的充分条件。提出了通过求解线性矩阵不等式约束下的优化问题获得成本函数的最小上界的优化方法。

⑨分别利用最小驻留时间方法和多 Lyapunov 函数方法，研究了具有执行器饱和的不确定非线性切换系统的非脆弱镇定与指数镇定问题。分别给出了保证系统非脆弱鲁棒镇定与指数镇定问题可解的充分条件。提出了切换律和非脆弱状态反馈控制器的设计方案。通过解具有线性矩阵不等式约束下的凸优化问题获得了非脆弱状态反馈控制器和切换律，因而也就获得了闭环系统尽可能大的吸引域估计。

饱和切换系统的研究是一个具有挑战性的课题，由于切换和饱和非线性的共同作用，使得这类系统的特性不同于一般饱和系统或者切换系统，其动态行为异常复杂，对此类系统的研究还有很多困难，还有许多问题亟待解决。作者认为，在今后需要继续深入研究的有如下若干问题：

（1）降低结果的保守性问题

本文对饱和切换系统控制问题的研究，主要方法是传统的切换系统的理论以及处理饱和非线性的方法，得到的结果具有一定的保守性。如何设计新的Lyapunov 函数和改进饱和非线性的处理方法以降低结果的保守性是以后要研究的课题。

（2）同时含有饱和与时滞的切换系统的稳定性及吸引域估计问题研究

同时具有执行器饱和与时滞切换系统的研究目前仍是一个开放的问题，有大量问题亟待研究，而稳定性是其中的一个最为基本的问题。如何设计切换律以及控制器保证此类系统稳定的同时又具有更大的吸引域估计是一个非常值得深入研究的问题。

（3）饱和切换系统的跟踪控制问题研究

由于饱和非线性的存在，使得现有的跟踪控制理论和方法不能完全适用于饱和切换系统的跟踪控制问题之中。如何确定此类系统的跟踪域是一个极具挑战性的课题。但是由于问题本身的难度，想取得全面突破性进还相对困难，从具有特殊结构的饱和切换系统入手，利 Barrier Lyapunov 理论和 Backstepping 等方法，有望取得进展。

（4）同时含有执行器幅度与速率饱和切换系统的控制问题研究

在实际控制系统中，执行器的物理结构决定了不但它的输出量存在饱和，而且它的输出变化率也存在饱和，即它的输出速率也是有上限的。具有输出幅度与速率饱和的非切换系统的控制问题已经有了一些成果。但是对于同时具有输出幅度与速率约束的切换系统的研究结果还十分少见，值得深入研究。

（5）饱和切换系统的可靠控制问题研究

对几乎所有的实际工程控制系统来说，系统中某些部件（如执行器）发生故障导致失效的情况往往是难以避免的。如果不考虑执行器失效而设计控制器，可能在实际中不可行，或使控制系统的性能恶化，而且影响到系统的稳定性。因此，在控制输入存在执行器失效时，考虑饱和切换系统的可靠控制是一个富有挑战性的课题。

（6）系统状态受限的控制问题研究

在实际工程系统中，出于安全的考虑，系统的某些状态不能超过某个设定的值，否则将酿成严重的事故。一个很自然的想法就是利用切换技术解决这一问题，即通过设计适当的切换律使得系统不但不触碰安全边界，还能使系统具有良好的性能。针对如此切换信号进行研究将具有极大的理论意义和潜在的应用价值，同时这一课题也具有极大的挑战性，也是控制领域中的一个难点。

（7）切换系统的饱和控制在工程实际中的应用

饱和切换系统有着深刻的研究背景，如受约束机器人控制、飞行器控制及一些化学生产过程等。将执行器饱和切换系统的相关研究的结果应用于实际，解决工程中遇到的实际问题，也是理论研究的初衷。

# 参考文献

1. Witsenhausen H. A class of hybrid-state continuous-time dynamic systems[J]. IEEE Transactions on Automatic Control, 1966, 11（2）: 161-167.

2. Athans M. Command and control（C2）theory : A challenge to control science [J]. IEEE Transactions on Automatic Control, 1987, 32（4）: 286-293.

3. Bail J L, Alla H, David R. Hybrid petri nets [A]. Proceedings of 1991 European control conference [C]. France, 1991: 1472-1477.

4. Alur R, Courcoubetis C, Henzinger T A, et al. Hybrid automata : an algorithmic approach to the specification and verification of hybrid systems in workshop on theory of hybrid systems [J]. Lecture Notes in Computer Science 736, Denmark. 1992, 209-229.

5. IEEE Transactions on Automatic Control, 1998, 43（4）.

6. Automatica, 1999, 35（3）.

7. International Journal of Control, 2002, 75（16）.

8. System & Control letters, 1999, 40（5）.

9. Pettersson S. Analysis and design of hybrid systems [D]. Sweden, Goteborg : Chalmers University of Technology, 1999.

10. Ye H, Michel A N, Hou L. Stability theory for hybrid dynamical systems[J]. IEEE Transactions on Automatic Control, 1998, 43（4）: 461-474.

11. Decarlo R A, Branicky M S, Pettersson S, et al. Perspectives and results on the stability and stabilizability of hybrid systems [J]. Proceedings of the IEEE, 2000, 88（7）: 1069-1082.

12. Liberzon D. Switching in systems and control [M]. Birkhauser, Boston, 2003.

13. Antsaklis P J, Nerode A. Hybrid control systems : an introductory discussion to the special issue [J]. IEEE Transactions on Automatic Control, 1998, 43（4）:

457–459.

14. Zhao G，Zhang Y. A. New control decision of variable structure control for servo system［J］. Joumal of Zhejiang University（Natural Science），1996，30（6）：673–682.

15. 郑大钟，赵千川. 离散事件动态系统［M］.北京：清华大学出版社，2001.

16. 邹洪波. 切换线性系统稳定性若干问题研究［D］.杭州，浙江大学，2007.

17. Alur R，Courcoubetis C，Halbwachs N，et al. The algorithmic analysis of hybrid systems［J］. Theoretical Computer Science，1995，138（1）：3–34.

18. Gollu A，Varaiya P P. Hybrid dynamical systems［A］. Proceedings of the 28th Conference on Decision & Control［C］. Tampa，Florida，USA，1989，2708–2712.

19. Shtessel Y B，Rzanopolov O A，Ozerov L A. Control of multiple modular dc–to–dc power converters in conventional and dynamic sliding surfaces［J］. IEEE Transactions on Circuits and Systems，1998，45（10）：1091–1100.

20. Back A，Guckenheimer J，Myers M A. A dynamical simulation facility for hybrid systems［M］. Springer–Verlag，London，1993.

21. Balluchi A，Benvenuti L，Benedetto M，et al. Automotive engine control and hybrid systems：challenges and opportunities［J］. Proceedings of the IEEE，2000，88（7）：888–911.

22. Zhang L J，Cheng D Z，Li C W. Disturbance decoupling of switched nonlinear systems［C］. Proceedings of the 23rd Chinese Control Conference，2004，1591–1595.

23. Allison A，Abbott D. Some benefits of random variables in switched control systems［J］. Microelectronics J.，2000，31（7）：515–522.

24. Wang R，Zhao J. Output feedback control for uncertain linear systems with faulty actuators based on a switching method［J］. International Journal of Robust and Nonlinear Control，2008，19（12）：1295–1312.

25. Cheng D Z，Feng G，Xi Z R. Stabilization of a class of switched nonlinear systems［J］. Journal of Control Theory and Applications，2006，31（1）：53–61.

26. 林相泽，李世华，邹云. 非线性切换系统不变集的输出反馈镇定［J］.自动化学报，2008，34（7）：784–791.

27. Zhao J, Dimirovski G M. Quadratic stability of a class of switched nonlinear systems [J]. IEEE Transactions on Automatic Control, 2004, 49 (4): 574–578.

28. Cheng D Z. Stabilization of planar switching systems [J]. Systems & Control Letters, 2004, 52: 79–88.

29. Hespanha J P. Uniform stability of switched linear systems: extensions of LaSalle's invariance principle [J]. IEEE Trans. Automat. Contr., 2004, 49 (4): 470–482.

30. Zhai G S, Lin H, Antsaklis P J. Quadratic stabilizability of switched linear systems with polytopic uncertainties[J]. International Journal of Control, 2003, 76(7): 747–753.

31. Geromel J C, Colaneri P, Bolzern P. Dynamic output feedback control of switched linear systems [J]. IEEE Transactions on Automatic Control, 2008, 53 (3): 720–733.

32. Liberzon D, Morse A S. Basic problems in stability and design of switched systems [J]. IEEE Contr. Syst. Mag., 1999, 19 (5): 59–70.

33. Dayawansa W P, Martin C F. Converse Lyapunov theorem for a class of dynamical systems which undergo switching [J]. IEEE Transactions on Automatic Control, 1999, 44 (4): 751–760.

34. Mancilla-Aguilar J L, Garcia R A. A converse Lyapunov theorem for nonlinear switched systems [J]. Systems and Control Letters, 2000, 41 (1): 67–71.

35. Liberzon D, Hepspanha J P, Morse A S. Stability of switched systems: lie algebraic condition [J]. Systems & Control Letters, 1999, 37: 117–122.

36. Narendra K S, Balakrishnan J. A common Lyapunov function for stable LTI systems with commuting A-Matrices[J]. IEEE Trans. Automat. Contr., 1994, 39(12): 2469–2471.

37. Zhai G S, Liu D R, Imae J, et al. Lie algebraic stability analysis for switched systems with continuous-time and discrete-time subsystems [J]. IEEE Transactions on Circuits and Systems II: Express Briefs, 2006, 53 (2): 152–156.

38. Vu L, Liberzon D. Common Lyapunov functions for families of commuting nonlinear systems [J]. Systems and Control Letters, 2005, 54 (5): 405–416.

39. Daafouz J, Riedinger P, Iung C. Stability analysis and control synthesis for switched systems: a switched lyapunov function approach [J]. IEEE Trans. Automat.

Contr., 2002, 47（11）: 1883–1887.

40. Pettersson S, Lennartson B. Stabilization of hybrid systems using a min-projection strategy［C］. Proc. of the American Control Conference. 2001, 223–228.

41. DeCarlo R A, Branicky M S, Pettersson S, et al. Perspectives and results on the stability and stabilizability of hybrid systems［J］. Proc. of the IEEE, 2000, 88（7）: 1069–1082.

42. Liberzon D. Switching in systems and control［M］. Boston : Birkhauser, 2003, 17–72.

43. Ji Z J, Wang L, Xie G, et al. Linear matrix inequality approach to quadratic stabilisation of switched systems［J］. IEE Proceedings : Control Theory and Applications, 2004, 151（3）: 289–294.

44. Hu T, Ma L, Lin Z. Stabilization of switched systems via composite quadratic functions［J］. IEEE Transactions on Automatic Control, 2008, 53（11）: 2571–2585.

45. Skafindas E, Evans R J, Savkin A V, et al. Stability results for switched controller systems［J］. Automatica, 1999, 35（4）: 553–564.

46. Peleties P, Decarlo A. Asymptotic stability of m–switched systems using Lyapunov–like functions［C］. Proc. of the American Control Conference. 1999, 1679–1684.

47. Branicky M S. Multiple Lyapunov functions and other analysis tools for switched and hybrid systems［J］. IEEE Trans. Automat. Contr., 1998, 43（4）: 475–482

48. Pettersson S, Lennartson B. Controller design of hybrid systems, Lecture Notes in Computer Science［M］. Berlin, Germany, Springer, 1997, 240–245.

49. Ye H, Michel A N, Hou L. Stability analysis of systems with impulse effects［J］. IEEE Trans. Automat. Contr., 1998, 43（12）: 1719–1723.

50. Michel A N. Recent trends in the stability analysis of hybrid dynamical systems［J］. IEEE Trans. Circuits Syst. I, 1999, 46（1）: 120–134.

51. Zhao J, Hill D J. On stability, $L_2$–gain and $H_\infty$ control for switched systems［J］. Automatica, 2008, 44（5）: 1220–1232.

52. Morse A S. Supervisory control of families of linear set–point controllers—part 1 : exact matching［J］. IEEE Trans. Automat. Contr., 1996, 41（10）: 1413–1431.

53. Hespanha J P, Morse A S. Stability of switched systems with average dwell-time [C]. Proc. of the 38th IEEE Conf. on Decision and Control. 1999, 2655–2660.

54. Zhai G., Hu B., Yasuda K, et al. Stability analysis of switched systems with stable and unstable subsystems : an average dwell time approach [C]. Proc. of the American Control Conference. 2000, 200–204.

55. Colaneri, P C, Astolfi, A G. Stabilization of continuous-time switched nonlinear systems [J]. System & Control Letter, 2008, 57: 95–103.

56. José C G, Grace S D. Switched state feedback control for continuous-time uncertain systems [J]. Automatica, 2009, 45 (2): 593–597.

57. Sun Z D. Combined stabilizing strategies for switched linear systems [J]. IEEE Trans. Automat. Contr., 2006, 51 (4): 666–674.

58. Hespanha J P. Uniform stability of switched linear systems : extensions of LaSalle's invariance principle [J]. IEEE Trans. Automat. Contr., 2004, 49 (4): 470–482.

59. Yuan Y Y, Cheng D Z. Stability and stabilisation of planar switched linear systems via LaSalle's invariance principle [J]. International Journal of Control, 2008, 81 (10): 1590–1599.

60. Cheng D Z, Guo L, Lin Y D, et al. Stabilization of switched linear systems [J]. IEEE Trans. Automat. Contr., 2005, 50 (5): 661–666.

61. Han T T, Ge S S, Heng L T. Adaptive neural control for a class of switched nonlinear systems [J]. Systems and Control Letters, 2009, 58 (2): 109–118.

62. Vu L, Chatterjee D, Liberzon D. Input-to-state stability of switched systems and switching adaptive control [J]. Automatica, 2007, 43 (4): 639–646.

63. Xie D, Xu N, Chen X. Stabilisability and observer-based switched control design for switched linear systems [J]. IET Control Theory and Applications, 2008, 2 (3): 192–199.

64. Wu J L. Stabilizing controllers design for switched nonlinear systems in strict-feedback form [J]. Automatica, 2009, 45 (4): 1092–1096.

65. Ma R, Zhao J. Backstepping design for global stabilization of switched nonlinear systems in lower triangular form under arbitrary switchings [J]. Automatica, 2010, 46 (11): 1819–1823.

66. Long L, Zhao J. Global stabilization for a class of switched nonlinear

feedforward systems［J］. Systems & Control Letters，2011，60（9）：734–738.

67. Loparo K A，Aslanis J T，Hajek O. Analysis of switching linear systems in the plane，part 2，globale behavier of tractories，controllability and atainability［J］. Journal of Optimization Theory and Application，1987，52（3）：395–427.

68. Ezzine J，Haddad A H. Controllability and observability of hybrid dynamic ［J］. Int. J. Control，1989，49（6）：2045–2055.

69. Xie G M，Wang L. Necessary and sufficient conditions for controllability and observability of switched impulsive control systems［J］. IEEE Transactions on Automatic Control，2004，49（6）：960–966.

70. Sun Z D，Ge S S，Lee T H. Controllability and reachability criteria for switched linear systems［J］. Automatica，2002，38（5）：775–786.

71. Ji Z J，Wang L，Guo X X. On controllability of switched linear systems［J］. IEEE Transactions on Automatic Control，2008，53（3）：796–801.

72. Ji Z J，Feng G，Guo X X. Construction of switching sequences for reachability realization of switched impulsive control systems［J］. International Journal of Robust and Nonlinear Control，2008，18（6）：648–664.

73. Cheng D Z. Controllability of switched bilinear systems［J］. IEEE Transactions on Automatic Control，2005，50（4）：511–515.

74. Das T，Mukherjee R. Optimally switched linear systems［J］. Automatica，2008，44（5）：1437–1441.

75. Seatzu C，Corona D，Giua A，et al. Optimal control of continuous–time switched affine systems［J］. IEEE Transactions on Automatic Control，2006，51（5）：726–741.

76. Hespanha J P. Logic–Based switching algorithms in contor［D］. PhD thesis，Yale University，New Haven，CT. 1998.

77. Sun G，Wang L，Xie G M. Delay–dependent robust stability and $H_\infty$ control for uncertain discrete–time switched systems with mode–dependent time delays［J］. Applied Mathematics and Computation，2007，187：1228–1237.

78. Du D S，Jiang B. Roust $H_\infty$ output feedback controller design for uncertain discrete–time switched systems via switched Lyapunov functions［J］. Journal of Systems Engineering and Electronics，2007，18（3）：584–590.

79. Zhai G，Chen X，Ikeda M，et al. Stability and $L_2$ gain analysis for a class

of switched symmetric systems ［C］. In Proceedings 41$^{st}$ IEEE Conference Decision Control. USA，2002，4395–4400.

80．Zhai G，Sun Y，Chen X，et al. Stability and $L_2$ gain analysis for switched symmetric systems with time delay ［C］. In Proceedings American Control Conference，2003，Colorado，2683–2687.

81．Long F，Fei S，Fu Z，et al. $H_\infty$ control and quadratic stabilization of switched linear systems with linear fractional uncertainties via output feedback ［J］. Nonlinear Analysis：Hybrid Systems，2008，2：18–27.

82．Ji Z J，Guo X，Wang L，et al. Robust $H_\infty$ control and stabilization of uncertain switched linear systems：a multiple Lyapunov functions approach ［J］. IEEE Trans. Autom. Contr.，2006，128：696–700.

83．Long F，Li C L，Cui C Z，et al. Roubust stabilization and disturbance rejection for a class of hybride linear systems subject to exponential uncertainty ［J］. Journal of Dynamic Systems Measurement and Control，2009，131（3）：4501–4507.

84．Lian J，Dimirovski G M，Zhao J. Robust $H_\infty$ control of uncertain switched delay systems using multiple Lyapunov functions ［C］. Proc. of the American Control Conference. 2008，1582–1587.

85．Zhai G S，Hu B，Yasuda K，et al. Disturbance attenuation properties of time–controlled switched systems［J］. Journal of the Franklin Institute，2001，338(7)：765–779.

86．Zhao S Z，Zhao J. $H_\infty$ control for cascade minimum–phase switched nonlinear systems ［J］. Journal of Control Theory and Applications，2005，3（2）：163–167.

87．Wang R，Liu M，Zhao J. Reliable $H_\infty$ control for a class of switched nonlinear systems with actuator failure ［J］. Nonlinear Analysis：Hybrid Systems，2007，1：317–325.

88．龙飞. 切换动态系统的 $H_\infty$ 控制研究 ［D］. 南京，东南大学，2006.

89．连捷. 切换系统的变结构控制若干问题的研究 ［D］. 沈阳，东北大学，2008.

90．Li Q K，Zhao J，Dimirovski G M. Robust tracking control for switched linear systems with time–varying delays ［J］. IET Control Theory and Applications，2008，2（6）：449–457.

91．Benosman M，Lum K Y. Output trajectory tracking for a switched nonlinear non-minimum phase system : The VSTOL aircraft〔C〕. Proceedings of the IEEE International Conference on Control Applications, 2007, 262–269.

92．王东．切换时滞系统的 $H_\infty$ 滤波与故障检测〔D〕．大连，大连理工大学，2010．

93．Zhao J, Hill D J. Passivity and stability of switched systems : a multiple storage function method〔J〕. Systems & Control Letters, 2008, 57（2）: 158–164.

94．Zhao J, Hill D J. Dissipativity theory for switched systems〔J〕. IEEE Trans. Automat. Contr., 2008, 53（4）: 941–953.

95．Mhaskar P, El–Farra N H, Christofides P D. Predictive control of switched nonlinear systems with scheduled mode transitions〔J〕. IEEE Transactions on Automatic Control, 2005, 50（11）: 1670–1680.

96．李莉莉，冯佳昕，赵军．一类非线性切换系统的鲁棒非脆弱 $H_\infty$ 控制〔J〕．东北大学学报（自然科学版），2009，30（4）: 471–474.

97．Yang H, Jiang B, Cocquempot V. A fault tolerant control framework for periodic switched non–linear systems〔J〕. International Journal of Control, 2009, 82（1）: 117–129.

98．Lin H, Antsaklis P J. Stability and persistent disturbance attenuation properties for a class of networked control systems : Switched system approach〔J〕. International Journal of Control, 2005, 78（18）: 1447–1458.

99．Yuan K, Cao J, Li H X. Robust stability of switched Cohen–Grossberg neural networks with mixed time–varying delays〔J〕, IEEE Trans. SMC, Part B : Cybernetics, 2006, 36（6）: 1356–1363.

100．Zhao J, Hill D J. Synchronization of complex dynamical networks with switching topology : a switched system point of view〔C〕. Proceedings of International Federation of Automatic Control World Congress, 2008, 3653–3658.

101．Dorhneim M A. Report Pinpoints factors leading to YF–22 crash〔J〕. Aviation Week Space Tech, 1992, 137（1）: 53–54.

102．Stein G. Respect the unstable〔J〕. IEEE Control Systems Magazine. 2003, 23（1）: 12–25.

103．Fuller A T. In–the–large stability of relay and saturating control systems with linear controllers〔J〕. International Journal of Control, 1969, 10（4）: 457–480.

104．Lemay J L. Recoverable and reachable zones for linear systems with linear plants and bounded controller outputs[J]. IEEE trans. Automat. Control, 1964, 9(2): 346-354.

105. Schmitendorf W E, Barmish B R. Null controllability of linear systems with constrained controls [J].SIAM Journal of Control and Optimization, 1980, 18 (4): 327-345.

106. Sontag E D, Sussmann H J. Nonlinear output feedback design for linear systems with saturating controls [C]. Proceedings of the Conference on Decision and Control, 1990, 3414-3416.

107. Tyan F, Bernstein D S. Global stabilization for systems containing a double integrator using a saturated linear controller [J].International Journal of Robust and Nonlinear Control, 1999, 9 (15): 1143-1156.

108. Goncalves J. Quadratic surface Lyapunov functions in global stability analysis of saturating systems [C]. Proceedings of the American Control Conference, 1990, 4183-4185.

109. Sussmarm H J, Yang Y. On the stabilizability of multiper integrators by means of bounded feedback controls [C]. Proceedings of the Conference on Decision and Control, 1991, (1): 3414-3416.

110. Teel A R. Global stabilization and restricted tracking for multiple integrators with bounded control [J]. Systems and Control Letters, 1992, 18 (2): 165-171.

111. Sussmann H J, Sontag E D, Yang Y. A general result on stabilization of linear systems using bounded controls [J]. IEEE Trans. Automat. Control, 1994, 39 (12): 2411-2425.

112. Teel A R. Linear systems with input nonlinearities : global stabilization by scheduling a family of $H_\infty$ type controllers [J]. International Journal of Robust and Nonlinear Control, 1995, 5 (6): 399-411.

113. Shewchun J M, Feron E. High performance control with position and rate limited actuators [J]. International Journal of Robust and Nonlinear Control, 1999, 9 (10): 617-630.

114. Lin Z, Saberi A. Semi-global exponential stabilization of linear systems subject to input saturation via linear feedbacks [J]. Systems and Control Letters, 1993, 21 (3), 225-239.

115. Lin Z, Saberi A. Semi-global exponential stabilization of linear discrete-

time systems subject to input saturation via linear feedbacks [J]. Systems and Control Letters, 1995, 24 (2), 125-132.

116. Saberi A, Lin Z, Teel A R. Control of linear systems with saturating actuators [J]. IEEE Transaction on Automatic Control, 1996, 41 (3), 368-378.

117. Lauvdal T, Fossen T I. Exponential stability of linear unstable systems with bounded control [C]. Proceedings of the 36th IEEE Conference on Decision and Control, 1997, 4504-4509.

118. Hu T, Qiu L, Lin Z. The Controllability and Stabilization of Unstable LTI Systems with Input Saturation [C]. Proceedings of the 36th IEEE Conference on Decision and Control, 1997, 4498-4503.

119. Wredenhagen G F, Belanger P R. Piecewise-linear LQ control for systems with input constraints [J]. Automatica, 1994, 30 (4): 403-416.

120. Huang S, Lams J, Chen B. Local reliable control for linear systems with saturating actuators [C]. Proceedings of the 41$^{st}$ IEEE Conference on Decision and Control, 2002, 4154-4159.

121. Hu T, Lin Z. Exact characterization of invariant ellipsoids for linear systems with saturating actuators [J]. IEEE Trans. Automat. Contr., 2002, 47 (1): 164-169.

122. Blanchini F. Set invariance in control-A survey [J]. Automatics, 1999, 35 (11): 1747-1767.

123. Hu T, Lin Z, Shamash Y. Semi-global stabilization with guaranteed regional performance of linear systems subject to actuator saturation [J]. Systems and Control Letters, 2001, 43 (2): 203-210.

124. Blanchini F. Constrained stabilization via smooth Lyapunov function [J]. Systems and Control Letters, 1998, 35 (3): 155-163.

125. Pittet C, Tarbouriech S, Burgat C. Stability region for linear systems with saturating controls via circle and popov criteria [C]. Proceedings of the 36$^{th}$ IEEE Conference on Decision and Control, 1997, 4518-4523.

126. Glattfelder A H, Schaufelberger W. Stability analysis of single-loop control systems with saturation and antireset-windup circuits [J]. IEEE Transaction on Automatic Control, 1983, 28 (12): 1074-1081.

127. Glattfelder A H, Schaufelberger W. Stability of discrete override and

cascade-limiter single-loop control systems [J]. IEEE Transaction on Automatic Control, 1988, 33 (6): 532-540.

128. Mulder E F, Kothare M V. Multivariable anti-windup controller synthesis using linear matrix inequalities [J]. Automatica, 2001, 37 (9): 1407-1416.

129. Zaccarian L, Teel A R. A common framework for anti-windup, bumpless transfer and reliable design [J]. Automatics, 2002, 38 (10): 1735-1744.

130. Hu T, Lin Z, Chen B M. Analysis and design for discrete-time linear systems subject to actuator saturation [J]. Systems & Control Letters, 2002, 45 (2): 97-112.

131. Hu T, Huang B, Lin Z. Absolute stability with a generalized sector condition [J]. IEEE Transactions on Automatic Control, 2004, 49 (4): 535-548.

132. Johansson M, Rantzer A. Computation of piecewise quadratic Lyapunov functions for hybrid systems [J]. IEEE Transaction on Automatic Control, 1998, 43 (4): 555-559.

133. Hu T, Lin Z L. Composite quadratic Lyapunov functions for constrained Control systems [J]. IEEE Transactions on Automatic Control, 2003, 48 (3): 440-450.

134. Milani A. Piecewise-affine Lyapunov functions for discrete-time linear systems with saturating controls [C]. Proceedings of the American Control Conference, 2001, 4206-4211.

135. Cao Y Y, Lin Z L. Stability analysis of discrete-time systems with actuator saturation by a saturation dependent Lyapunov function[J]. Automatica, 2003, 39(7): 1235-1241.

136. Hu T S. Nonlinear control design for linear differential inclusions via convex hull of quadratics [J]. Automatics, 2007, 43 (3): 685-692.

137. Wang Y Q, Cao Y Y, Sun Y X. Stability analysis and anti-windup design for discrete-time systems by a saturation-dependent Iyapunov function approach [J]. In Proceedings of 16th IFAC World Congress, Prague, 2005, 593-598.

138. Nguyen T, Jabbari F. Disturbance attenuation for systems with input saturation : An LMI approach [J]. IEEE Transactions on Automatic Control, 1994, 44 (4): 852-857.

139. Nguyen T, Jabbari F. Output feedback controller for disturbance attenuation

with bounded inputs [C]. Proceedings of the 36th IEEE Conference on Decision and Control, 1997, 177-182.

140. Hu T, Lin Z, Chen B M. An analysis and design method for linear systems subject to actuator saturation and disturbance [J]. Automatica, 2002, 38 (2): 351-359.

141. Chen B, Lu H. State estimation of large-scale systems [J]. International Journal of Control, 1988, 47 (6): 1613-1632.

142. Mahmoud M S. Dynamic controllers for systems with actuators [J]. International Journal of Systems Science, 1995, 26 (2): 359-374.

143. Klai M, Tarbouriech S, Burgat C. Some independent time-delay stabilization of linear systems with saturating actuators [C]. Proceedings of IEE Control, 1994, 1358-1363.

144. Saberi A, Stoorvogel A A. Stabilization and regulation of linear systems with saturated and rate-limited actuators [C]. Proceedings of the American Control Conference, 1997, 3920-3921.

145. Lin Z. Semi-global stabilization of linear systems with position and rate-limited actuators [J]. Systems and Control Letters, 1997, 30 (1): 1-11.

146. Lin Z. Semi-global stabilization of discrete-time linear systems with position and rate-limited actuators [J]. Systems and Control Letters, 1998, 34 (5): 313-322.

147. Lin Z. Robust semi-global stabilization of linear systems with imperfect actuators [J] Systems and Control Letters, 1997, 29 (4): 215-221.

148. Collado J, Lozano R, Alion A. Semi-global stabilization of linear discrete-time systems with bounded input using a periodic controller [J]. Systems and Control Letters, 1999, 36 (4): 267-275.

149. Fang H, Lin Z, Hu T. Analysis of linear systems in the presence of actuator saturation and $L_2$-disturbances [J]. Automatica, 2004, 40 (7): 1229-1238.

150. Lin Z, Lv L. Set invariance conditions for singular linear systems subject to actuator saturation [J]. IEEE Transactions on Automatic Control, 2007, 52 (12): 2351-2355.

151. Wu F, Lin Z, Zheng Q. Output feedback stabilization of linear systems with actuator saturation [J]. IEEE Transactions on Automatic Control, 2007, 52 (1):

122–128

152. Wada N, Saeki M. An LMI based scheduling algorithm for constrained stabilization problems [J]. Systems & Control Letters, 2008, 57 (3): 255 – 261.

153. Zheng Q, Wu F. Output feedback control of saturated discrete–time linear systems using parameter–dependent Lyapunov functions [J]. Systems & Control Letters, 2008, 57 (11): 896–903.

154. Teel A R, Kapoor N. The $L_2$ anti–windup problem : its definition and solution [C]. Proceedings of the Europe Control Conference, 1997, 1032–1037.

155. Tyan F, Bernstein D S. Anti–windup compensator synthesis for systems with saturation actuators [J]. International Journal of Robust and Nonlinear Control, 1995, 5 (4): 521–537.

156. Grimm G, Hatfield J, Postlethwait I, et al. Anti windup for stable linear systems with input saturation : an LMI–based synthesis [J]. IEEE trans. Automat. Control, 2003, 48 (9): 1509–1525.

157. Wu F, Lu B. Anti–windup control design for exponentially unstable LTI system with actuator saturation [J]. Systems and Control Letters, 2004, 34 (5): 313–322.

158. Wu F, Soto M. Extended LTI anti–windup control with actuator magnitude and rate saturation [C]. Proceedings of the conference on Decision and Control, 2003, 2786–2791

159. Hu T, Teel A R, Zaccarian L. Regional anti–windup compensation for linear systems with input saturation [C]. Proceedings of the American Control Conference 2005, 3397–3402.

160. Hu T, Teel A R, Zaccarian L. Nonlinear $L_2$ gain and regional analysis for linear systems with anti–windup compensation [C]. Proceedings of the American Control Conference, 2005, 3391–3396.

161. Cao Y, Lin Z, Ward D G. An antiwindup approach to enlarging domain of attraction for linear systems subject to actuator saturation [J]. IEEE Trans. Automat. Control, 2002, 47 (1): 140–145

162. Cao Y, Lin Z, Ward D G. Anti–windup design output tracking systems subject to actuator saturation and constant disturbance[J]. Automatica, 2004, 40(7): 1221–1248.

163. Tarbouriech S，Gomes M，Garcia G. Delay-dependent anti-windup strategy for linear systems with saturating inputs and delayed outputs［J］. International Journal of Robust and Nonlinear Control，2004，14（7）：665-682.

164. Gomes M，Tarbouriech S. Antiwindup design with guaranteed regions of stability：an LMI-based approach［J］. IEEE Transactions on Automatic Control，2005，50（1）：106-111.

165. Gomes M，Tarbouriech S. Anti-windup design with guaranteed regions of stability for discrete-time linear systems［J］. Systems & Control Letters，2006，55（3）：184-192.

166. Gomes M，Limon D，Alamo T，et al. Dynamic output feedback for discrete-time systems under amplitude and rate actuator constraints［J］. IEEE Transactions on Automatic Control，2008，53（10）：2367-2372.

167. Gomes M，Ghiggi I，Tarbouriech S. Non-rational dynamic output feedback for time-delay systems with saturating inputs［J］. International Journal of Control，2008，81（4）：557-570.

168. Bender F A，Gomes M，Tarbouriech S. A convex framework for the design of dynamic anti-windup for state-delayed systems［C］. Proceedings of the American Control Conference，2010，6763-6768.

169. Keel L H，Bhattacharyya S P. Robust，fragile，or optimal［J］. IEEE Transactions on Automatic Control，1997，42（8）：1098-1105.

170. Pertti M M. Comments on Robust，Fragile，or Optimal［J］. IEEE Transactions on Automatic Control，1998，43：1265-1267.

171. Dorato P. Non-fragile controller design：an overview［C］. Proceedings of the American Control Conference，1998，5：2829-2831.

172. Kavikumar R，Sakthivel R，Kaviarasan B，et al. Non-fragile control design for interval-valued fuzzy systems against nonlinear actuator faults［J］. Fuzzy Sets and Systems，2019，365：40-59.

173. Li M，Zhang J，Jia X. Non-fragile reliable control for positive switched systems with actuator faults［C］. The15th International Conference on Control，Automation，Robotics and Vision，2018：1104-1109.

174. 刘玉忠，宋宇宁. 一类不确定变时滞切换系统的非脆弱 $H_\infty$ 控制［J］. 沈阳师范大学学报（自然科学版），2021，39（03）：205-209.

175. Ali H, Valiollah G. Designing of non-fragile robust model predictive control for constrained uncertain systems and its application in process control [J]. Journal of Process Control, 2020, 95:

176. 张亮，李明，李树多.线性离散系统非脆弱 $H_\infty$ 状态反馈控制器设计 [J].渤海大学学报（自然科学版），2016，37（04）：361-364+372.

177. Li G. On the structure of digital controllers with finite word length consideration [J]. IEEE Transactions on Automatic Control, 1998, 43（5）: 689-693.

178. Wei-Wei C, Guang-Hong Y. Non-fragile $H_\infty$ filtering for discrete-time systems with finite word length consideration [J]. Acta Automatica Sinica, 2008, 34（8）: 886-892.

179. Yang G H, Che W W. Non-fragile $H_\infty$ filter design for linear continuous-time systems [J].Automatica, 2008, 44（11）: 2849-2856.

180. Yang G H, Che W W. Non-fragile $H_\infty$ controller design with sparse structure [C]. 2007 IEEE International Conference on Control and Automation. IEEE, 2007: 57-62.

181. Lu L, Lin Z. Design of switched linear systems in the presence of actuator saturation [J]. IEEE Transactions on Automatic Control, 2008, 53（6）: 1536-1542.

182. Ni W, Cheng D. Control of switched linear systems with input saturation [J]. International Journal of Systems Science, 2010 41（9）: 1057-1065.

183. Lu L, Lin Z. A switching anti-windup design using multiple Lyapunov functions [J]. IEEE Transactions on Automatic Control, 2010, 55（1）: 142-148.

184. Benzaouia A, Saydy L, Akhrif O. Stability and control synthesis of switched systems subject to actuator saturation [C]. Proceedings of the American Control Conference, 2004, 5818-5823.

185. Benzaouia A, Akhrif O, Saydy L. Stabilization of switched systems subject to actuator saturation by output feedback [C]. Proceedings of the 45th IEEE Conference on Decision and Control, 2006, 777-782.

186. Benzaouia A, Akhrif O, Saydy, L. Stabilisation and control synthesis of switching systems subject to actuator saturation [J]. International Journal of Systems Science, 2010 41（4）: 397-409.

187. Lu L, Lin Z, Fang H. $L_2$ gain analysis for a class of switched systems [J].

Automatica，2009，45（4），965-972.

188．Ma Y，Yang G. Disturbance rejection of switched discrete-time systems with saturation nonlinearity［C］. Proceedings of the 46th IEEE Conference on Decision & Control，2007，3170-3175.

189．Lin Hai，Antsaklis P J. Stability and stabilizability of switched Linear systems：a survey of recent results［J］. IEEE Transactions on Automatic Control，2009，54（2）: 308-322.

190．Petersen R I. A stabilization algorithm for a class of uncertain linear systems［J］. System & Control letters，1987，8（4）: 351-357.

191．俞立．线性矩阵不等式处理方法，北京：清华大学出版社，2002.

192．Cao Y，Sun Y，Cheng C. Delay dependent robust stabilization of uncertain systems with multiple state delays［J］. IEEE Transactions on Automatic Control，1998，43（11）: 1608-1612.

193．Zhai G S，Sun Y，Chen X K，et al. Stability and gain analysis for switched symmetric systems with time delay［C］. In Proc American Control Conference，2003，2682-2687.

194．Sun X M，Zhao J，Hill D J. Stability and $L_2$ gain analysis for switched delay systems：a delay-dependent method［J］. Automatica，2006，42（10）: 1769-1774.

195．Benzaouiaa A，Akhrifb O，Saydyc L. Stabilisation and control synthesis of switching systems subject to actuator saturation. Int. J. Syst. Sci.，2010，41（4）: 397-409.

196．Wang H，Shi P，Li H，et al. Adaptive neural tracking control for a class of nonlinear systems with dynamic uncertainties［J］. IEEE Transactions on Cybernetics，2017，47（10）: 3075-3087.

197．Ma Y，Yang G. Stability analysis and stabilization of switched discrete-time systems subject to actuator saturation［C］. Chinese Control and Decision Conference，2008，3825-3829.

198．宋政一，赵军．不确定时滞线性离散切换系统的鲁棒 $H_\infty$ 控制［J］.自动化学报，2006，32（5）: 760-766.

199．Song Y，Fan J，Fei Minrui，et al. Robust $H_\infty$ control of discrete switched system with time delay［J］. Applied Mathematics and Computation，2008，205（1）: 159-169.

200. Zhang L, Li H, Chen Y. Robust stability and $L_2$-gain analysis for uncertain discrete-time switched systems with time-delay [C]. Proceedings of the 7th World Congress on Intelligent Control and Automation, 2008, 845-850.

201. Qiu J, Feng G, Yang J. Delay-dependent robust $H_\infty$ output feedback control for uncertain discrete-time switched systems with interval time-varying delay [C]. In Proc American Control Conference, 2008, 3975-3980.

202. 宋政一, 聂宏, 赵军. 具有时变时滞的离散切换系统的鲁棒$H_\infty$控制 [J]. 东北大学学报, 2007, 28 (4): 469-472.

203. 宋政一, 赵军. 具有时变时滞的离散切换系统基于观测器的$H_\infty$控制 [J]. 控制与决策, 2007, 22 (4): 373-377.

204. Tarbouriech S, Gomes M, Bender F A. Dynamic anti-windup synthesis for discrete-time linear systems subject to input saturation and $L_2$ disturbances [C]. Preprints of the 5th IFAC Symposium on Robust Control Design, 2006, 489-494.

205. Zhang T, Feng G, Lu J. Robust output feedback control of constrained nonlinear processes via piecewise fuzzy anti-windup dynamic compensator [C]. Proceedings of the 2007 American Control Conference, 2007, 3377-3385.

206. Huang S, Li X, Xiang Z. Anti-windup design and $L_2$-gain analysis for a class of discrete-time impulsive switched systems with actuator saturation [J]. Transactions of the Institute of Measurement and Control, 2015, 1-10.

207. Xie D, Wang L, Hao F, et al. LMI approach to $L_2$-gain analysis and control synthesis of uncertain switched systems [J]. IEE Proc.-Control Theory Appl., 2004, 151 (1): 21-28.

208. Mahmoud S, Nounou N, Hazem N. Analysis and synthesis of uncertain switched discrete-time systems [J]. IMA Journal of Mathematical Control and Information, 2007, 24: 245-257.

209. Du D, Jiang B. Robust $H_\infty$ output feedback controller design for uncertain discrete-time switched systems via switched Lyapunov functions [J]. Journal of Systems Engineering and Electronics, 2007, 18 (3): 584-590.

210. Sun Y, Wang L. Guangming X. Delay-dependent robust stability and $H_\infty$ control for uncertain discrete-time switched systems with mode-dependent time delays [J]. Applied Mathematics and Computation, 2007, 187: 1228-1237.

211. Zhang L, Shi P, Boukas E. $H_\infty$ output-feedback control for switched linear

discrete-time systems with time-varying delays ［J］. International Journal of Control, 2007, 80（8）: 1354-1365.

212. Zhang L, Li H, Chen Y. Robust stability analysis and synthesis for switched discrete-time systems with time delay ［J］. Discrete Dynamics in Nature and Society, 2010, 1-19.

213. Azam N B, Hossein M S. Design of static and dynamic output feedback controllers for a discrete-time switched nonlinear system with time-varying delay and parametric uncertainty ［J］. IET Control Theory Appl., 2018, 12（11）: 1635-1643.

214. Hu T, Teel A R, Zaccarian L. Anti-windup synthesis for linear control systems with input saturation : achieving regional, nonlinear performance ［J］. Automatica, 2008, 44（2）: 512-519.

215. Yu L, Chu J. An LMI approach to guaranteed cost control of linear uncertain time-delay systems ［J］. Automatica, 1999, 35（6）: 1155-1159.

216. Chen W H, Xu J X, Guan Z H. Guaranteed cost control for uncertain markovian jump systems with mode-dependent time-delays ［J］. IEEE Transactions on Automatic Control, 2003, 48（12）: 2270-2276.

217. Ramezanial M R, Kamyad A V, Pariz N. A new switching strategy design for uncertain switched linear systems based on min-projection strategy in guaranteed cost control problem ［J］. IMA Journal of Mathematical Control and Information, 2016, 33（4）: 1033-1049.

218. Wang L, Liu B, Yu J, et al. Delay-range dependent-based hybrid iterative learning fault-tolerant guaranteed cost control for multi-phase batch processes ［J］. Industrial & Engineering Chemistry Research, 2018, 57（8）: 2932-2944.

219. Wang L, Shen Y, Li B, et al. Hybrid iterative learning fault-tolerant guaranteed cost control design for multiphase batch processes ［J］. Canadian Journal of Chemical Engineering, 2018, 96（2）: 521-530.

220. Yang D, Liu Y, Zhao J. Guaranteed cost control for switched LPV systems via parameter and state-dependent switching with dwell time and its application ［J］. Optimal Control Applications and Methods, 2017, 38（4）: 601-617.

221. Zhang L, Jia M, Yang H. Non-fragile memory feedback control for uncertain time-varying delay switched fuzzy systems with unknown nonlinear disturbance ［J］. J. Control Decis. 2020, 8: 280-291.

222．Kavikumar R，Sakthivel R，Kaviarasan B，Kwon O，Anthoni M. Non-fragile control design for interval-valued fuzzy systems against nonlinear actuator faults ［J］．Fuzzy Set. Syst. 2019，365：40-59.

223．Li M，Zhang J，Jia，X. Non-fragile reliable control for positive switched systems with actuator faults ［C］．In 2018 15th International Conference on Control，Automation，Robotics and Vision，2018，1104-1109.

224．Hakimzadeh A，Ghaffari V. Designing of non-fragile robust model predictive control for constrained uncertain systems and its application in process control ［J］．Journal of Process Control，2020，95：86-97.

225．Chen M，Sun J. Non-fragile finite-time dissipative piecewise control for time-varying system with time-varying delay ［J］．IET Control Theory and Applications，2019，13（3）：321-332.

226．Petersen I R. A stabilization algorithm for a class of uncertain linear systems ［J］．Systems & Control Letters，1987，8（4）：351-357.

227．Boyd S，Ghaoui E，Feron E，Balakrishnan V．Linear matrix inequalities in system and control theory ［M］．Society for Industrial and Applied Mathematics，1994.

228．Zhong G，Yang G. $L_2$-gain analysis and control of saturated switched systems with a dwell time constraint，Nonlin. Dyn. 2015，80（3）：1231-1244.

229．Allerhand L，Shaked U. Robust stability and stabilization of linear switched systems with dwell time. IEEE Trans. Autom. Control，2010，56（2）：381-386.